建筑装饰施工图

（第二版）

主编 | 乐嘉龙　参编 | 熊培基 王红英

中国电力出版社
CHINA ELECTRIC POWER PRESS

内 容 提 要

《学看建筑装饰施工图》是学看建筑工程施工图丛书中的一本。本书主要介绍建筑装饰工程图的基本知识和阅读方法，主要内容包括识读建筑施工图、识读建筑装饰施工图、识读设备施工图的相关知识。根据现场施工的要求，本书还介绍了装饰施工图的放样。为了加强装饰与建筑的有机联系，对建筑施工图的识读也作了概要介绍。

本书可作为建筑工程管理及施工技术人员参考用书，也可作为建筑装饰专业学生的学习用书。

图书在版编目（CIP）数据

学看建筑装饰施工图/乐嘉龙主编. —2版. —北京：中国电力出版社，2018.3
（学看建筑工程施工图丛书）
ISBN 978-7-5198-1443-4

Ⅰ.①学… Ⅱ.①乐… Ⅲ.①建筑装饰—建筑制图—识图法 Ⅳ.①TU204

中国版本图书馆CIP数据核字（2017）第294994号

出版发行：中国电力出版社
地　　址：北京市东城区北京站西街19号（邮政编码100005）
网　　址：http://www.cepp.sgcc.com.cn
责任编辑：乐　苑
责任校对：常燕昆
装帧设计：王红柳
责任印制：杨晓东

印　　刷：三河市航远印刷有限公司
版　　次：2002年1月第一版　2018年3月第二版
印　　次：2018年3月北京第六次印刷
开　　本：787毫米×1092毫米　16开本
印　　张：12.75
字　　数：308千字
定　　价：49.00元

前 言

图纸是工程技术人员共同的语言。了解施工图的基本知识和看懂施工图纸，是参加工程施工的技术人员应该掌握的基本技能。随着我国经济建设的快速发展，建筑工程的规模也日益扩大。刚参加工程建设施工的人员，尤其是新的从业建筑工人，迫切需要了解房屋的基本构造，看懂建筑施工图纸，为实施工程施工创造良好条件。

为了帮助工程技术人员和建筑工人系统地了解和掌握识图的方法，我们组织编写了《学看建筑工程施工图丛书》。本套丛书包括《学看建筑施工图》《学看建筑结构施工图》《学看钢结构施工图》《学看给水排水施工图》《学看暖通空调施工图》《学看建筑装饰施工图》《学看建筑电气施工图》。本套丛书系统介绍了工程图的组成、表示方法，施工图的组成、编排顺序和看图、识图要求等，同时也收录了有关规范和施工图实例，还适当地介绍了有关专业的基本概念和专业基础知识。

《学看建筑工程施工图丛书》第一版出版已经有十几年，受到了广大读者的关注和好评。近年来各种专业的国家标准不断更新，设计制图也有了新的要求。为此，我们对这套书重新校核进行了修订，增加了对现行制图标准的注解以及新的知识和图解，以期更好地满足读者对于识图的需求。

限于时间和作者水平，疏漏和不妥之处在所难免，恳请广大读者批评指正。

编者

2018 年 2 月

第一版前言

图纸是工程技术人员的共同语言。了解施工图的基本知识和看懂施工图纸，是参加工程施工的技术人员应该掌握的基本技能。随着改革开放和经济建设的发展，建筑工程的规模也日益扩大。对于刚参加工程建筑施工的人员，尤其是新的建筑工人，迫切希望了解房屋的基本构造，看懂建筑施工图纸，学会这门技术，为实施工程施工创造良好的条件。

为了帮助建筑工人和工程技术人员系统地了解和掌握识图、看图的方法，我们组织了有关工程技术人员编写了《学看建筑工程施工图丛书》，本套丛书包括《学看建筑施工图》、《学看建筑结构施工图》、《学看建筑装饰施工图》、《学看给水排水施工图》、《学看暖通空调施工图》、《学看建筑电气施工图》。本丛书系统介绍了工程图的组成、表示方法，施工图的组成、编排顺序和看图、识图要求等，同时也收录了有关规范和施工图实例，还适当地介绍了有关专业的基本概念和专业基础知识。

书中列举的看图实例和施工图，均选自各设计单位的施工图及国家标准图集。在此对有关设计人员致以诚挚的感谢。为了适合读者阅读，作者对部分施工图作了一些修改。

限于编者水平，书中难免有错误和不当之处，恳请读者给予批评指正，以便再版时修正。

编者

2001 年

目　录

怎样看建筑施工图

第一节 概 述

在装饰工程中，学看建筑装饰施工图之前首先要学习了解建筑施工图。

遵照建筑制图标准和建筑专业的习惯画法绘制建筑物的多面正投影图，并注写尺寸和文字说明的图样，叫做建筑图。

施工图根据其内容和各工种不同分为以下三种。

(1) 建筑施工图（简称建施图）。主要用来表示建筑物的规划位置、外部造型、内部各房间的布置、内外装修、构造及施工要求等。它主要包括施工图首页、总平面图、各层平面图、立面图、剖面图及详图等。

(2) 结构施工图（简称结施图）。主要表示建筑物承重结构的结构类型、结构布置、构件种类、数量、大小及做法。它主要包括结构设计说明、结构平面布置图及构件详图等。

(3) 设备施工图（简称设施图）。主要表示建筑物的给水排水、暖气通风、供电照明、燃气等设备的布置和施工要求等。它主要包括各种设备的布置图、系统图和详图等。

一、模数协调

为使建筑物的设计、施工、建材生产以及使用单位和管理机构之间容易协调，用标准化的方法使建筑制品、建筑构配件和组合件实现工厂化规模生产，从而加快设计速度，提高施工质量及效率，进一步提高建筑工业化水平，国家颁布了《建筑模数协调统一标准》（GB/T 50002—2013）。

模数协调使符合模数的构配件、组合件能用于不同地区、不同类型的建筑物中，促使不同材料、不同形式和不同制造方法的建筑构配件、组合件有较大的通用性和互换性。在建筑设计中能简化设计图的绘制，在施工中能使建筑物及其构配件和组合件的放线、定位和组合等更有规律，更趋统一、协调，从而便利施工。

模数是选定的尺寸单位，作为尺度协调的增值单位。模数协调选用的基本尺寸单位，叫做基本模数。基本模数的数值为100mm，其符号为M，即1M＝100mm。整个建筑物和建筑物的一部分以及建筑组合的模数化尺寸，应是基本模数的倍数。模数协调标准选定的扩大模数和分模数叫做导出模数，导出模数是基本模数的整倍数和分数。

水平扩大模数基数为3、6、12、15、30、60M，其相应的尺寸分别为300、600、1200、1500、3000、6000mm。竖向扩大模数的基数为3M与6M，其相应的尺寸为300mm和600mm。

分模数基数为1/10、1/5、1/2M，其相应的尺寸为10、20、50mm。

水平基本模数主要用于门窗洞口和构配件断面等处，1M数列按100mm进级，幅度由1M至20M，其相应尺寸为100、200、300、…、2000mm。

竖向基本模数主要用于建筑物的层高、门窗洞口和构配件断面等处。其幅度由1M至36M。

水平扩大模数主要用于建筑物的开间(柱距)、进深(跨度)、构配件尺寸和门窗洞口等处。其3M数列按300mm进级,幅度由3M至75M,相应尺寸为300、600、900、…、7500mm。

竖向扩大模数的3M数列主要用于建筑物的高度、层高和门窗洞口等处。6M数列主要用于建筑物的高度与层高。它们的数列幅度皆不受限制。

分模数主要用于缝隙、构造节点、构配件断面等处。其1/10M数列按10mm进级，幅度为1/10M至2M；1/5M数列按20mm进级，幅度为1/5M至4M；1/2M数列按50mm进级，幅度为1/2M至10M。

二、砖墙及砖的规格

目前，我国房屋建筑中的墙身一般以砖墙为主，另外有石墙、混凝土墙、砌块墙等。砖墙的尺寸与砖的规格有密切联系。建筑中墙身采用的砖，不论是黏土砖、页岩砖、灰砂砖，当其尺寸为240mm×115mm×53mm时，这种砖称为标准砖。采用标准砖砌筑的墙体厚度的标准尺寸为120（半砖墙，实际厚度115mm）、240（一砖墙，实厚240mm）、370（一砖半墙，实厚365mm）、490（二砖墙，实际厚度490mm）等。砖的强度等级是根据10块砖抗压强度平均值和标准值划分的，共有六个级别，即MU30、MU25、MU20、MU15、MU10、MU7.5。

砌筑砖墙的黏结材料为砂浆，根据砂浆的材料不同，有石灰砂浆（石灰、砂），混合砂浆（石灰、水泥、砂）和水泥砂浆（水泥、砂）。砂浆的抗压强度等级有M1.0、M2.5、M5.0、M7.5、M10五个等级。

在混合结构及钢筋混凝土结构的建筑物中，还常涉及混凝土的抗压强度等级，混凝土的等级分为12级，即C7.5、C10、C15、C20、C25、C30、C35、C40、C45、C50、C55、C60。

三、标准图与标准图集

为了加快设计与施工的速度，提高设计与施工的质量，把各种常用的、大量性的房屋建筑及建筑构配件，按GB/T 50002—2013规定的统一模数，根据不同的规格标准，设计编出成套的施工图，以供选用，这种图样叫做标准图与通用图，将其装订成册即为标准图集。标准图集的使用范围限制在图集批准单位所在的地区。

标准图有两种：一种是整幢房屋的标准设计（定型设计）；另一种是目前大量使用的建筑构配件标准图集。

第二节　总　平　面　图

总平面图用来表示整个建筑基地的总体布局、具体表达新建房屋的位置、朝向以及周围环境（如原有建筑物、交通道路、绿化、地形等）的情况。总平面图是新建房屋定位、放线以及布置施工现场的依据。

由于总平面图包括地区较大，《建筑制图标准》（GB 50104—2010）规定：总平面图的比例应用1∶500、1∶1000、1∶2000来绘制。实际工程中，由于我国国土资源局以及有关单位提供的地形图常为1∶500的比例，故总平面图常用1∶500的比例绘制。

由于比例较小，故总平面图上的房屋、道路、桥梁、绿化等都用图例表示。表1-1列出的为GB 50104—2010规定的总图图例（图例：以图形规定出的画法称为图例）。在较复杂的总平面图中，如用了一些 GB 50104—2010 上没有的图例，应在图纸的适当位置加以说明。

表 1-1　　总平面图图例（摘自 GB/T 50103—2010）

名　　称	图　　例	说　　明
新建的建筑物		1. 上图为不画出入口图例，下图为画出入口图例 2. 需要时，可在图形内右上角以点数或数字（高层宜用数字）表示层数 3. 用粗实线表示
原有的建筑物		1. 应注明拟利用者 2. 用细实线表示
计划扩建的预留地或建筑物		用中虚线表示
拆除的建筑物		用细实线表示
新建的地下建筑物或构筑物		用粗虚线表示
建筑物下面的通道		
散状材料露天堆场		需要时可注明材料名称
其他材料露天堆场或露天作业场		需要时可注明材料名称
铺砌场地		
烟　　囱		实线为烟囱下部直径，虚线为基础，必要时可注写烟囱高度和上、下口直径
围墙及大门		上图为砖石、混凝土或金属材料的围墙 下图为镀锌铁丝网、篱笆等围墙 如仅表示围墙时不画大门
挡土墙		被挡土在“突出”的一侧
台　阶		箭头指向表示向上
坐　标	X105.000 Y425.00 A131.51 B287.25	上图表示测量坐标 下图表示施工坐标

续表

名　　称	图　例	说　　明
填挖边坡		边坡较长时，可在一端或两端局部表示
护　坡		边坡较长时，可在一端或两端局部表示
室内标高	151.00	
室外标高	143.00	

总平面图常画在有等高线和坐标网格的地形图上，地形图上的坐标称为测量坐标，是用与地形图相同比例画出的 50m×50m 或 100m×100m 的方格网，此方格网的竖轴用 x，横轴用 y 表示。一般房屋的定位应标注其三个角的坐标，如建筑物、构筑物的外墙与坐标轴线平行，可标注其对角坐标。如图 1-1 所示，某县农业银行办公楼与坐标轴线平行，故标出了两个对角的

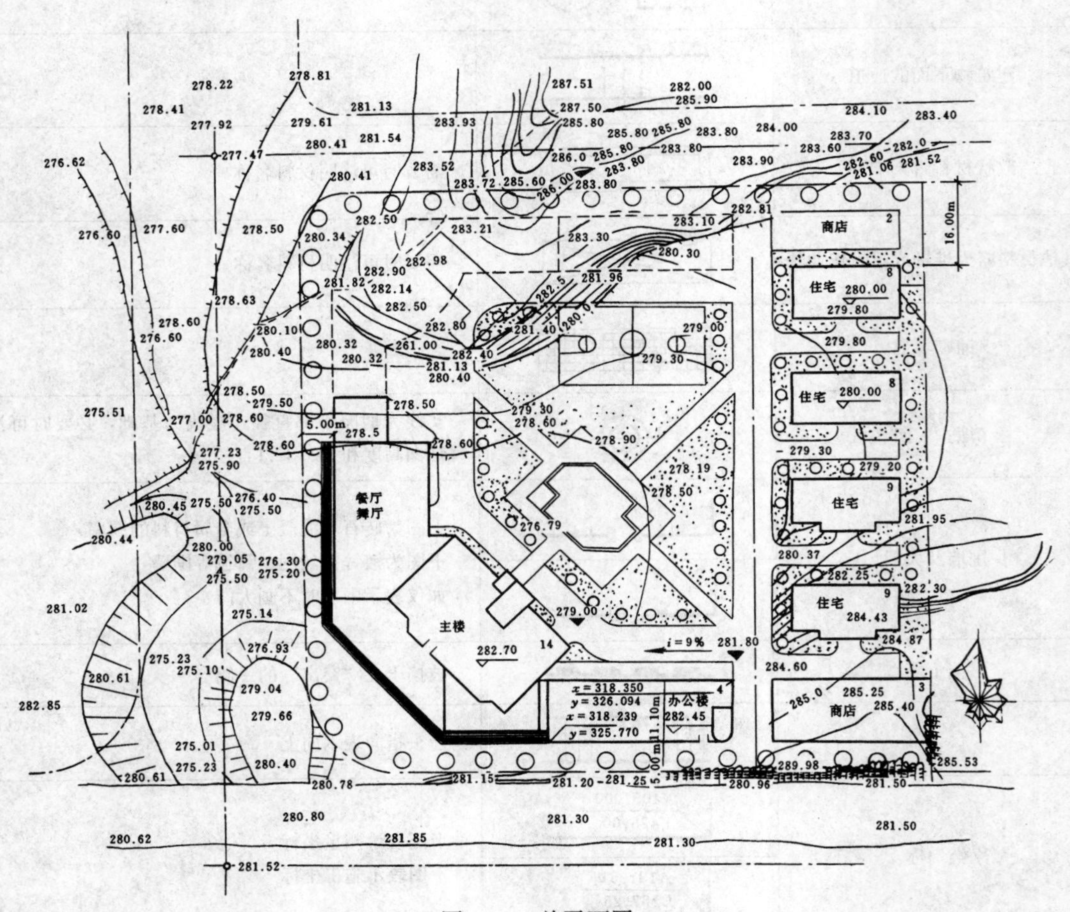

图 1-1　总平面图

坐标。左下角坐标为$\frac{x=318.239}{y=325.770}$，右上角坐标为$\frac{x=318.350}{y=326.094}$。

新建房屋的朝向与风向，可在图纸的适当位置绘制指北针或风向频率玫瑰图（简称风玫瑰）来表示。指北针应按 GB 50104—2010 规定绘制，如图 1-2 所示，指针方向为北向，圆用细实线，直径为 24mm，指针尾部宽度为 3mm。如需用较大直径绘制指北针时，指针尾部宽度宜为直径的$\frac{1}{8}$。

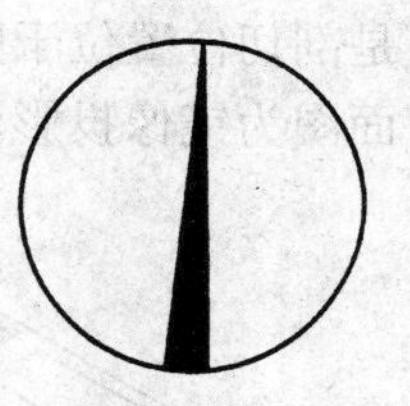
图 1-2　指北针

风向频率玫瑰图在 8 个或 16 个方位线上用端点与中心的距离，代表当地这一风向在一年中发生次数的多少，粗实线表示全年风向，细虚线范围表示夏季风向。风向由各方位吹向中心，风向线最长者为主导风向，如图 1-3 所示。

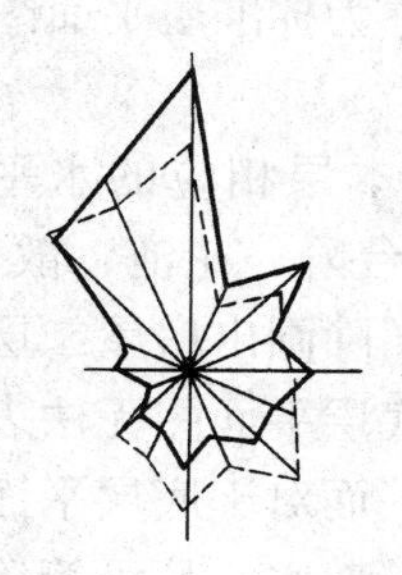
图 1-3　风向频率玫瑰图

总平面图上的尺寸应标注新建房屋的总长、总宽及与周围房屋或道路的间距。尺寸以米为单位，标注到小数点后两位。新建房屋的层数在房屋图形右上角上用点数或数字表示。一般低层、多层用点数表示层数，高层用数字表示，如果为群体建筑，也可统一用点数或数字表示。

新建房屋的室内地坪标高为绝对标高（以我国青岛市外黄海海平面为±0.000 的标高），这也是相对标高（以某建筑物底层室内地坪为±0.000 的标高）的零点。室外整平标高采用全部涂黑的等腰三角形“▼”表示，大小形状同标高符号。总平面图上标高单位为“米”，标到小数点后两位。

图 1-1 为某县农业银行办公楼工程的总平面图。从图 1-1 中可以看出，整个建筑基地比较规整，基地南面与西面为主要交通干道，建筑群体沿红线（规划管理部门用红笔在地形图上画出的用地范围线）布置在基地四周。西、南公路交会处有一 14 层主楼，办公楼紧挨主楼布置在靠南边干道旁。办公楼南北朝向，4 层，总长 32.40m，总宽 11.10m，距南面公路边沿 5.00m，距东面的三层高的商场 8.00m。办公楼底层室内整平标高为 282.45m，室外整平标高为 281.80m。整个基地主导风向为北偏西。从图中还可看出基地四周布置建筑，中间为绿化用地、水池、球场等，原有建筑有东北角的一栋二层商场；西北角为拟建建筑的预留地，如果整个工程开工，此处的“└┘”形建筑需拆除。

第三节　建筑平面图

一、建筑平面图的用途

建筑平面图是用以表达房屋建筑的平面形状，房间布置，以及墙、柱、门窗等构配件的位置、尺寸、材料和做法等内容的图样。建筑平面图简称平面图。

平面图是建筑施工图的主要图纸之一，是施工过程中房屋的定位放线、砌墙、设备安装、装修，以及编制概预算、备料等的重要依据。

二、平面图的形成

平面图的形成通常是假想用一水平剖切面经过门窗洞口之间将房屋剖开，移去剖切平面以上的部分，将余下部分用直接正投影法投影到 H 面上而得到的正投影图。即平面图实际上是剖切位置位于门窗洞口之间的水平剖面图（图 1-4、图 1-5）。装修工程设计中的顶棚平面图为镜像投影法绘制，并应在图名后加注“镜像”二字。

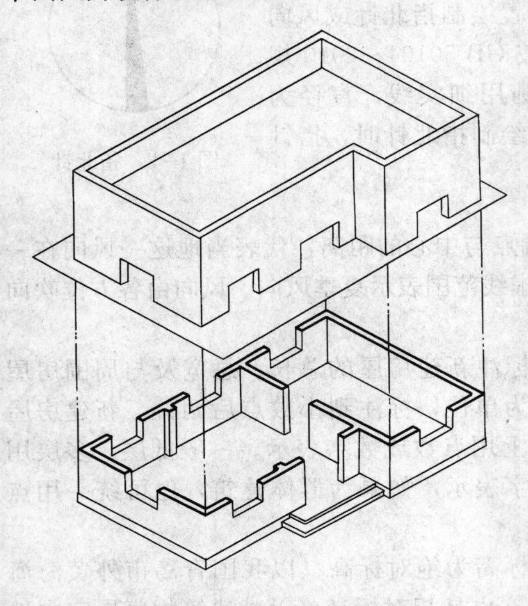

图 1-4　平面图的形成

三、比例及图名

平面图用 1∶50、1∶100、1∶200 的比例绘制，实际工程中常用 1∶100 的比例绘制。一般情况下，房屋有几层就应画几个平面图，并在图的下方正中标注相应的图名，如“底层平面图”“二层平面图”等。图名下方应加画一粗实线，图名右方标注比例。当房屋中间若干层的平面布局和构造情况完全一致时，则可用一个平面图来表达这相同布局的若干层，称为标准层平面图。

四、平面图的图示内容

底层平面图应画出房屋本层相应的水平投影，以及与本栋房屋有关的台阶、花池、散水、垃圾箱等的投影；二层平面图除画出房屋二层范围的投影内容外，还应画出底层平面图无法表达的雨篷、阳台、窗棚等内容，而对于底层平面图上已表达清楚的台阶、花池、散水、垃圾箱等内容就不再画出；三层以上的平面图则只需画出本层的投影内容及下一层的窗棚、雨篷等无法表达的内容。

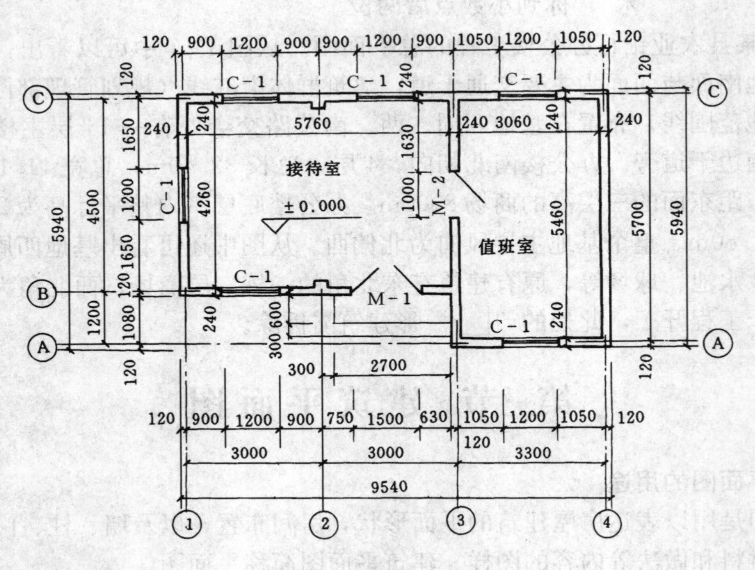

图 1-5　平面图 1∶100

建筑平面图由于比例较小，各层平面图中的卫生间、楼梯间、门窗等投影难以详尽表示，便采用 GB 50104—2010 规定的图例来表示，而相应的详细情况则另用较大比例的详图来表示。具体图例见表 1-2。

表 1-2 建筑构造及配件图例

名　称	图　例	说　明
土　墙		包括土筑墙、土坯墙、三合土墙等
隔　断		1. 包括板条抹灰、木制、石膏板、金属材料等隔断 2. 适用于到顶或不到顶隔断
栏　杆		上图为非金属扶手 下图为金属扶手
楼　梯		1. 上图为底层楼梯平面，中图为中间层楼梯平面，下图为顶层楼梯平面 2. 楼梯的形式及步数应按实际情况绘制
坡　道		
检查孔		左图为可见检查孔 右图为不可见检查孔
孔　洞		
坑　槽		
墙预留洞	宽×高 或 φ	
墙预留槽	宽×高×深 或 φ	
烟　道		
通风道		

续表

名　　称	图　例	说　　明
空门洞		
单扇门（包括平开或单面弹簧）		1. 门的名称代号用M表示 2. 剖面图上左为外、右为内，平面图上下为外、上为内 3. 立面图上开启方向线交角的一侧为安装合页的一侧，实线为外开，虚线为内开 4. 平面图上的开启弧线及立面图上的开启方向线，在一般设计图上无须表示，仅在制作图上表示 5. 立面形式应按实际情况绘制
双扇门（包括平开或单面弹簧）		
对开折叠门		
墙外单扇推拉门		门的名称代号用M表示
墙外双扇推拉门		门的名称代号用M表示
墙内单扇推拉门		门的名称代号用M表示
墙内双扇推拉门		门的名称代号用M表示
单扇双面弹簧门		门的名称代号用M表示

续表

名　　称	图　　例	说　　明
双扇双面弹簧门	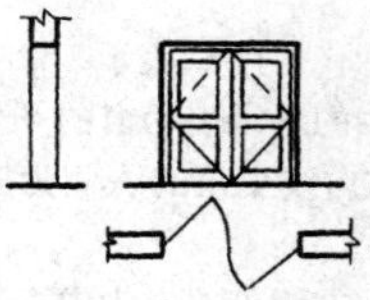	门的名称代号用M表示
单扇内外开双层门（包括平开或单面弹簧）	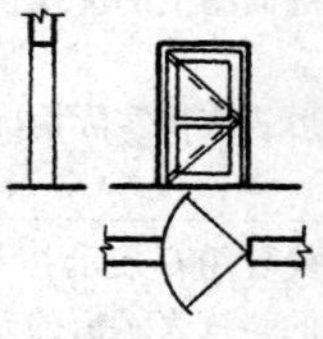	门的名称代号用M表示
双扇内外开双层门（包括平开或单面弹簧）	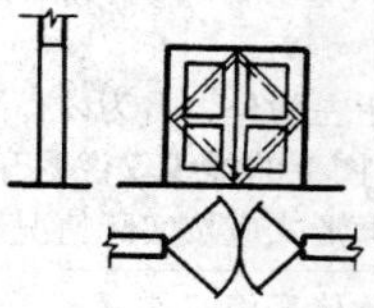	门的名称代号用M表示
转　门	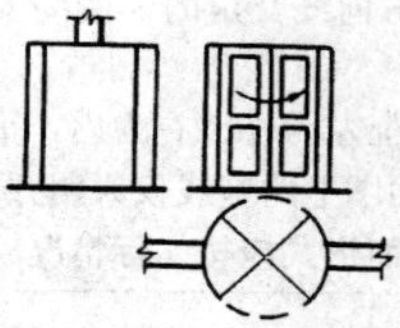	1. 门的名称代号用M表示 2. 剖面图上左为外、右为内，平面图上下为外、上为内 3. 平面图上的开启弧线及立面图上的开启方向线，在一般设计图上无须表示，仅在制作图上表示 4. 立面形式应按实际情况绘制
折叠上翻门	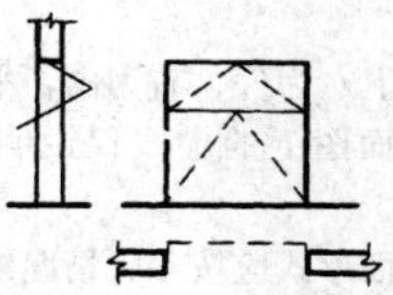	1. 门的名称代号用M表示 2. 剖面图上左为外、右为内，平面图上下为外、上为内 3. 立面图上开启方向线交角的一侧为安装合页的一侧，实线为外开，虚线为内开 4. 平面图上的开启弧线及立面图上的开启方向线，在一般设计图上无须表示，仅在制作图上表示 5. 立面形式应按实际情况绘制
卷　门	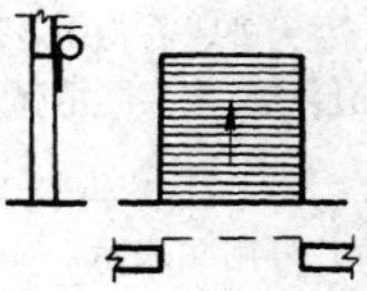	1. 门的名称代号用M表示 2. 剖面图上左为外、右为内，平面图上下为外、上为内 3. 立面形式应按实际情况绘制
提升门	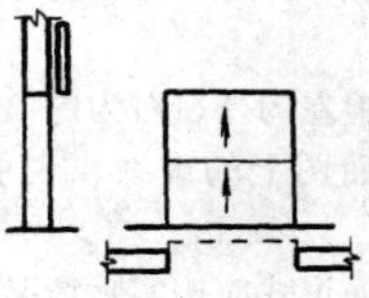	1. 门的名称代号用M表示 2. 剖面图上左为外、右为内，平面图上下为外、上为内 3. 立面形式应按实际情况绘制

续表

<table>
<tr><th>名称</th><th>图例</th><th>说明</th></tr>
<tr><td>单层固定窗</td><td> 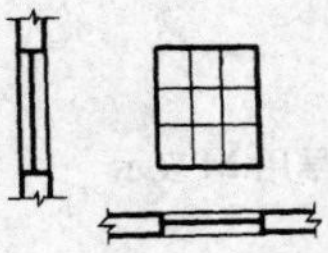</td><td rowspan="2">1. 窗的名称代号用C表示
2. 立面图中的斜线表示窗的开关方向，实线为外开，虚线为内开；开启方向线交角的一侧为安装合页的一侧，一般设计图中可不表示
3. 剖面图上左为外、右为内，平面图上下为外、上为内
4. 平面图、剖面图上的虚线仅说明开关方式，在设计图中无须表示
5. 窗的立面形式应按实际情况绘制</td></tr>
<tr><td>单层外开上悬窗</td><td></td></tr>
<tr><td>单层中悬窗</td><td> 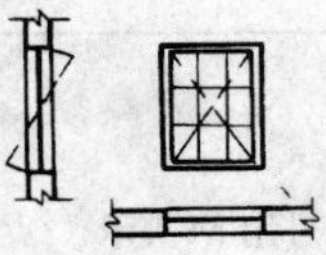</td><td>1. 窗的名称代号用C表示
2. 立面图中的斜线表示窗的开关方向，实线为外开，虚线为内开；开启方向线交角的一侧为安装合页的一侧，一般设计图中可不表示
3. 剖面图上左为外、右为内，平面图上下为外、上为内
4. 平、剖面图上的虚线仅说明开关方式，在设计图中无须表示
5. 窗的立面形式应按实际情况绘制</td></tr>
<tr><td>单层内开下悬窗</td><td> 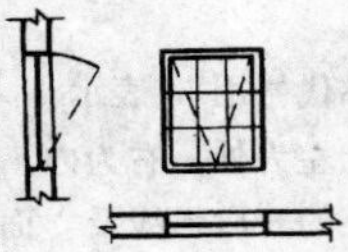</td><td>1. 窗的名称代号用C表示
2. 立面图中的斜线表示窗的开关方向，实线为外开，虚线为内开；开启方向线交角的一侧为安装合页的一侧，一般设计图中可不表示
3. 剖面图上左为外、右为内，平面图上下为外、上为内
4. 平、剖面图上的虚线仅说明开关方式，在设计图中无须表示
5. 窗的立面形式应按实际情况绘制</td></tr>
<tr><td>单层外开平开窗</td><td> 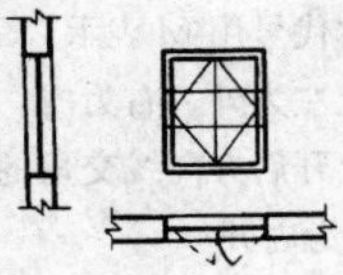</td><td>1. 窗的名称代号用C表示
2. 立面图中的斜线表示窗的开关方向，实线为外开，虚线为内开；开启方向线交角的一侧为安装合页的一侧，一般设计图中可不表示
3. 剖面图上左为外、右为内，平面图上下为外、上为内
4. 平、剖面图上的虚线仅说明开关方式，在设计图中无须表示
5. 窗的立面形式应按实际情况绘制</td></tr>
<tr><td>左右推拉窗</td><td> 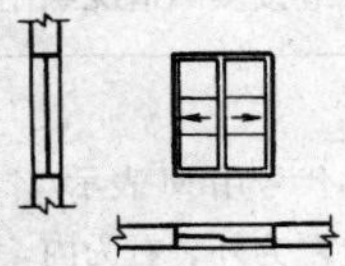</td><td>1. 窗的名称代号用C表示
2. 剖面图上左为外、右为内，平面图上下为外、上为内
3. 窗的立面形式应按实际情况绘制</td></tr>
<tr><td>上推窗</td><td> 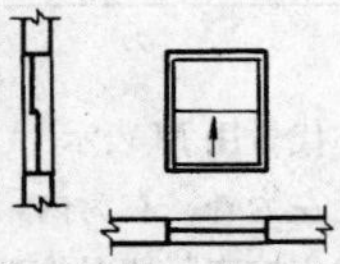</td><td>1. 窗的名称代号用C表示
2. 立面图中的斜线表示窗的开关方向，实线为外开，虚线为内开；开启方向线交角的一侧为安装合页的一侧，一般设计图中可不表示
3. 剖面图上左为外、右为内，平面图上下为外、上为内
4. 平、剖面图上的虚线仅说明开关方式，在设计图中无须表示
5. 窗的立面形式应按实际情况绘制</td></tr>
</table>

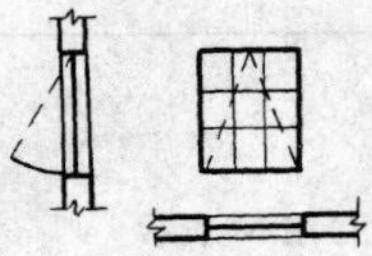

续表

名称	图例	说明
百叶窗		1. 窗的名称代号用C表示 2. 立面图中的斜线表示窗的开关方向，实线为外开，虚线为内开；开启方向线交角的一侧为安装合页的一侧，一般设计图中可不表示 3. 剖面图上左为外，右为内，平面图上下为外，上为内 4. 平、剖面图上的虚线仅说明开关方式，在设计图中无须表示 5. 窗的立面形式应按实际情况绘制
立转窗		1. 窗的名称代号用C表示 2. 立面图中的斜线表示窗的开关方向，实线为外开，虚线为内开；开启方向线交角的一侧为安装合页的一侧，一般设计图中可不表示 3. 剖面图上左为外，右为内，平面图上下为外，上为内 4. 平、剖面图上的虚线仅说明开关方式，在设计图中无须表示 5. 窗的立面形式应按实际情况绘制
单层内开平开窗		1. 窗的名称代号用C表示 2. 立面图中的斜线表示窗的开关方向，实线为外开，虚线为内开；开启方向线交角的一侧为安装合页的一侧，一般设计图中可不表示 3. 剖面图上左为外，右为内，平面图上下为外，上为内 4. 平、剖面图上的虚线仅说明开关方式，在设计图中无须表示 5. 窗的立面形式应按实际情况绘制
双层内外开平开窗		1. 窗的名称代号用C表示 2. 立面图中的斜线表示窗的开关方向，实线为外开，虚线为内开；开启方向线交角的一侧为安装合页的一侧，一般设计图中可不表示 3. 剖面图上左为外，右为内，平面图上下为外，上为内 4. 平、剖面图上的虚线仅说明开关方式，在设计图中无须表示 5. 窗的立面形式应按实际情况绘制

五、平面图的线型

建筑平面图的线型，按GB 50104—2010规定，凡是剖到的墙、柱的断面轮廓线，宜用粗实线，门扇的开启示意线用中粗实线表示，其余可见投影线则用细实线表示。

六、平面图的尺寸标注

为了建筑工业化，在建筑平面图中，采用轴线网络划分平面，使房屋的平面布置以及构件和配件趋于统一，这些轴线叫定位轴线，它是确定房屋主要承重构件（墙、柱、梁）位置及标注尺寸的基线。GB 50104—2010规定：水平方向的轴线自左至右用阿拉伯数字依次连续编为①、②、③、……；竖直方向自下而上用大写拉丁字母依次连续编为A、B、C、……，并除去I、O、Z三个字母，以免与阿拉伯数字中的0、1、2三个数字混淆。如建筑平面形状较特殊，也可用采用分区编号的形式来编注轴线，其方式为“分区号—该区轴线号”（图1-6）。

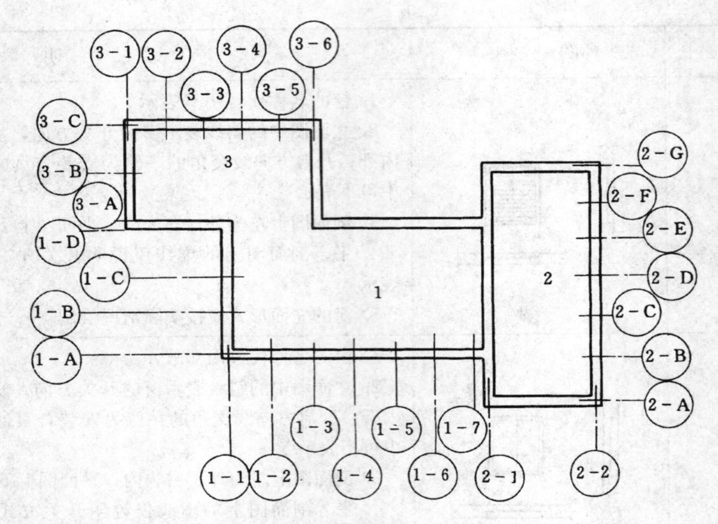

图 1-6　轴线标注方法

如平面为折线型，定位轴线的编号可用分区编注，也可以自左至右依次编注（图 1-7）。

如为圆形平面，定位轴线则应以圆心为准成放射状依次编注，并以距圆心距离决定其另一方向轴线位置及编号，如图 1-8 所示。

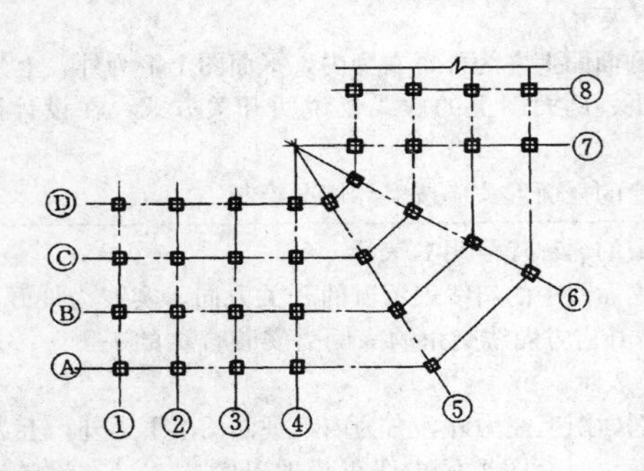

图 1-7　定位轴线标注

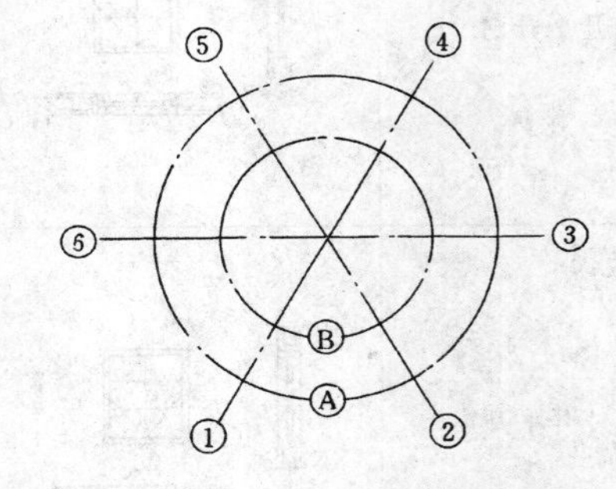

图 1-8　圆形平面定位轴线标注

一般承重墙、柱及外墙等编为主轴线，非承重墙、隔墙等编为附加轴线（又叫分轴线）。第一号主轴线①或 A 前的附加轴线编为 1/01 或 3/0A，如图 1-9 所示。

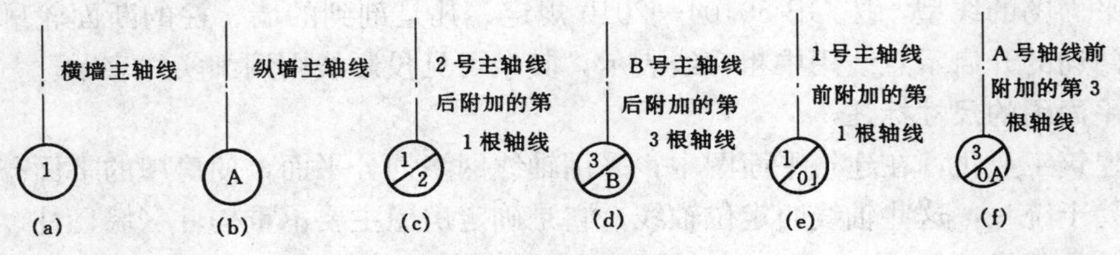

图 1-9　附加轴线标注

轴线线圈用细实线画出，直径为 8mm。

建筑平面图标注的尺寸有外部尺寸和内部尺寸两种。

(1) 外部尺寸。在水平向和竖直方向各标注三道。最外一道尺寸标注房屋水平方向的总长、总宽，称为总尺寸；中间一道尺寸标注房屋的开间、进深，称为轴线尺寸（注：一般情况下，两横墙之间的距离称为“开间”；两纵墙之间的距离称为“进深”）。最里边一道尺寸标注房屋外墙的墙段及门窗洞口尺寸，称为细部尺寸。

如果建筑平面图图形对称，宜在图形的左边、下边标注尺寸，如果图形不对称，则需在图形的各个方向标注尺寸，或在局部不对称的部分标注尺寸。

（2）内部尺寸。应标出各房间长、宽方向的净空尺寸，墙厚及与轴线的关系、柱子截面、房屋内部门窗洞口、门垛等细部尺寸。

平面图中应标注不同楼地面标高房间及室外地坪等标高。为编制概预算的统计及施工备料，平面图上所有的门窗都应进行编号。门常用“M1”“M2”或“M-1”“M-2”等表示，窗常用“C1”“C2”或“C-1”“C-2”表示，也可用标准图集上的门窗代号来编注门窗，如“X-0924”“B.1515”等。本书附录Ⅲ上门窗编号为“MF”“LMT”“LMC”“LC”的含义依次分别为“防盗门”“铝合金推拉门”“铝合金带窗门”“铝合金窗”。

为了表示房屋竖向的内部情况，需要绘制建筑剖面图，其剖切位置应在底层平面图中标出，其符号为“└ ┘”，其中表示剖切位置的“剖切位置线”长度为6～10mm；剖视方向线应垂直于剖切位置线，长度应短于剖切位置线，宜为4～6mm。如剖面图与被剖切图样不在同一张图纸内，可在剖切位置线的另一侧注明其所在图纸的图纸号，如图1-10中底层平面图上的剖切位置符号。如图中某个部位需要画出详图，则在该部位要标出详图索引标志。平面图中各房间的用途宜用文字标出，如“办公室”“会议室”等。

图1-10为某银行底层平面图，图1-11为标准层平面图，都是用1∶100的比例绘制的。从底层平面图上可看出：该办公楼为“矩形”平面，外有一柱廊。办公楼总长32.64m，总宽11.50m；柱廊前沿纵墙方向有三级台阶，右边M3外有6级台阶；办公楼左右各一个楼梯间，是因为二、三层办公室的水平交通内走道的长度已超过防火间距。底层中间为商场，室内地坪标高为±0.000，室外地坪标高为−0.450，即室内外高差为0.45m；左、右两个楼梯间开间尺寸均为3600mm，进深尺寸均为6600mm；右边楼梯间左侧为一商店，右边有一大门M3，后边有一值班室，前面为圆弧形墙面。由于底层主要结构形式为框架，定位轴线是以框架柱来确定的，故A、D轴线不在两外纵墙中心线上，而在框架柱的中心线上，而其他轴线都与墙中心线重合。底层平面图上共有5种门，即M1、M2为卷门，M3为双扇内开平开门，M4为单扇平开门，M5为带窗门；另有三种类型的窗，即C1、C2、C3，其中C2为高窗，下口距地1800mm，C3为圆弧形窗。剖面图的剖切位置在③～④轴线间。从标准层平面图中办公室室内地坪标高$\frac{(7.200)}{3.900}$可看出，标准层平面图代表二、三层平面图，均为办公部分，用中间水平走道连接各办公室。除B轴线墙和男女厕间隔墙为120mm厚外，其余墙体均为240mm厚。标准层共有两种门（M4、M6）和六种窗（C1、C3、C4、C5、C6、C7）。⑩轴线墙D轴线墙上可看到底层平面图上没有表示雨篷的投影。标准层上楼梯间的表示方法与底层也不同。

图1-12为四层平面图，图1-13为屋顶平面图。从图1-12、图1-13上可看出，左边楼梯间上到四楼为止，而右边楼梯间则一直上到屋面。屋顶平面图是用来表达房屋屋顶的形状、女儿墙位置、屋面排水方式、坡度、落水管位置等的图形。

一般在屋顶平面图附近配以檐口、女儿墙泛水、变形缝、雨水口、高低屋面泛水等构造详图，以配合屋顶平面图的阅读。屋顶平面图是屋顶的H面投影，除少数伸出屋面较高的楼梯间、水箱、电梯机房被剖到的墙体轮廓用粗实线表示外，其余可见轮廓线的投影均用细线表示。

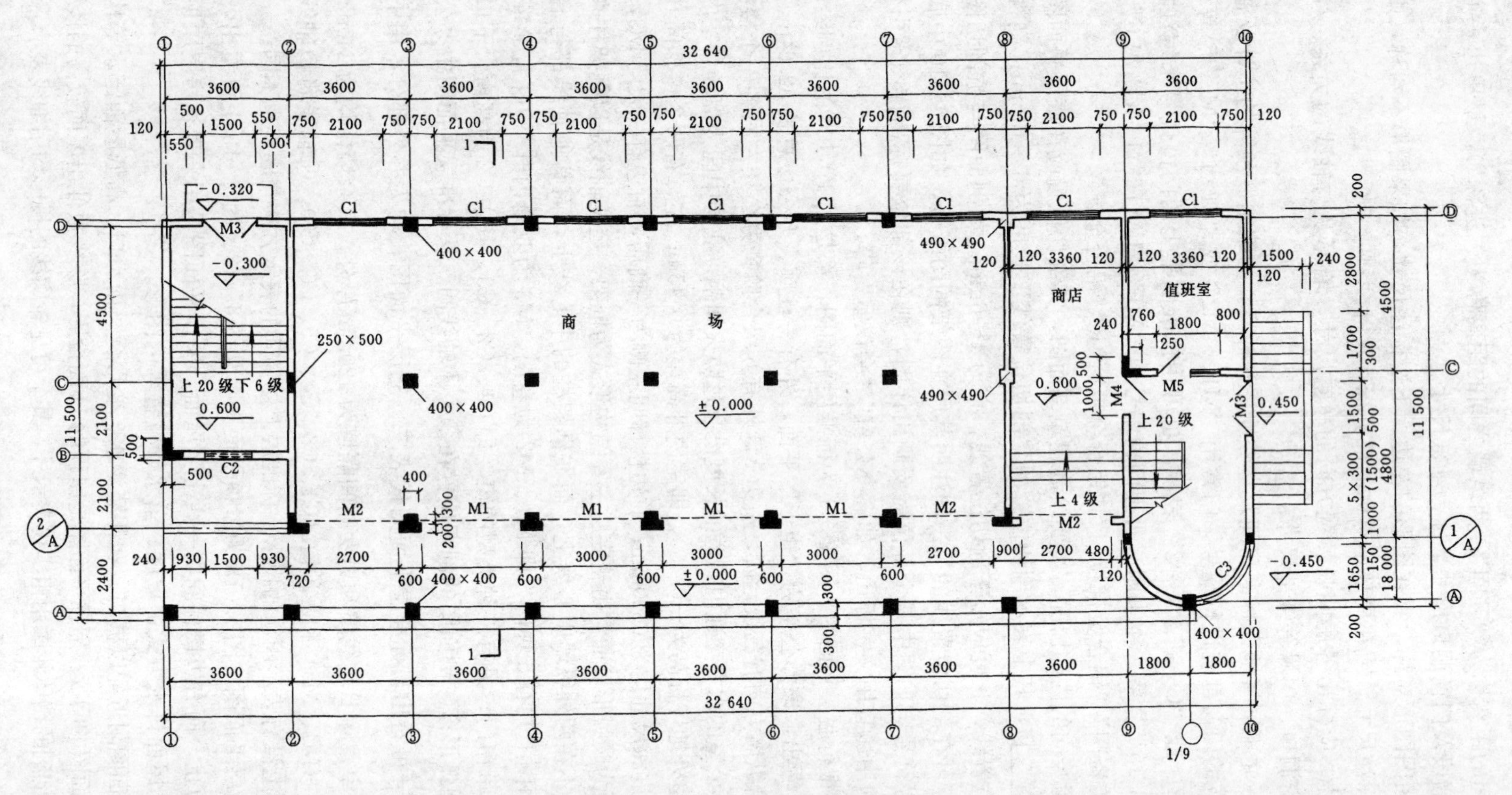

图1-10 底层平面图1：100

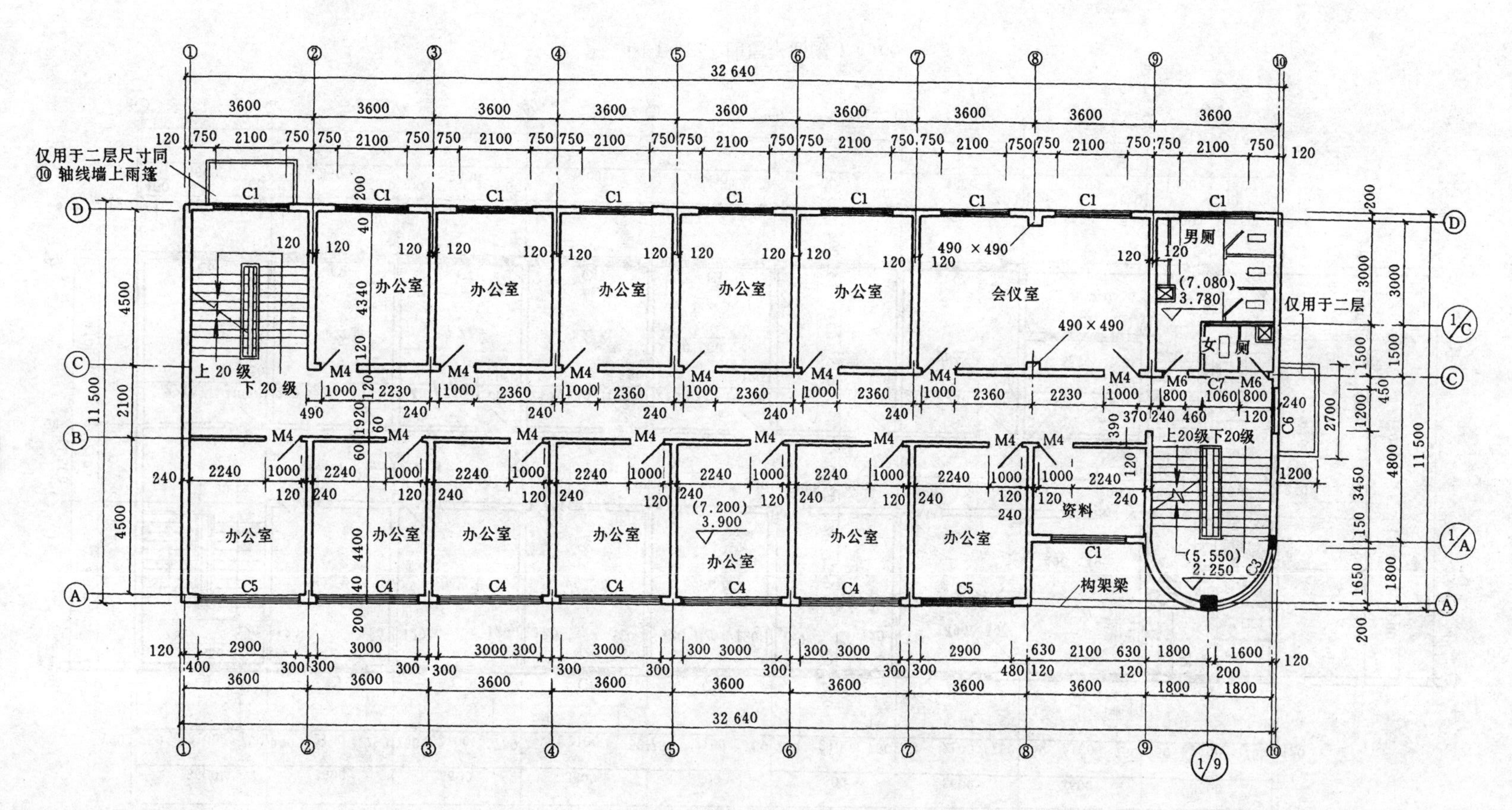

图 1-11 标准层平面图 1:100

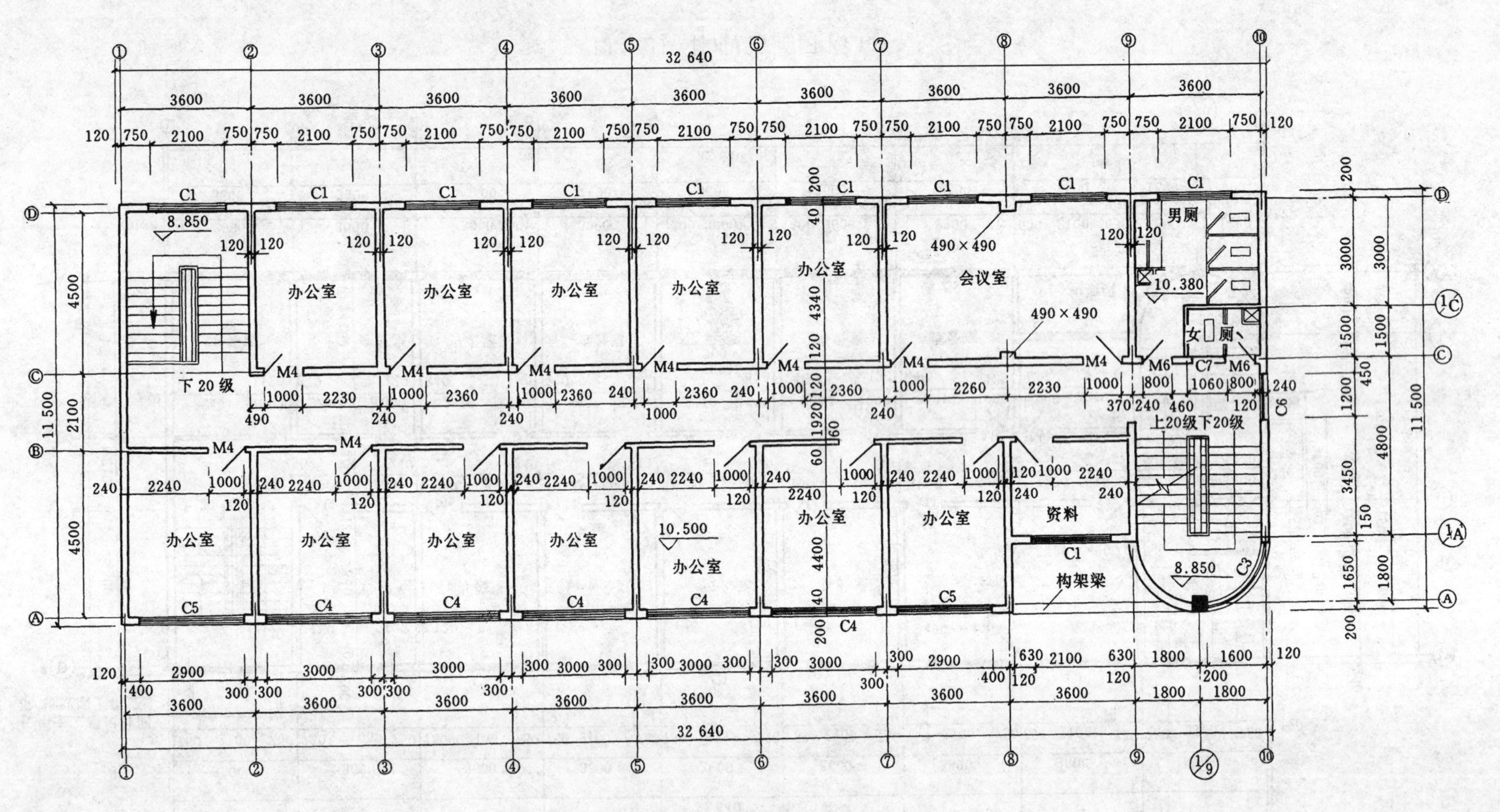

图 1-12　四层平面图 1∶100

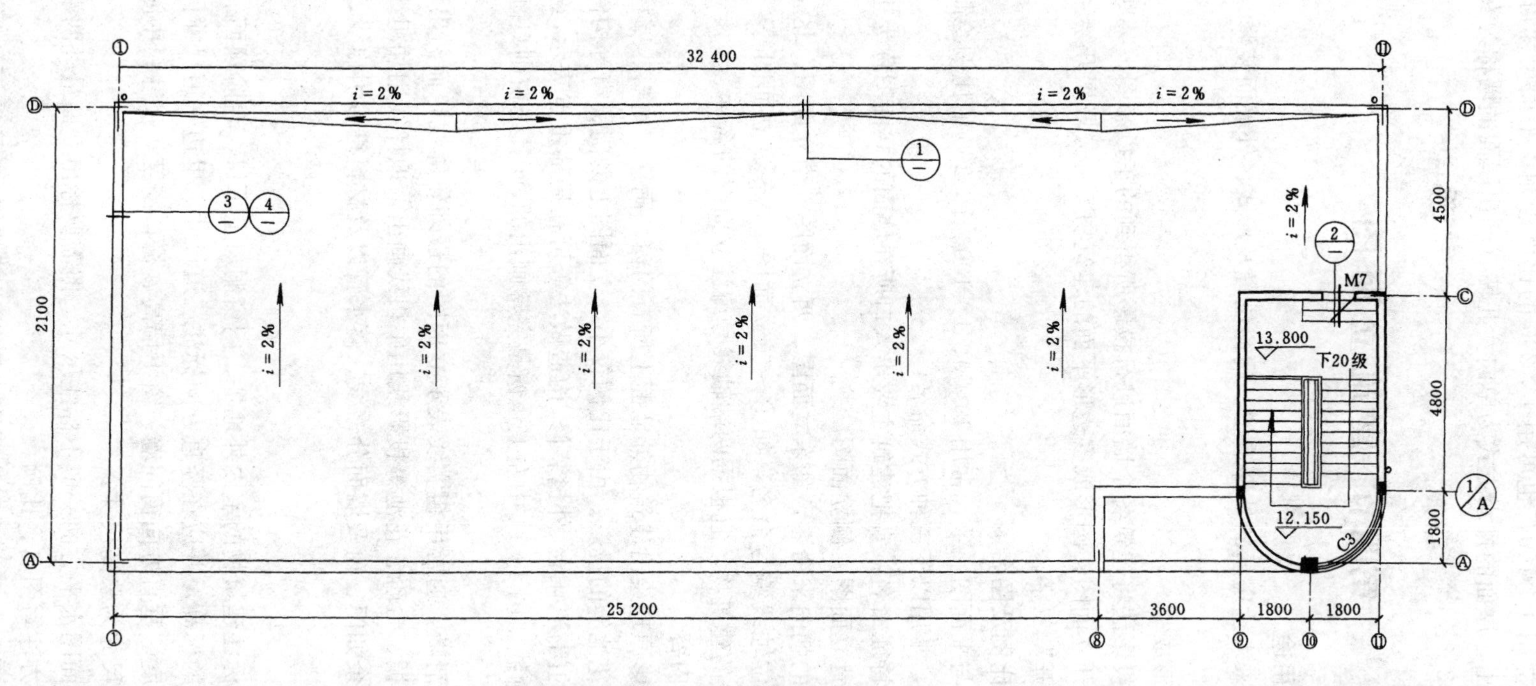

图 1-13　屋顶平面图 1：100

屋顶平面图的比例常用 1∶100，也可用 1∶200 的比例绘制。平面尺寸可只标轴线尺寸。从屋顶平面图可看出，屋面的排水方式为单向女儿墙（凸出屋面的墙称为女儿墙）落水管外排水，排水坡度为 2%。

第四节 建筑立面图

一、建筑立面图的用途

建筑立面图主要用来表达房屋的外部造型、门窗位置及形式、外墙面装修、阳台、雨篷等部分的材料和做法等。

二、建筑立面图的形成

立面图是用直接正投影法将建筑各个墙面进行投影所得到的正投影图。某些平面形状曲折的建筑物，可绘制展开立面图；圆形或多边形平面的建筑物，可分段展开绘制立面图。但均应在图名后加注“展开”二字。

三、建筑立面图的比例及图名

建筑立面图的比例与平面图一致，常用 1∶50、1∶100、1∶200 的比例绘制。

建筑立面图的图名，常用以下三种方式命名：

（1）以建筑墙面的特征命名：常把建筑主要出入口所在墙面的立面图称为正立面图，其余几个立面相应地称为背立面图、侧立面图。

（2）以建筑各墙面的朝向来命名，如东立面图、西立面图、南立面图、北立面图。

（3）以建筑两端定位轴线编号命名，如①～⑩立面图，A～D 立面图等。GB 50104—2010 规定：有定位轴线的建筑物，宜根据两端轴线号编注立面图的名称。

四、立面图的图示内容

立面图应根据正投影原理绘出建筑物外墙面上所有门窗、雨篷、檐口、壁柱、窗台、窗楣及底层入口的台阶、花池等的投影。由于比例较小，立面图上的门、窗等构件也用图例表示（见表 1-2）。相同的门窗、阳台、外檐装修、构造做法等可在局部重点表示，绘出其完整图形，其余部分可只画轮廓线。图 1-14 中左上角窗是完整画出的，而其余窗则只画出轮廓线。

五、线型

为使立面图外形更清晰，通常用粗实线表示立面图的最外轮廓线，而凸出墙面的雨篷、阳台、柱子、窗台、窗楣、台阶、花池等投影线用中粗线画出，地坪线用加粗线（为标准粗度的 1.4 倍）画出，其余如门、窗及墙面分格线、落水管以及材料符号引出线、说明引出线等用细实线画出。

六、尺寸标注

（1）竖直方向。应标注建筑物的室内外地坪、门窗洞口上下口、台阶顶面、雨篷、房檐下口、屋面、墙顶等处的标高，并应在竖直方向标注三道尺寸。里边一道尺寸标注房屋的室内外高差、门窗洞口高度、垂直方向窗间墙、窗下墙高、檐口高度等尺寸；中间一道尺寸标注层高尺寸；外边一道尺寸为总高尺寸。

（2）水平方向。立面图水平方向一般不标注尺寸，但需要标出立面最外两端墙的定位轴线及编号，并在图的下方注写图名、比例。

（3）其他标注。立面图上可在适当位置用文字标注其装修，也可以不注写在立面图中，

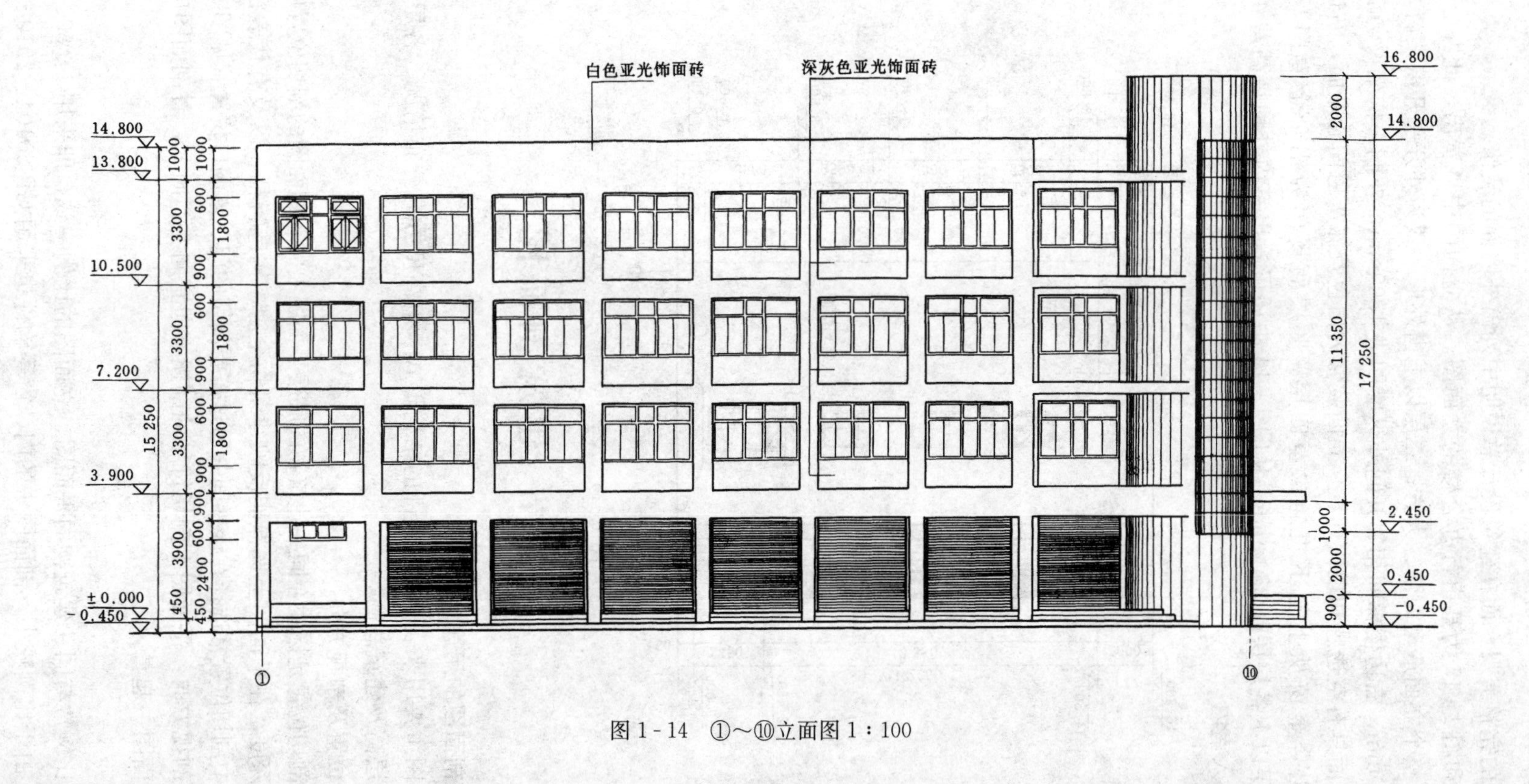

图1-14　①~⑩立面图 1:100

以保证立面图的完整美观，而在建筑设计总说明中列出外墙面的装修。

图1-14和图1-15为某银行办公楼的立面图。从立面图中可看出，此办公楼共4层，总高16.8m。整个立面造型简洁、大方；二层以上窗外形一致为外开平开窗，窗下墙比窗间墙凹进墙面60mm，右边楼梯间相邻开间外纵墙凹进1800mm，外搁一构架梁与底层柱廊遥相呼应，使立面具有空透感和现代气息。立面装修为白色及深灰色面砖贴面，右边楼梯间圆弧形墙有一铝合金窗从上至下贯通二至四层。底层商场门为铝合金卷门，底层层高3900mm，二层以上各层层高3300mm。从图1-14中还可看出室内外地坪高差450mm，通过3级台阶进入室内。

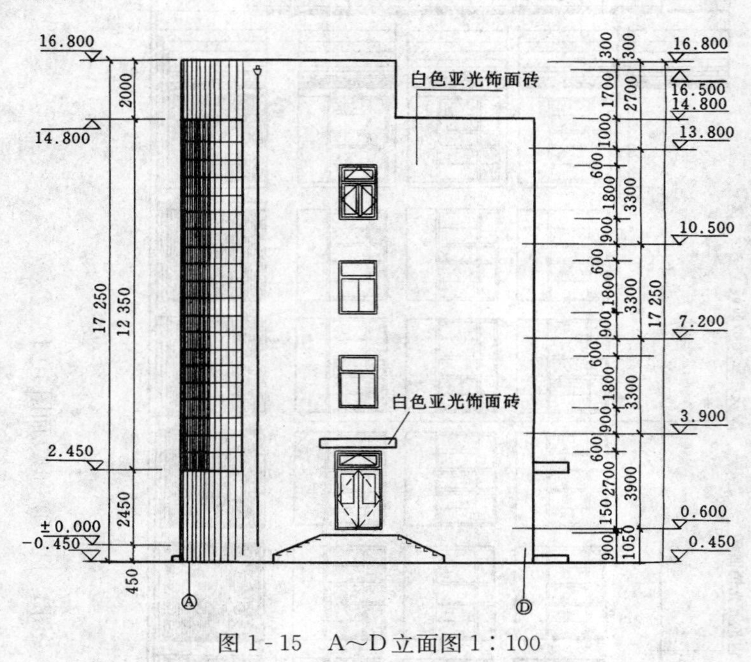

图1-15 A~D立面图1∶100

第五节 建筑剖面图

一、建筑剖面图的用途

建筑剖面图主要用来表达房屋内部的结构形式、沿高度方向分布情况、各层构造做法、门窗洞口高、层高及建筑总高等。

二、剖切位置及剖视方向

剖面图的剖切位置是标注在同一建筑物的底层平面图上的。剖面图的剖切位置应根据图纸的用途或设计深度，在平面图上选择能反映建筑物全貌、构造特征，以及有代表性的部位剖切，实际工程中剖切位置常选择在楼梯间并通过需要剖切的门、窗洞口位置（见图1-10）。

剖面图的剖视方向：平面图上剖切符号的剖视方向宜向左、向上，看剖面图应与平面图结合并对照立面图一起看。

三、比例

剖面图的比例常与同一建筑物的平面图、立面图的比例一致，即采用1∶50、1∶100和1∶200绘制，由于比例较小，剖面图中的门、窗等构件也采用GB 50104—2010规定的图例来表示。见表 1 - 2。

为了清楚地表达建筑各部分的材料及构造层次，当剖面图比例大于 1∶50 时，应在剖到的构件断面画出其材料图例。当剖面图比例小于 1∶50 时，则不画具体材料图例，而用简化的材料图例表示其构件断面的材料，如钢筋混凝土构件可在断面涂黑，以区别砖墙和其他材料。

四、线型

剖面图的线型按 GB 50104—2010 规定，凡是剖到的墙、板、梁等构件的剖切线用粗实线表示，而没剖到的其他构件的投影线则常用细实线表示。

五、尺寸标注

（1）竖直方向。图形外部标注三道尺寸及建筑物的室内外地坪、各层楼地面、门窗洞的上下口及墙顶等部位的标高。图形内部的梁等构件的下口标高，也应标注，且楼地面的标高应尽量标在图形内。外部的三道尺寸：最外一道为总高尺寸，从室外地坪起标到墙顶止，标注建筑物的总高度；中间一道尺寸为层高尺寸，标注各层层高（两层之间楼地面的垂直距离称为层高）；最里面一道尺寸为细部尺寸，标注墙段及洞口尺寸。

（2）水平方向。常标注剖到的墙、柱尺寸及剖面图两端的轴线编号及轴线间距，并在图的下方注写图名和比例。

（3）其他标注。由于剖面图比例较小，某些部位如墙脚、窗台、过梁、墙顶等节点，不能详细表达，可在剖面图上的该部位处，画上详图索引标志，另用详图来表示其细部构造尺寸。此外，楼地面及墙体的内外装修可用文字分层标注。

图 1 - 16 为某银行办公楼的剖面图。从图中可以看出，此建筑共四层，底层层高 3900mm，二～四层层高 3300mm，建筑总高 15 250mm，室内外高差 450mm，从外部尺寸还可看出，各层窗洞口高为 1800mm，底层门洞口高 3000mm。底层的梁柱表明底层为框架结构。墙体的具体做法用 5/—、6/—、7/—三个详图索引标志引出，另画详图表示。本剖面图比例为 1∶100，

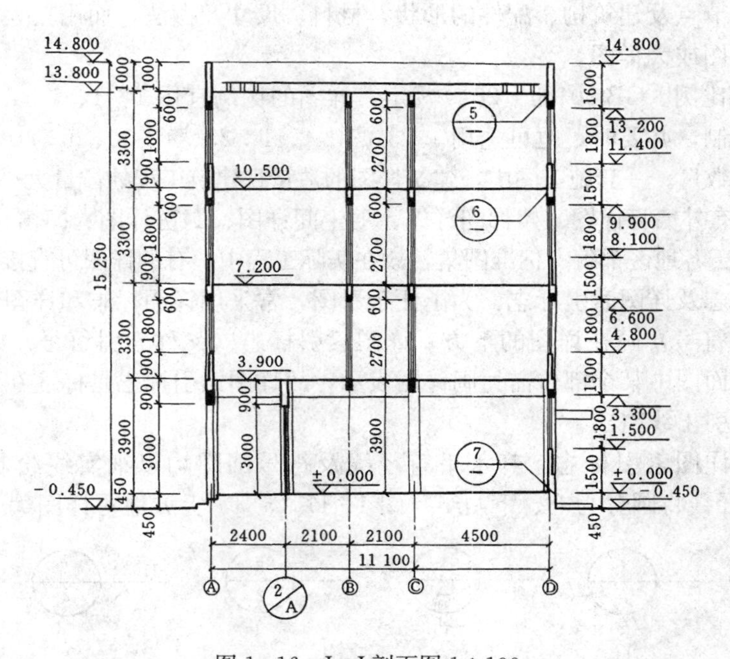

图 1 - 16　I～I 剖面图 1∶100

故构件断面除钢筋混凝土梁、板涂黑表示外，墙及其他构件不再加画材料图例。图 1 - 16 中还标出了其他图上无法标注的 B、C 轴线上门洞口的高度。

以上讲述了建筑的总平面图及平面图、立面图和剖面图，这些都是建筑物全局性的图。在这些图中，首先，图示的准确性是很重要的，应力求贯彻国家制图标准，严格按制图标准规定绘制图样；其次，尺寸标注也是非常重要的，应力求准确、完整、清楚，并弄清各种尺寸的含义。

建筑平面图中总长、总宽尺寸，立面图与剖面图中的总高尺寸为建筑的总尺寸。

建筑平面图中的轴线尺寸，立面图、剖面图中的层高尺寸为建筑的定位尺寸。

建筑平面图、立面图、剖面图及建筑详图中的细部尺寸为建筑的定量尺寸，也称定形尺寸，某些细部尺寸同时也是定位尺寸。

另外，每一种建筑构配件都有标志尺寸、构件尺寸和实际尺寸三种尺寸。

标志尺寸（又称设计尺寸），是在进行设计时采用的尺寸，如构配件长、宽等。

构造尺寸是具体在制作构件时采用的尺寸。由于建筑构配件的表面较粗糙，考虑施工时各个构件之间的安装搭接方便，构件在制作时便要考虑两构件搭接时的施工缝隙，故构造尺寸＝标志尺寸－缝宽。

实际尺寸是建筑构配件制作完成后的实际尺寸，由于制作时的误差，故：实际尺寸＝构造尺寸±允许误差值。

第六节　建　筑　详　图

房屋建筑平面图、立面图、剖面图都是用较小的比例绘制的，主要表达建筑全局性的内容，而对于房屋细部或构、配件的形状、构造关系等无法表达清楚，因此，在实际工作中，为详细表达建筑节点及建筑构、配件的形状、材料、尺寸及做法，而用较大的比例画出的图形，称为建筑详图或大样图。

（1）详图的比例。GB 50104—2010 规定：详图的比例宜用 1∶1、1∶2、1∶5、1∶10、1∶20、1∶50绘制，必要时，也可选用 1∶3、1∶4、1∶25、1∶30、1∶40 等。

（2）详图的数量。一套施工图中，建筑详图的数量视建筑工程的体量大小及难易程度来决定。常用的详图有外墙身详图、楼梯间详图、卫生间详图、厨房详图、门窗详图、阳台详图、雨篷等详图。由于各地区都编有标准图集，故在实际工程中，有的详图可直接查阅标准图集。

（3）详图标志及详图索引标志。为了便于看图，常采用详图标志和详图索引标志。详图标志（又称详图符号）画在详图的下方；详图索引标志（又称索引符号）则表示建筑平面图、立面图、剖面图中某个部位需另画详图表示，故详图索引标志是标注在需要画出详图的位置附近，并用引出线引出。

图 1 - 17 为详图索引标志。其水平直径线及符号圆圈均以细实线绘制，圆的直径为 10mm，水平直径线将圆分为上、下两半［图 1 - 17（a）］，上方注写详图编号，下方注写详

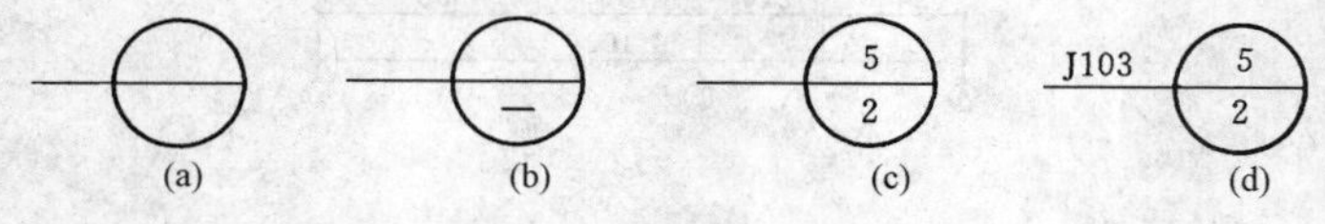

图 1 - 17　详图索引标志

图所在图纸编号［图 1－17（c）］。如详图绘在本张图纸上，则仅用细实线在索引标志的下半圆内画一段水平细实线即可［图 1－17（b）］。如索引的详图是采用标准图，应在索引标志水平直径的延长线上加注标准图集的编号［图 1－17（d）］。索引标志的引出线宜采用水平方向的、与水平方向成 30°、45°、60°、90°的直线或经上述角度再折为水平的折线。文字说明宜注写在引出线横线的上方，引出线应对准索引符号的圆心。

图 1－18 为用于索引剖面详图的索引标志。应在被剖切的部位绘制剖切位置线，并以引出线引出索引标志，引出线所在的一侧应视为剖视方向。如图 1－18（a）～图 1－18（d）所示。图中的粗实线为剖切位置线，表示该图为剖面图；如详图为断面图，则应在图形两侧加画剖切位置线。

详图的位置和编号应以详图符号（详图标志）表示。详图标志应以粗实线绘制，直径为 14mm。详图与被索引的图样同在一张图纸内时，应在详图标志内用阿拉伯数字注明详图的编号［图 1－19（a）］。详图与被索引的图样，如不在同一张图纸内时，也可以用细实线在详图标志内画一水平直径，上半圆中注明详图编号，下半圆内注明被索引图纸的图纸编号［图 1－19（b）］。

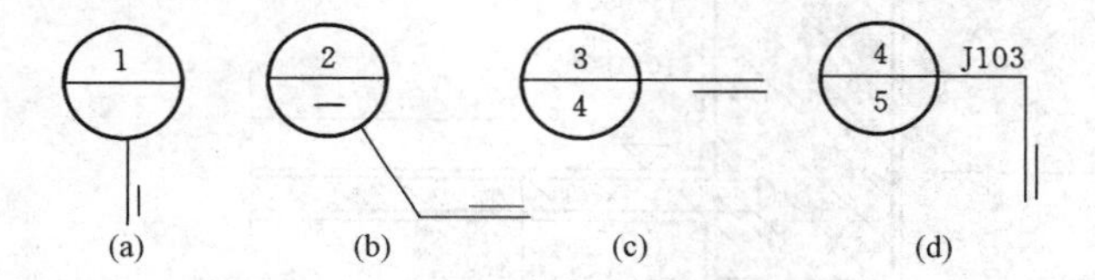

图 1－18　用于索引剖面详图的索引标志

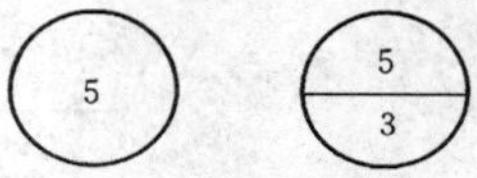

图 1－19　详图标志

一、外墙身详图

外墙身详图即房屋建筑的外墙身剖面详图。主要用以表达外墙的墙脚、窗台、过梁、墙顶，以及外墙与室内外地坪、外墙与楼面、屋面的连接关系等内容，见图 1－20。

外墙身详图可根据底层平面图中外墙身剖切位置线的位置和投影方向来绘制，也可根据房屋剖面图中外墙身上索引符号所批示需要出详图的节点来绘制。

外墙身详图常用 1∶20 的比例绘制，线型同剖面图，详细地表明外墙身从防潮层至墙顶间各主要节点的构造。为节省图纸和表达简洁完整，常在门窗洞口上下口中间断开，成为几个节点详图的组合。有时，还可以不画整个墙身详图，只把各个节点的详图分别单独绘制。多层房屋中，若中间几层的情况相同，也可以只画底层、顶层和一个中间层来表示。

外墙身详图的主要内容如下。

（1）墙的轴线编号、墙的厚度及其与轴线的关系。有时一个外墙身详图可适用于几个轴线。按国标规定：如一个详图适用于几个轴线时，应同时注明各有关轴线的编号，见图 1－21。通用详图的定位轴线应只画圆，不注写轴线编号。轴线端部圆圈直径在详图中宜为 10mm。

（2）各层楼板等构件的位置及其与墙身的关系。诸如进墙、靠墙、支承、拉结等情况。

（3）门窗洞口、底层窗下墙、窗间墙、檐口、女儿墙等的高度；室内外地坪、防潮层、门窗洞的上下口、檐口、墙顶及各层楼面、屋面的标高。

（4）屋面、楼面、地面等为多层次构造。多层次构造用分层说明的方法标注其构造做法。多层次构造的共用引出线应通过被引出的各层。文字说明宜用 5 号或 7 号字注写在横线的上方或横线的端部，说明的顺序由上至下，并应与被说明的层次相互一致。如层次为横向排列，则由上至下的说明顺序应与由左至右的层次相互一致，见图 1－22。

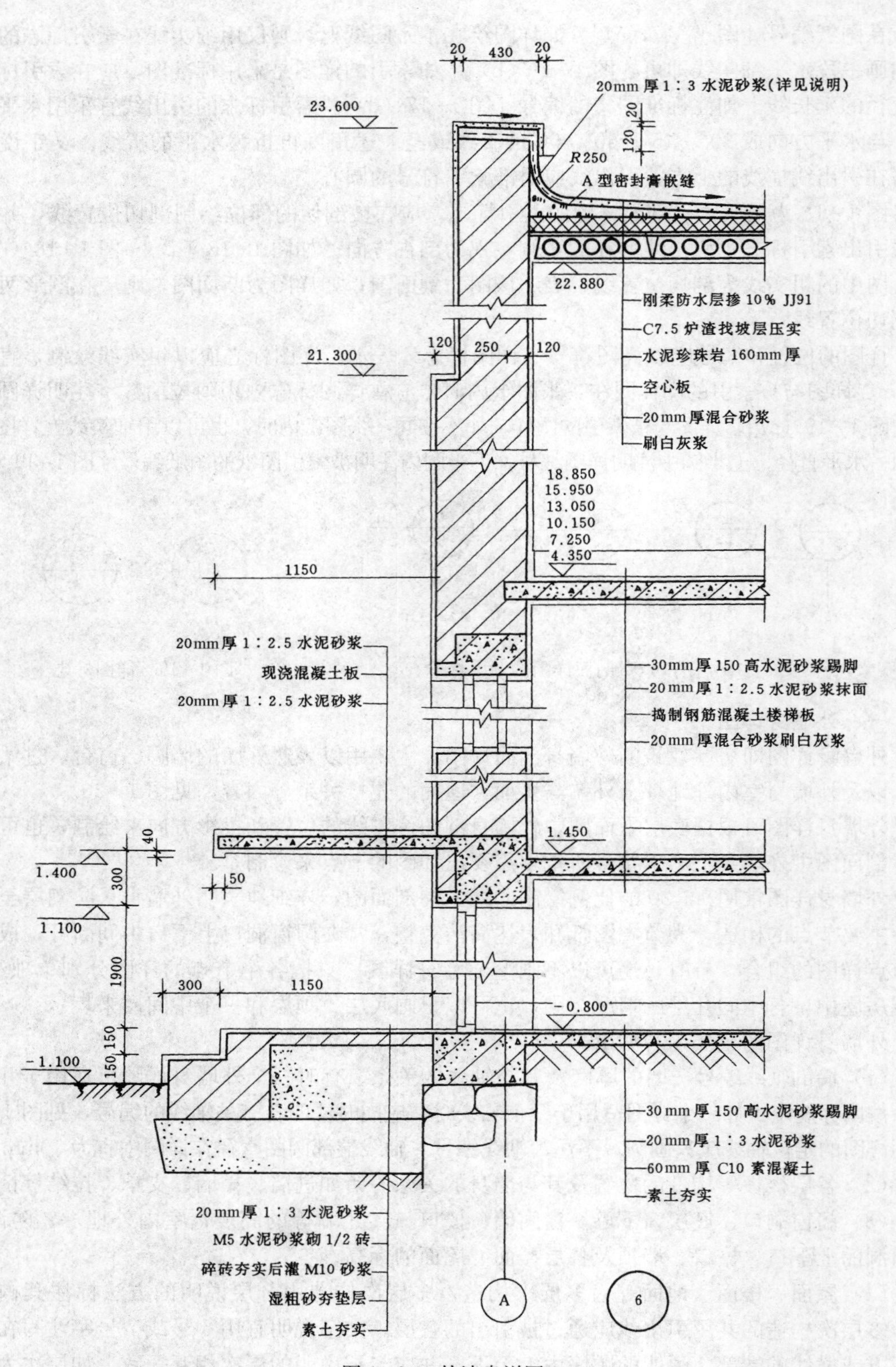
20
430
20
20mm 厚 1：3 水泥砂浆(详见说明)
23.600
20
120
R250
A 型密封膏嵌缝
22.880
刚柔防水层掺 10% JJ91
C7.5 炉渣找坡层压实
水泥珍珠岩 160mm 厚
空心板
20mm 厚混合砂浆
刷白灰浆
120
250
120
21.300
18.850
15.950
13.050
10.150
7.250
4.350
1150
20mm 厚 1：2.5 水泥砂浆
现浇混凝土板
20mm 厚 1：2.5 水泥砂浆
30mm 厚 150 高水泥砂浆踢脚
20mm 厚 1：2.5 水泥砂浆抹面
捣制钢筋混凝土楼梯板
20mm 厚混合砂浆刷白灰浆
1.450
40
1.400
300
50
1.100
1900
300
1150
-0.800
150
150
-1.100
30mm 厚 150 高水泥砂浆踢脚
20mm 厚 1：3 水泥砂浆
60mm 厚 C10 素混凝土
素土夯实
20mm 厚 1：3 水泥砂浆
M5 水泥砂浆砌 1/2 砖
碎砖夯实后灌 M10 砂浆
湿粗砂夯垫层
素土夯实
A
6
图 1-20　外墙身详图

(5) 立面装修和墙身防水、防潮要求，及墙体各部位的线脚、窗台、窗楣、檐口、勒脚、散水等的尺寸、材料和做法，或用引出线说明，或用索引符号引出另画详图表示。

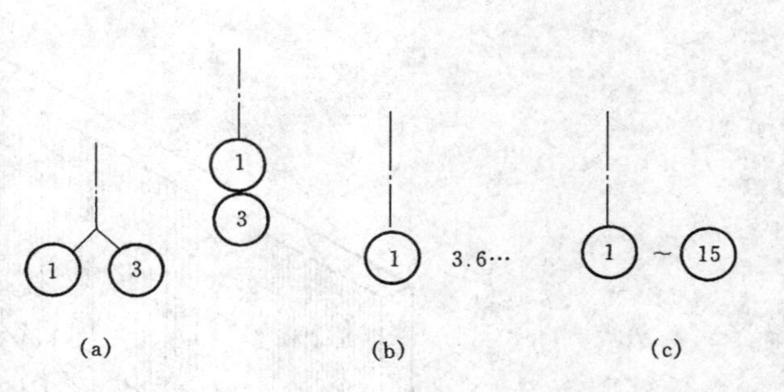

图 1-21　详图的轴线编号

(a) 用于两根轴线；(b) 用于 3 根或以上轴线时；(c) 用于 3 根以上轴线

外墙身详图的±0.000 或防潮层以下的基础以结施图中的基础图为准。屋面、楼面、地面、散水、勒脚等和内外墙面装修的做法、尺寸应与建施图首页中的统一构造说明相对照。

图 1-20 为某县农业银行办公楼的外墙身详图，它是分成三个节点来绘制的。从图 1-20 中可以看到，此墙身详图同时适用 A 及 D 轴线。墙体在每层楼面到下层窗洞上口之间为 240mm 厚，每层楼面到本层窗台段的墙厚为 180mm，内墙皮距轴线 40mm。

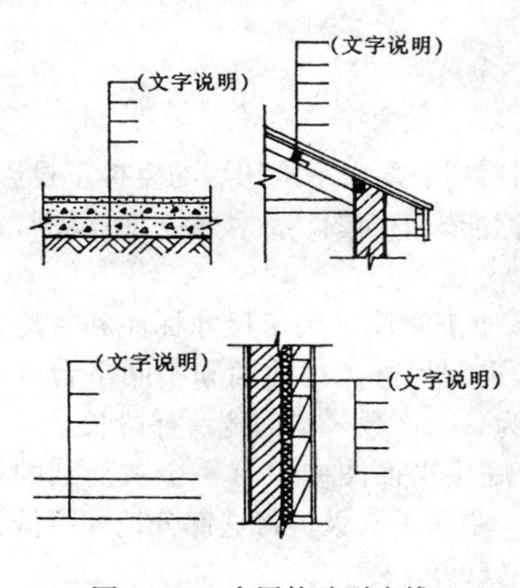

图 1-22　多层构造引出线

各层楼板都是靠墙而没支承在此墙上。底层窗下墙及两层之间窗间墙均为 1500mm 高，各层窗洞口均为 1800mm 高，女儿墙高度为 1000mm，室内地坪标高为±0.000，室外地坪标高-0.450，墙顶标高 14.800，底层地面、散水、防潮层、各层楼面、屋面的标高及构造做法都可在图中看到。

二、楼梯详图

楼梯是楼层建筑垂直交通的必要设施。

楼梯由梯段、平台和栏杆（或栏板）扶手组成，见图 1-23。

常见的楼梯平面形式有单跑楼梯、双跑楼梯等。

单跑楼梯：上、下两层之间只有一个梯段。适用于层高较低、楼梯间开间小而进深大的建筑，见图 1-24 (a)。

双跑楼梯：上、下两层之间有两个梯段、一个中间平台的楼梯形式。是一般工业与民用建筑中用得最多的一种楼梯形式。根据需要可作成等跑（两梯段踏步级数相同）或不等跑（两梯段踏步级数不同）的形式。图 1-24 (b)、图 1-24 (c) 为等跑双跑楼梯示意。

楼梯梯段的长度根据设计规范规定：最多不超过 18 级，最少不少于 3 级。

楼梯间详图包括楼梯间平面图，楼梯剖面图，踏步、栏杆等详图。主要表示楼梯的类型、结构形式、构造和装修等。楼梯间详图应尽量安排在同一张图纸上，以便阅读。

1. 楼梯平面图

楼梯平面图常用 1∶50 的比例画出。

楼梯平面图的水平剖切位置，除顶层在安全栏板（或栏杆）之上外，其余各层均在上行第一跑中间（见图 1-25)。各层被剖切到的上行第一跑梯段，都于楼梯平面图中画一条与踢面线成 30°的折断线（构成梯段的踏步中，与楼地面平行的面称为踏面，与楼地面垂直的面

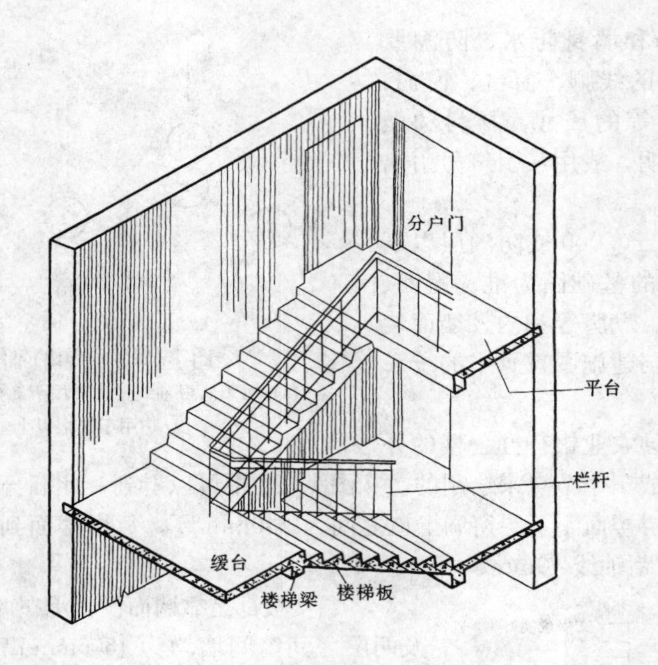

图 1-23　楼梯的组成

称为踢面）。各层下行梯段不予剖切。而楼梯平面图则为房屋各层水平剖切后的直接正投影，如同建筑平面图。如中间几层构造一致，也可只画一个标准层平面图。故楼梯平面详图常常只画出底层、中间层和顶层三个平面图。

各层楼梯平面图宜上下对齐（或左右对齐），这样既便于阅读又利于尺寸标注和省略重复尺寸。平面图上应标注该楼梯间的轴线编号、开间和进深尺寸，楼地面和中间平台的标高，以及梯段长、平台宽等细部尺寸。梯段长度尺寸标为：踏面数×踏面宽＝梯段长。

图 1-26 为某县农业银行办公楼左侧楼梯平面图。底层平面图中只有一个被剖到的梯段。由于平台下要设出入口，高度不够，故图上画有 5 个踏面下 6 级，将这部分地坪降低为－0.300，这样入口处的空间高度便可满足通过高度（2.55m）。

标准层平面图中的踏面，上下两梯段都画成完整的。上行梯段中间画有一与踢面线成 30°的折断线。折断线两侧的上下指引线箭头是相对的，在箭尾处分别写有“上 20 级”和“下 20 级”，是指从本层上到上一层或下到下一层的踏步级数均为 20 级。

顶层平面图的踏面是完整的。只有下行，故梯段上没有折断线。楼面临空的一侧装有水平栏杆。

2. 楼梯剖面图

楼梯剖面图常用 1∶50 的比例画出。其剖切位置应选择在通过第一跑梯段及门窗洞口，并向未剖到的第二跑梯段方向投影（见图 1-26 中的剖切位置）。图 1-27 为按图 1-26 剖切位置绘制的剖面图。

剖到梯段的步级数可直接看到，未剖到梯段的步级数因栏板遮挡或因梯段为暗步梁板式等原因而不可见时，可用虚线表示，也可直接从其高度尺寸上看出该梯段的步级数。

多层或高层建筑的楼梯间剖面图，如中间若干层构造一样，可用一层表示这相同的若干层剖面，此层的楼面和平台面的标高可看出所代表的若干层情况。

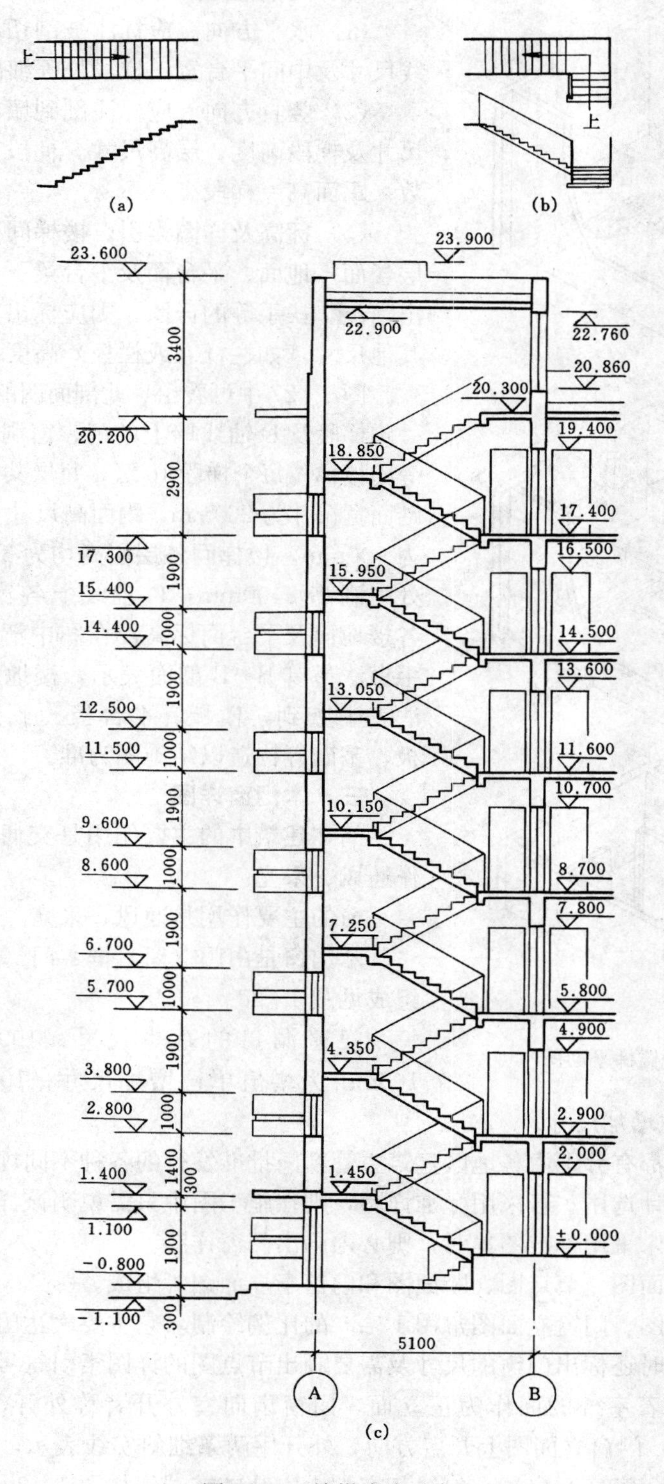
上
(a)
上
上
(b)
23.600
23.900
22.900
22.760
20.860
20.300
3400
20.200
19.400
18.850
2900
17.400
17.300
16.500
15.950
1900
15.400
1000
14.400
14.500
13.600
1900
13.050
12.500
11.500
1000
11.600
10.700
10.150
1900
9.600
8.600
1000
8.700
7.800
7.250
1900
6.700
5.700
1000
5.800
4.900
4.350
1900
3.800
2.800
1000
2.900
2.000
1400
1.450
1.400
300
1.100
1900
±0.000
-0.800
-1.100
300
5100
A
B
(c)

图1-24　楼梯形式示意

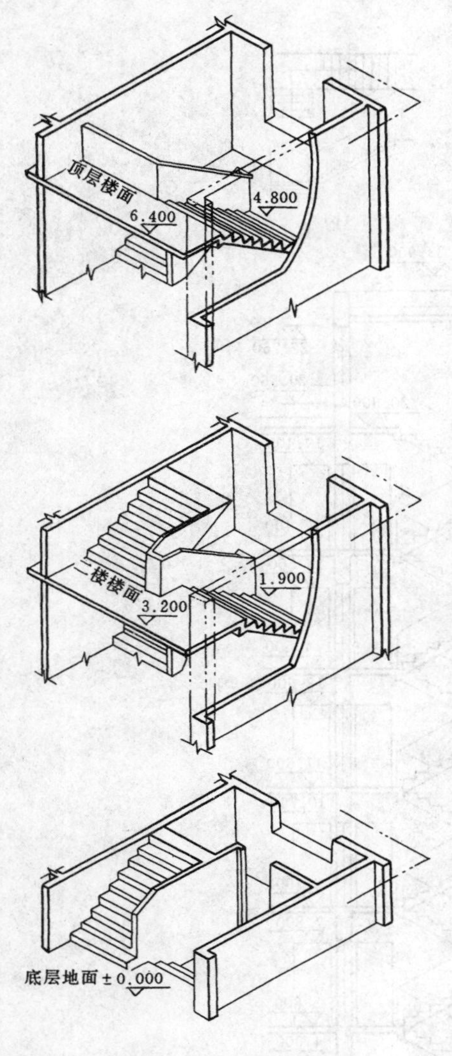

图 1-25　楼梯平面图

楼梯间剖面图的标注如下。

(1) 水平方向。应标注被剖切墙的轴线编号、轴线尺寸及中间平台宽、梯段长等细部尺寸。

(2) 竖直方向。应标注剖到墙的墙段、门窗洞口尺寸及梯段高度、层高尺寸。梯段高度应标成：步级数×踢面高=梯段高。

(3) 标高及详图索引。楼梯间剖面图上应标出各层楼面、地面、平台面及平台梁下口的标高。如需画出踏步、扶手等的详图，则应标出其详图索引符号和其他尺寸，如栏杆（或栏板）高度。

图 1-27 中可看出，此剖面图的剖切位置是通过第一跑梯段及 D 轴线墙上的门、窗洞口。此楼梯为双跑等跑楼梯，每个梯段 10 级，每层共 20 级踏步，踏步的踏面宽尺寸为 260mm，踢面高尺寸为 165mm，栏杆高为 900mm，楼梯间各层层高均为 3300mm。底层入口处门洞高 2400mm，D 轴线上各窗洞高为 1800mm，各楼地面及平台面标高都在图中清楚表达，栏杆、扶手做法另有 B—B 剖面表示，楼地面做法可在材料做法表中查到，楼板、平台板、平台梁、梯梁、踏步板、基础等构造以结施图为准。

三、木门窗详图

门在建筑中的主要作用是交通、分隔、防盗，兼作通风、采光。

窗的主要作用是通风、采光。

木门窗是由门（窗）框、门（窗）扇及五金件等组成见图 1-28。

门窗洞口的基本尺寸：1000mm 以下时，按 100mm 为增值单位增加尺寸；1000mm 以上时，按 300mm 为增值单位增加尺寸。

门窗详图一般都有分别由各地区建筑主管部门批准发行的各种不同规格的标准图（通用图、利用图）供设计选用。若采用标准详图，则在施工图中只需说明该详图所在标准图集中的编号即可。如果未采用标准图集时，则必须画出门窗详图。

门窗详图由立面图、节点图、断面图和门窗扇立面图等组成。

(1) 门窗立面图。门窗立面图常用 1∶20 的比例绘制。它主要表达门窗的外形、开启方式和分扇情况，同时还标出门窗的尺寸及需要画出节点图的详图索引符号，见图 1-29。

一般以门窗向着室外的面作为正立面。门窗扇向室外开者称外开，反之为内开。GB 50104—2010 规定：门窗立面图上开启方向，外开用两条细斜实线表示，内开用细斜虚线表示。斜线开口端为门窗扇开启端，斜线相交端为安装铰链端。如图 1-29 所示，门扇为外开平开门，铰链装在左端，门上亮子为中悬窗，窗的上半部分转向室内，下半部分转向室外。

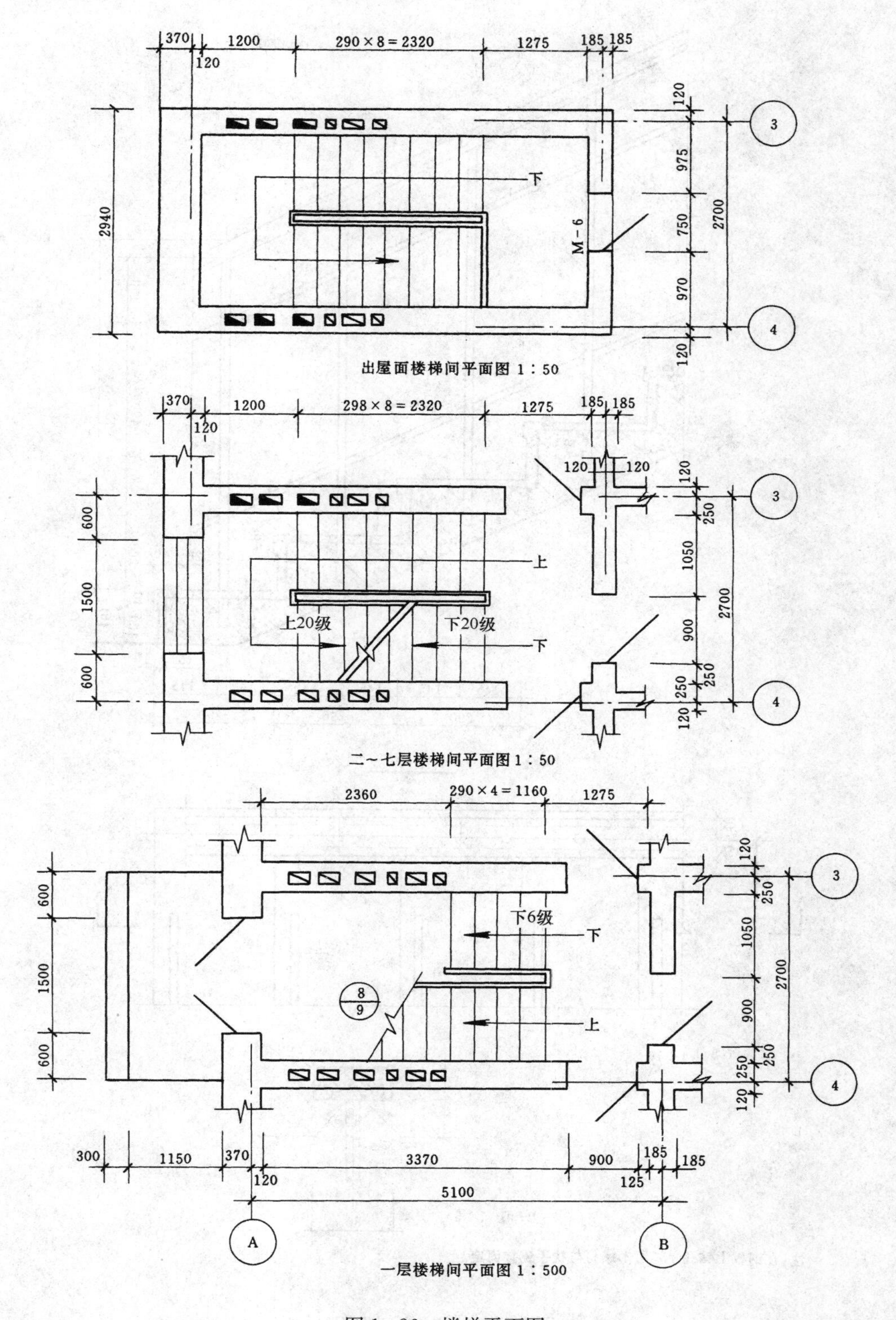
370
120
1200
290 × 8 = 2320
1275
185
185
2940
下
M-6
120
975
750
970
120
2700
3
4
出屋面楼梯间平面图 1 : 50
298 × 8 = 2320
600
1500
600
上
上20级
下20级
250
1050
900
二～七层楼梯间平面图 1 : 50
2360
290 × 4 = 1160
下6级
8
9
300
1150
3370
900
125
5100
A
B
一层楼梯间平面图 1 : 500

图 1-26　楼梯平面图

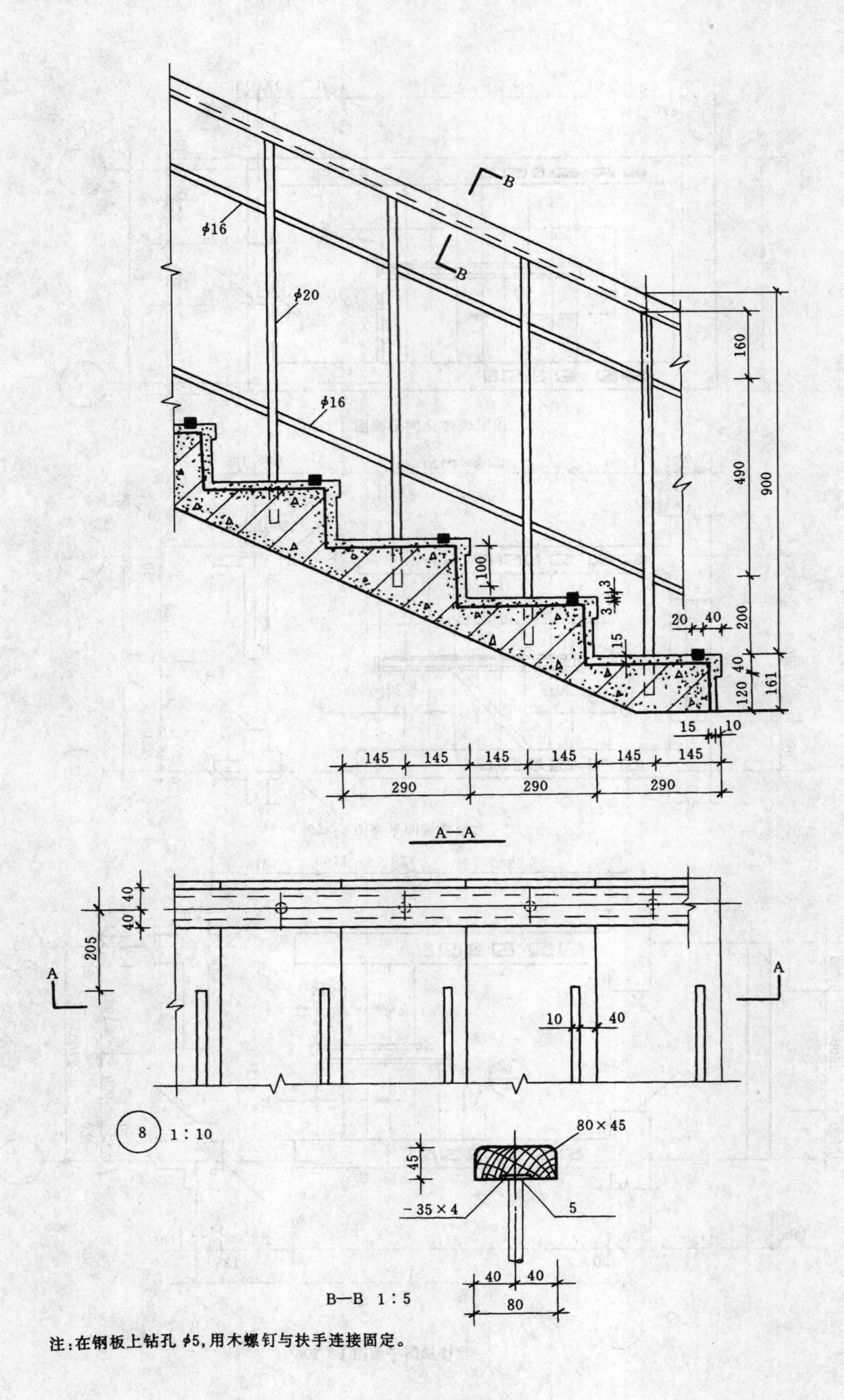

注：在钢板上钻孔 ϕ5，用木螺钉与扶手连接固定。

图 1-27 楼梯间剖面图

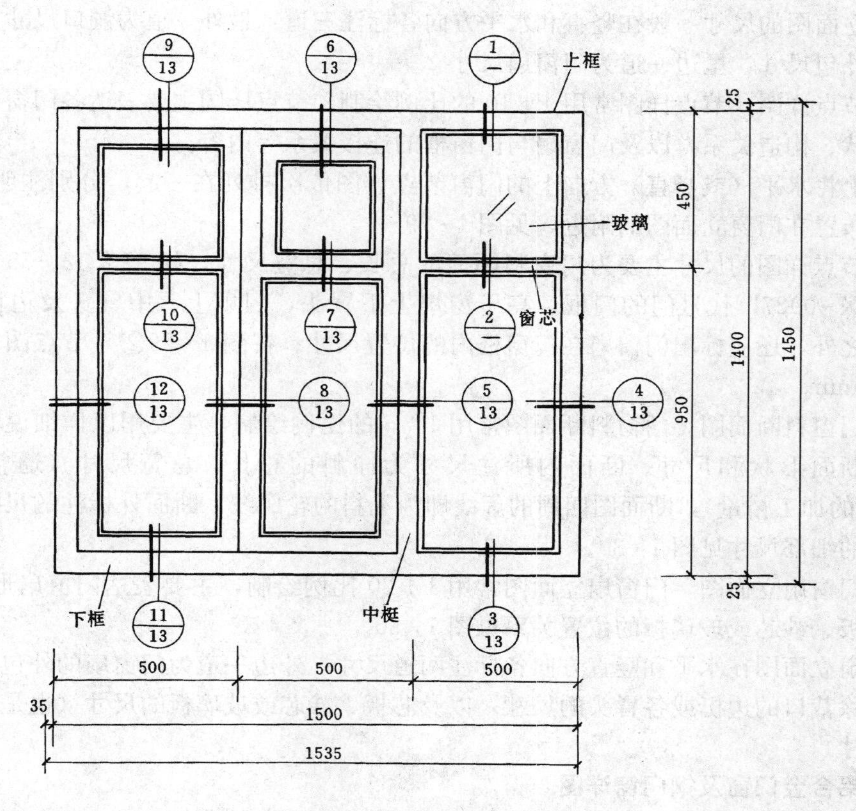

图 1-28　木门、窗的组成

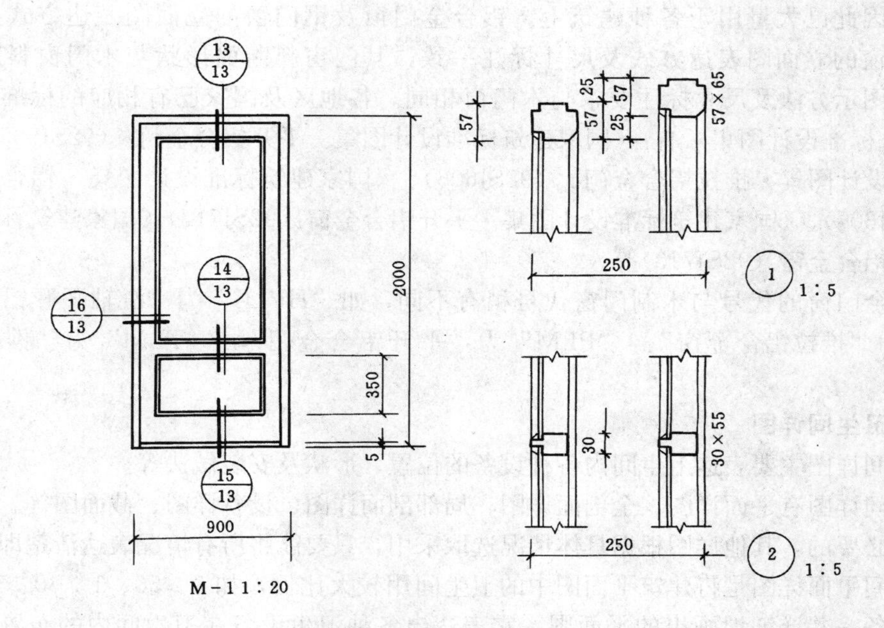

图 1-29　木门详图

门窗立面图的尺寸一般在竖直和水平方向各标注三道：最外一道为洞口尺寸，中间一道为门窗框外包尺寸，里边一道为门窗扇尺寸。

（2）节点详图。节点详图常用 1∶10 的比例绘制。节点详图主要表达各门窗框、门窗扇的断面形状、构造关系，以及门窗扇与门窗框的连接关系等内容。

习惯上将水平（或竖直）方向上的门窗节点详图依次排列在一起，分别注明详图编号，并相应地布置在门窗立面图的附近，见图 1-29。

门窗节点详图的尺寸主要为门窗料断面的总长、总宽尺寸。如 95×42、55×40、95×40 等为“X-0927”代号门的门框，亮子窗扇上下冒头，门扇上、中冒头及边梃的断面尺寸。除此之外，还应标出门窗扇在门窗框内的位置尺寸。在图 1-29②号节点图中，门扇进门框为 10mm。

（3）门窗料断面图。门窗料断面图常用 1∶5 的比例绘制，主要用以详细说明各种不同门窗料的断面形状和尺寸。断面内所注尺寸为净料的总长、总宽尺寸（通常每边要留 2.5mm 厚的加工裕量），断面图四周的虚线即为毛料的轮廓线，断面外标注的尺寸为决定其断面形状的细部尺寸见图 1-30。

（4）门窗扇立面图。门窗扇立面图常用 1∶20 比例绘制，主要表达门窗扇形状及边梃、冒头、芯板、纱芯或玻璃板的位置关系见图 1-30。

门窗扇立面图在水平和竖直方向各标注两道尺寸：外边一道为门窗扇的外包尺寸，里边一道为扣除裁口的边梃或各冒头的尺寸，以及芯板、纱芯或玻璃板的尺寸（也是边梃或冒头的定位尺寸）。

四、铝合金门窗及钢门窗详图

铝合金门窗及钢门窗和木制门窗相比，在坚固、耐久、耐火和密闭等性能上都较优越，而且节约木材，透光面积较大，各种开启方式，如平开、翻转、立转、推拉等，都可适应，因此已大量用于各种建筑上。铝合金门窗及钢门窗的立面图表达方式及尺寸标注与木门窗的立面图表达方式及尺寸标注一致，其门窗料断面形状与木门窗料断面形状不同，但图示方法及尺寸标注要求与木门窗相同。各地区及国家已有相应的标准图集，如《国家建筑标准设计图集》有：《国家建筑标准设计图集·平开铝合金门》（92SJ605）、《国家建筑标准设计图集·推拉铝合金门》（92SJ606）、《国家建筑标准设计图集·铝合金地弹簧门》（92SJ607）、《国家建筑标准设计图集·平开铝合金窗》（92SJ712）、《国家建筑标准设计图集·推拉铝合金窗》（92SJ713）等。

铝合金门窗的代号与木制门窗代号稍有不同，如“HPLC”为“滑轴平开铝合金窗”，“TLC”为“推拉铝合金窗”、“PLM”为“平开铝合金门”，“TLM”为“推拉铝合金门”等。

五、卫生间详图

卫生间详图主要表达卫生间内各种设备的位置、形状及安装做法等。

卫生间详图有平面详图、全剖面详图、局部剖面详图、设备详图、截面图等。其中，平面详图是必要的，其他详图根据具体情况选取采用，只要能将所有情况表达清楚即可。

卫生间平面详图是将建筑平面图中的卫生间用较大比例，如 1∶50、1∶40、1∶30 等，把卫生设备一并详细地画出的平面图。它表达出各种卫生设备在卫生间内的布置、形状和大小。

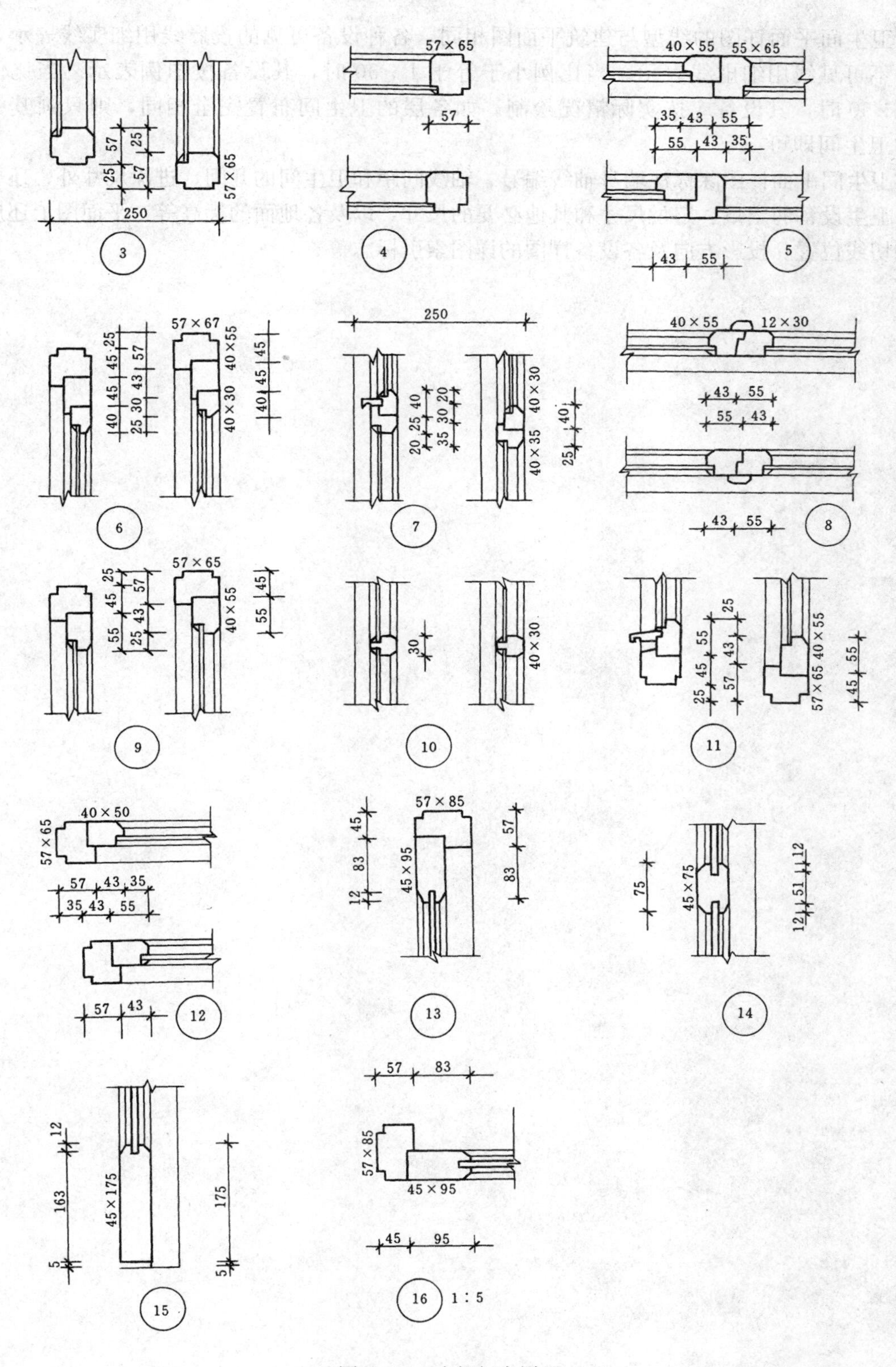
57×65
40×55
55×65
57
35 43 55
55 43 35
43 55
57 25 25 57
57×65
250
3
4
5
57×67
40×55
40×30
45 25 45 40 25 57 43 30
45 45 40
250
40×30
40×35
20 25 40 35 30 20
40 25
40×55
12×30
43 55
55 43
6
7
8
57×65
40×55
25 45 55 57 43 25
45 55
30
40×30
25 55 45 25 43 57
57×65 40×55
55 45
9
10
11
40×50
57×65
57 43 35
35 43 55
57 43
57×85
45×95
45 83 12
57 83
45×75
75
12 51 12
12
13
14
57 83
57×85
45×95
45 95
45×175
12 163 5
175 5
15
16
1：5

图 1-30　木门门扇详图

卫生间平面详图的线型与建筑平面图相同，各种设备可见的投影线用细实线表示，必要的不可见线用细虚线表示。当比例小于等于 1∶50 时，其设备按图例表示。当比例大于 1∶50 时，其设备应按实际情况绘制。如各层的卫生间布置完全相同，则只画其中一层的卫生间即可。

卫生间平面详图除标注墙身轴线编号、轴线间距和卫生间的开间、进深尺寸外，还要标出各卫生设备的定量、定位尺寸和其他必要的尺寸，以及各地面的标高等，平面图上还应标注剖切线位置、投影方向及各设备详图的详图索引标志等。

第二章

怎样看建筑装饰施工图

第一节 装饰施工图概述

1. 建筑装饰的概念

建筑装饰施工图用来表明建筑室内外装饰的形式和构造，其中必然会涉及一些专业上的问题，我们要看懂建筑装饰施工图，必须要熟悉建筑装饰构造上的基本知识，否则将会成为读图的障碍。下面即以一般图纸常常涉及的构造项目进行简要介绍。

（1）室外装饰。

檐头即屋顶檐口的立面，常用琉璃、面砖等材料饰面。

外墙是室内外空间的界面，一般常用面砖、琉璃、涂料、石渣、石材等材料饰面，有的还用玻璃或铝合金幕墙板做成幕墙，使建筑物明快、挺拔，具有现代感。

幕墙是指悬挂在建筑结构框架表面的非承重墙，它的自重及受到的风荷载是通过连接件传给建筑结构框架的。玻璃幕墙和铝合金幕墙主要由玻璃或铝合金幕墙板与固定它们的金属型材骨架系统两大部分组成。

门头是建筑物的主要出入口部分，它包括雨篷、外门、门廊、台阶、花台或花池等。

门面单指商业用房，它除了包括主出入口的有关内容以外，还包括招牌和橱窗。

室外装饰一般还有阳台、窗头（窗洞口的外向面装饰）、遮阳板、栏杆、围墙、大门和其他建筑装饰小品等项目。

（2）室内装饰。

顶棚也称天棚、天花板，是室内空间的顶界面。顶棚装饰是室内装饰的重要组成部分。它的设计常常要从审美要求、物理功能、建筑照明、设备安装、管线敷设、检修维护、防火安全等多方面综合考虑。

楼地面是室内空间的底界面，通常是指在普通水泥或混凝土地面和其他地层表面上所作的饰面层。

内墙（柱）面是室内空间的侧界面，经常处于人们的视觉直接范围内，是人们在室内接触最多的部位，因而其装饰常常也要从艺术性、使用功能、接触感、防火及管线敷设等方面综合考虑。

建筑内部在隔声和遮挡视线上有一定要求的封闭型非承重墙，称为隔墙；完全不能隔声的不封闭的室内非承重墙，称为隔断。隔断一般制作都较精致，多做成镂空花格或折叠式，有固定的也有活动的，它主要起划定室内小空间的作用。

内墙装饰形式非常丰富。一般习惯将 1.5m 以上高度的、用饰面板（砖）饰面的墙面装饰形式称为护壁，护壁在 1.5m 高度以下的又称为墙裙。在墙体上凹进去一块的装饰形式称为壁龛，墙面下部起保护墙脚面层作用的装饰构件称为踢脚。

室内门窗的型式很多，按材料分有铝合金门窗、木门窗、塑钢门窗、钢门窗等；按开启方式分，门有平开、推拉、弹簧、转门、折叠等，窗有固定、平开、推拉、转窗等。另外，还有厚玻璃装饰门等。

门窗的装饰构件有：贴脸板（用来遮挡靠里皮安装门、窗产生的缝隙）、窗台板（在窗下槛内侧安装，起保护窗台和装饰窗台面的作用）、筒子板（在门窗洞口两侧墙面和过梁底面，用木板、金属、石材等材料包钉镶贴，通常又称门、窗套）等。此外，窗还有窗帘盒，用来安装窗帘轨道，遮挡窗帘上部，增加装饰效果。

室内装饰还有楼梯踏步、楼梯栏杆（板）、壁橱和服务台、柜（吧）台等。

以上这些装饰构造的共同作用是：一方面保护主体结构，使立体结构在室内外各种环境因素作用下具有一定的耐久性；另一方面是为了满足人们的使用要求和精神要求，进一步实现建筑的使用和审美功能。

室内装饰的部分构造概念见图 2-1。

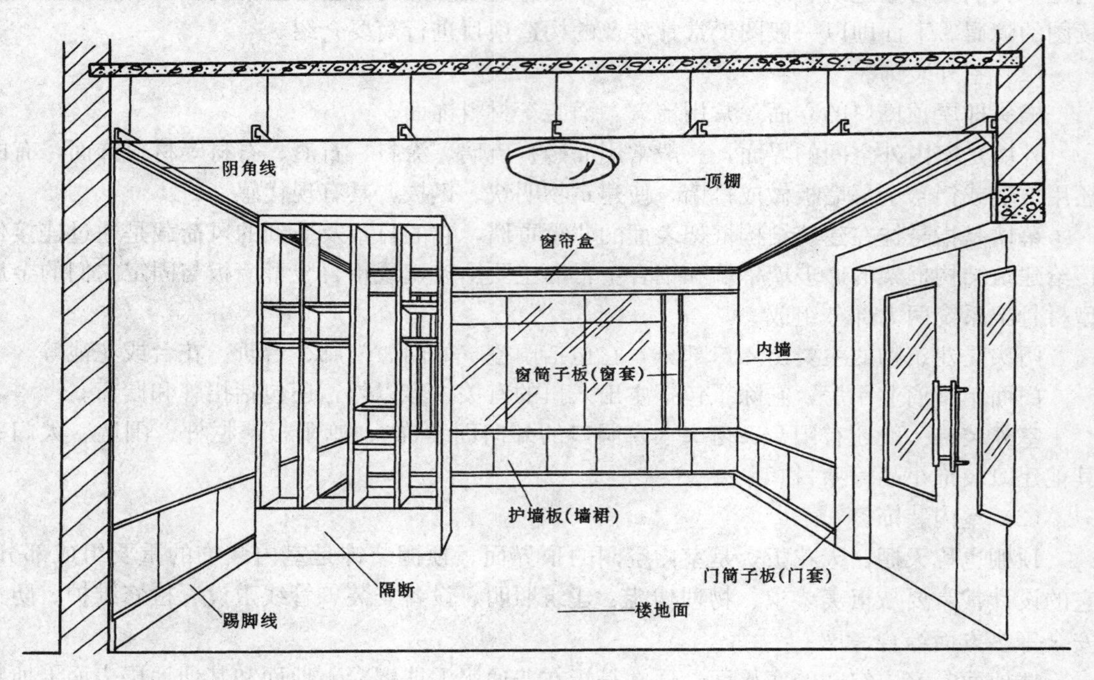

图 2-1　室内装饰构造概念

2. 建筑装饰施工图的特点

虽然建筑装饰施工图与建筑施工图在绘图原理和图示标识形式上有许多方面基本一致，但由于专业分工不同，图示内容不同，总还是存在一定的差异。其差异反映在图示方法上主要有以下几个方面。

(1) 由于建筑装饰工程涉及面广，它不仅与建筑有关，与水、暖、电等设备有关，与家具、陈设、绿化及各种室内配套产品有关，还与钢、铁、铝、铜、木等不同材质的结构处理有关。因此，建筑装饰施工图中常出现建筑制图、家具制图、园林制图和机械制图等多种画法并存的现象。

(2) 建筑装饰施工图所要表达的内容多，它不仅要标明建筑的基本结构（是装饰设计的依据），还要表明装饰的形式、结构与构造。为了表达翔实，符合施工要求，装饰施工图一般都是将建筑图的一部分加以放大后进行图示，所用比例较大，因而有建筑局部放大图之说。

(3) 建筑装饰施工图图例部分无统一标准，多是在流行中互相沿用，各地多少有点大同小异，有的还不具有普遍意义，不能让人一望而知，需加文字说明。

(4) 标准定型化设计少，可采用的标准图不多，致使基本图中大部分局部和装饰配件都需要专画详图来标明其构造。

(5) 建筑装饰施工图由于所用比例较大，又多是建筑物某一装饰部位或某一装饰空间的局部图示，笔力比较集中，有些细部描绘比建筑施工图更细腻。比如将大理石板画上石材肌理，玻璃或镜面画上反光，金属装饰制品画上抛光线等，使图像真实、生动，并具有一定的装饰感，让人一看就懂，构成了装饰施工图自身形式上的特点。

建筑装饰施工图在图示方法上还有一些其他方面的特点，将在后面的章节中详细讲述。

3. 建筑装饰工程图的归纳与编排

前面讲过，建筑装饰工程图由效果图、建筑装饰施工图和室内设备施工图组成。从某种意义上讲，效果图也应该是施工图。在施工图制作中，它是形象、材质、色彩、光影与氛围等艺术处理的重要依据，是建筑装饰工程所特有的、必备的施工图样。它所表现出来的诱人观感的整体效果，不单是为了招投标时引起甲方的好感，更是施工生产者所刻意追求最终应该达到的目标。

建筑装饰施工图也分基本图和详图两部分。基本图包括装饰平面图、装饰立面图、装饰剖面图，详图包括装饰构配件详图和装饰节点详图。

建筑装饰施工图也要对图纸进行归纳与编排。将图纸中未能详细标明或图样不易标明的内容写成设计施工总说明，将门、窗和图纸目录归纳成表格，并将这些内容放于首页。由于建筑装饰工程是在已经确定的建筑实体上或其空间内进行的，因而图纸首页一般都不安排总平面图。

建筑装饰工程图纸的编排顺序原则是：表现性图纸在前，技术性图纸在后；装饰施工图在前，室内配套设备施工图在后；基本图在前，详图在后；先施工的在前，后施工的在后。

建筑装饰施工图简称“饰施”，室内设备施工图可简称为“设施”，也可按工种不同，分别简称为“水施”“电施”和“暖施”等。这些施工图都应在图纸标题栏内注写自身的简称（图别）与图号，如“饰施 1”“设施 1”等。

第二节 装饰平面图

装饰平面图包括装饰平面布置图和顶棚平面图。

装饰平面布置图是假想用一个水平的剖切平面，在窗台上方位置，将经过内外装饰的房屋整个剖开，移去以上部分向下所作的水平投影图。它的作用主要是用来表明建筑室内外各种装饰布置的平面形状、位置、大小和所用材料；表明这些布置与建筑主体结构之间，以及这些布置与布置之间的相互关系等。

顶棚平面图有两种形成方法：一是假想房屋水平剖开后，移去下面部分向上作直接正投影而成；二是采用镜像投影法，将地面视为镜面，对镜中顶棚的形象作正投影而成。顶棚平面图一般都采用镜像投影法绘制。顶棚平面图的作用主要是用来表明顶棚装饰的平面形式、尺寸和材料，以及灯具和其他各种室内顶部设施的位置和大小等。

装饰平面布置图和顶棚平面图，都是建筑装饰施工放样、制作安装、预算和备料，以及绘制室内有关设备施工图的重要依据。

上述两种平面图，其中平面布置图的内容尤其繁杂，加上它控制了水平向纵横两轴的尺寸数据，其他视图又多由它引出，因而是识读建筑装饰施工图的重点和基础。

一、装饰平面布置图

1. 装饰平面布置图的主要内容和表示方法

(1) 建筑平面基本结构和尺寸。

装饰平面布置图是在图示建筑平面图的有关内容。包括建筑平面图上由剖切引起的墙柱断面和门窗洞口、定位轴线及其编号、建筑平面结构的各部尺寸、室外台阶、雨篷、花台、阳台及室内楼梯和其他细部布置等内容。这些图像、定位轴线和尺寸，标明了建筑内部各空间的平面形状、大小、位置和组合关系；标明了墙柱和门窗洞口的位置、大小和数量；标明了上述各种建筑构配件和设施的平面形状、大小和位置，是建筑装饰平面布置设计定位、定形的依据。上述内容，在无特殊要求情况下，均应照原建筑平面图套用，具体表示方法与建筑平面图相同。

当然，装饰平面布置图应突出装饰结构与布置，对建筑平面图上的内容不是丝毫不漏的完全照搬。为了使图面不过于繁杂，一般与装饰平面图示关系不大，或完全没有关系的内容均应予以省略，如指北针、建筑详图的索引标志、建筑剖面图的剖切符号，以及某些大型建筑物的外包尺寸等。

(2) 装饰结构的平面型式和位置。

装饰平面布置图需要标明楼地面、门窗和门窗套、护壁板或墙裙、隔断、装饰柱等装饰结构的平面形式和位置。

其中，地面（包括楼面、台阶面、楼梯平台面等）装饰的平面形式要求绘制准确、具体，按比例用细实线画出该形式的材料规格、铺式和构造分格线等，并标明其材料品种和工艺要求。如果地面各处的装饰做法相同，可不必满堂都画，一般选图像相对疏空处部分画出，构成独立的地面图案则要求表达完整。

门窗的平面型式主要用图例表示，其装饰应按比例和投影关系绘制。平面布置图上应标明门窗是里皮装、外装还是中装，并应注上它们各自的设计编号。

平面布置图上垂直构件的装饰型式，可用中实线画出它们的水平断面外轮廓，如门窗套、包柱、壁饰、隔断等。墙柱的一般饰面则用细实线表示。

(3) 室内外配套装饰设置的平面形状和位置。

装饰平面布置图还要标明室内家具、陈设、绿化、配套产品和室外水池、装饰小品等配套设置体的平面形状、数量和位置。这些布置当然不能将实物原形画在平面布置图上，只能借助一些简单、明确的图例来表示。目前尚无统一的装饰平面图例，表 2-1 列举了一部分目前比较流行的室内常用平面图例。

表 2-1 室内常用平面图例

图　例	说　明
	双人床
	单人床
	沙发（特殊家具根据实际情况绘制其外轮廓线）
	坐　凳
	桌
	钢　琴
	地　毯
	盆　花
	吊　柜
食品柜 茶水柜 矮柜	其他家具可在柜形或实际轮廓中用文字注明
	壁　橱
	浴　盆
	坐便器
	洗脸盆

图　例	说　明
	立式小便器
	装饰隔断（应用文字说明）
	玻璃拦河
ACU	空调器
	电视机
W	洗衣机
WH	热水器
	灶
	地　漏
	电　话
	开关（涂墨为暗装，不涂墨为明装）
	插座（同上）
	配电盘
	电风扇
	壁　灯
	吊　灯
	洗涤槽
	污水池
	淋浴器
	蹲便器

由于大部分家具与陈设都在水平剖切平面以下，因此它们的顶面正投影轮廓线应用中实线绘制，轮廓内的图线用细实线绘制。

（4）装饰结构与配套布置的尺寸标注。

为了明确装饰结构和配套布置在建筑空间内的具体位置和大小，以及与建筑结构的相互关系，平面布置图上的另一主要内容就是尺寸标注。

平面布置图的尺寸标注也分外部尺寸和内部尺寸。外部尺寸一般是套用建筑平面图的轴间尺寸、门窗洞和洞间墙尺寸，而装饰结构和配套布置的内部尺寸主要在图像内部标注。内部尺寸一般比较零碎，直接标注在所示内容附近。若遇重复相同的内容，其尺寸可代表性地标注。

为了区别平面布置图上不同平面的上下关系，必要时也要注出标高。为了简化计算、方便施工起见，装饰平面布置图一般取各层室内主要地面为标高零点。

平面布置图上还应标注各种视图符号，如剖切符号、索引符号、投影符号等。这些符号除投影符号以外，其他符号的标识方法均与建筑平面图相同。

投影符号可以说是装饰平面布置图所特有的视图符号，它用于标明室内各立面的投影方向和投影面编号。投影符号的标注一般有以下规定：当室内空间的构成比较复杂，或各立面只需要图示其中某几个立面时，可分别在相应位置画上图 2-2（a）形式的投影符号，三角形尖端所指是该立面的投影方向，圆内字母表示该投影面的编号；当室内平面形状是矩形，并且各立面大部分都要图示时，可仅用一个图 2-2（b）形式的投影符号，四个尖端标明四个立面的投影方向，四个字母表示四个投影面的编号。绘制投影符号时，应注意三角形的水平边或正方形的对角中心线应与投影面平行，投影符号编号一般用大写拉丁字母表示，并将投影面编号写在相应立面图的下方作为图名，如 A 立面图、B 立面图等。

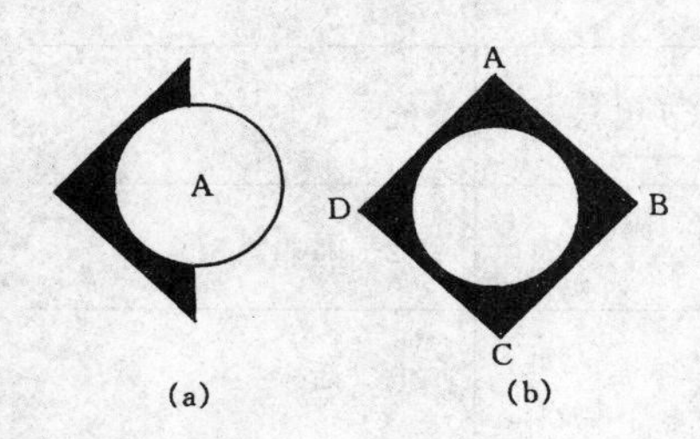

图 2-2　投影符号

为了使图面的表达更为详尽周到，必要的文字说明是不可或缺的，如房间的名称、饰面材料的规格品种和颜色、工艺做法与要求、某些装饰构件与配套布置的名称等。

为了给图以总的提示，平面布置图还应有图名，随图名后还有图的比例等。

2. 装饰平面布置图的阅读要点

看装饰平面布置图，要先看图名、比例、标题栏，认定该图是什么平面图，再看建筑平面基本结构及其尺寸，把各房间名称、面积，以及门窗、走廊、楼梯等的主要位置和尺寸了解清楚，然后看建筑平面结构内的装饰结构和装饰设置的平面布置等内容。

通过对各房间和其他空间主要功能的了解，明确为满足功能要求所设置的设备与设施的种类、规格和数量，以便制订相关的购买计划。

通过图中对装饰面的文字说明，了解各装饰面对材料规格、品种、色彩和工艺制作的要求，明确各装饰面的结构材料与饰面材料的衔接关系与固定方式，并结合面积作材料计划和施工安排计划。

面对众多的尺寸，要注意区分建筑尺寸和装饰尺寸。在装饰尺寸中，又要能分清其中的定位尺寸、外形尺寸和结构尺寸。

定位尺寸是确定装饰面或装饰物在平面布置图上位置的尺寸。在平面图上需要两个定位尺寸才能确定一个装饰物的平面位置，其基准往往是建筑结构面。

外形尺寸是装饰面或装饰物的外轮廓尺寸，由此可确定装饰面或装饰物的平面形状与大小。

结构尺寸是组成装饰面和装饰物各构件及其相互关系的尺寸。由此可确定各种装饰材料的规格，以及材料之间和材料与主体结构之间的连接固定方法。

平面布置图上为了避免重复，同样的尺寸往往只代表性地标注一个，读图时要注意将相同的构件或部位归类。

通过平面布置图上的投影符号，明确投影面编号和投影方向，并进一步查出各投影方向的立面图。

通过平面布置图上的剖切符号，明确剖切位置及其剖视方向，进一步查阅相应的剖面图。

通过平面布置图上的索引符号，明确被索引部位及详图所在位置。

概括起来，阅读装饰平面布置图，应抓住以下五个要点：面积、功能、装饰面、设施，以及与建筑结构的关系。

3. 装饰平面布置图的识读

现以图 2-3 为例，识读如下。

该图为某钢材厂招待所④～⑯轴底层平面布置图，比例为 1：50。

图中④～⑥轴前面是门厅和总服务台，后面是楼梯、洗手间和卫生间；⑥～⑪轴前面是小餐厅，后面是大餐厅；⑬～⑮轴前面是厨房，后面是招待所办公室。

门厅的开间是 6.60m，进深是 5.40m；总服务台和洗手间的开间是 3.60m，进深是 2.10m；大餐厅的开间是 7.00m，进深是 8.10m，右前方向右拐进是进出厨房的过道；小餐厅开间是 5.60m，进深是 3.00m。以上几个空间是底层室内装饰的重点。

④～⑪轴地面（包括门廊地面），除卫生间外，均为中国红磨光花岗石板贴面，标高±0.000，门厅中央有一完整的花岗石板地面拼花图案。主入口左侧是一厚玻璃墙，门廊有两个装饰圆柱，直径为 0.60m。

总服务台有一索引符号，表明是剖面详图，剖开后向右投影，详图位置见饰施图。洗手间有一洗手台，台前墙面有镜子，做法参见饰施 15 的 1 号详图。厕所木隔板参见标准图集详图，踏步面层采用 d 做法。大餐厅设有酒柜、吧台，分别详见饰施详图。

门廊有一剖切符号，剖切平面通过厚玻璃墙、门廊和台阶，编号为 l1—l1，其注脚表示楼房的层数。

门厅、大餐厅和小餐厅都注有投影符号，编号从 A1 至 l1（注脚含义同前），表明这些立面都另有视图。

门的编号有 M1 至 M7，窗的编号有 C1 至 C3。对照门窗表可知，Ml、M2 为厚玻璃装饰门，M3 为镶玻地弹门，M7 为钢板门，其余为胶合板夹板门；C1、C2 为铝合金推拉窗，C3 为铝合金平开窗。

图中还有沙发、茶几、餐桌、办公桌、电视、电话、立柜和厨房一应设置等。

二、顶棚平面图

1. 顶棚平面图的基本内容与表示方法

顶棚平面图标明墙柱和门窗洞口位置。

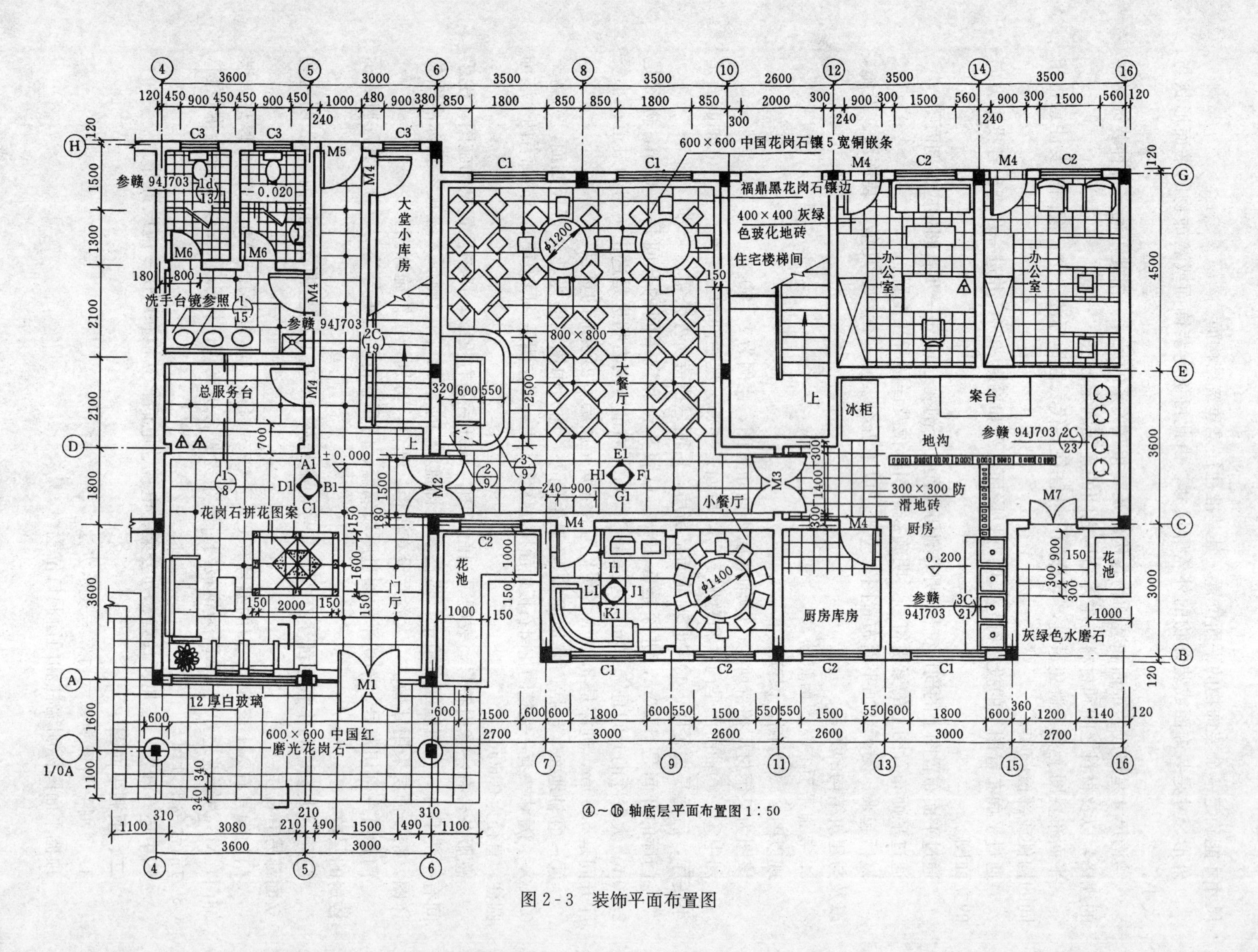
600×600 中国花岗石镶5宽铜嵌条
福鼎黑花岗石镶边
400×400 灰绿色玻化地砖
住宅楼梯间
办公室
办公室
大堂小库房
洗手台镜参照
参赣 94J703
总服务台
大餐厅
800×800
小餐厅
花岗石拼花图案
门厅
花池
冰柜
案台
地沟
300×300 防滑地砖
厨房
厨房库房
灰绿色水磨石
12厚白玻璃
600×600 中国红磨光花岗石
④～⑯轴底层平面布置图 1∶50

图 2-3　装饰平面布置图

顶棚平面图一般都采用镜像投影法绘制。用镜像投影法绘制的顶棚平面图，其图形上的前后、左右位置与装饰平面布置图完全相同，纵横轴线的排列也与之相同。因此，在图示了墙柱断面和门窗洞口以后，不必再重复标注轴间尺寸、洞口尺寸和洞间墙尺寸，这些尺寸可对照平面布置图阅读。定位轴线和编号也不必每轴都标，只在平面图形的四角部分标出，能确定它与平面布置图的对应位置即可。

顶棚平面图一般不图示门扇及其开启方向线，只图示门窗过梁底面。为区别门洞与窗洞，窗扇用一条细虚线表示。

标明顶棚装饰造型的平面形式和尺寸，并通过附加文字说明其所用材料、色彩及工艺要求。

顶棚的迭级变化应结合造型平面分区线用标高的形式来表示，由于所注是顶棚各构件底面的高度，因而标高符号的尖端应向上。

标明顶部灯具的种类、式样、规格、数量及布置形式和安装位置。

顶棚平面图上的小型灯具按比例用一个细实线圆表示，大型灯具可按比例画出它的正投影外形轮廓，力求简明概括，并附加文字说明。

标明空调风口、顶部消防与音响设备等设施的布置形式与安装位置。

标明墙体顶部有关装饰配件（如窗帘盒、窗帘等）的形式和位置。

标明顶棚剖面构造详图的剖切位置及剖面构造详图的所在位置。作为基本图的装饰剖面图，其剖切符号不在顶棚图上标注。

2. 顶棚平面图的识读要点

首先应弄清楚顶棚平面图与平面布置图各部分的对应关系，核对顶棚平面图与平面布置图在基本结构和尺寸上是否相符。

对于某些有迭级变化的顶棚，要分清它的标高尺寸和线型尺寸，并结合造型平面分区线，在平面上建立起三维空间的尺度概念。

通过顶棚平面图，了解顶部灯具和设备设施的规格、品种与数量。

通过顶棚平面图上的文字标注，了解顶棚所用材料的规格、品种及其施工要求。

通过顶棚平面图上的索引符号，找出详图对照着阅读，弄清楚顶棚的详细构造。

3. 顶棚平面图的识读

以图 2-4 为例，识读如下：

该图是④～⑯轴底层顶棚平面图（镜像），比例为 1∶50。与图 2-3 轴位相同、比例相同。

门廊顶棚有三个迭级，标高分别是 3.560、3.040、2.800m，迭级之间有两个大小不同的 1/4 圆，均为不锈钢片饰面。

门厅顶棚有两个迭级，标高分别是 3.050m 和 3.100m；中间是车边镜，用不锈钢片包边收口，四周是 TK 板，并用宫粉色水性立邦漆饰面（文字说明标注在大餐厅）。

总服务台前上部是一下落顶棚，标高 2.400m，为磨砂玻璃面层内藏日光灯。服务台内顶棚标高 2.600m，材料和做法同大餐厅。

大餐厅顶棚有两个迭级并带有内藏灯槽（细虚线所示），中间贴淡西班牙红金属壁纸，用石膏顶纹线压边。二级标高分别是 2.900m 和 3.100m，所用结构材料和饰面材料用引出线于右上角注出。

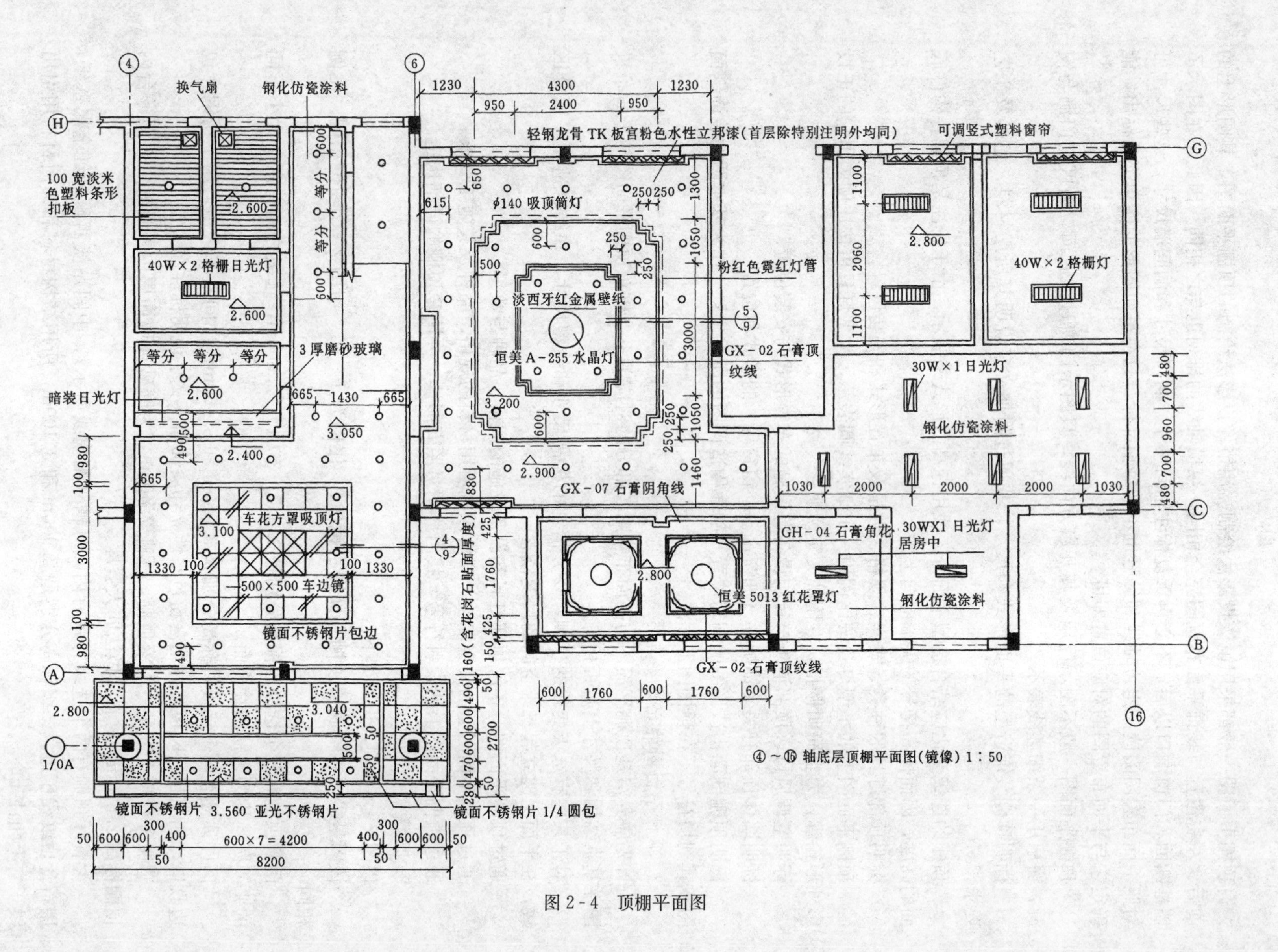
换气扇
钢化仿瓷涂料
100 宽淡米色塑料条形扣板
轻钢龙骨 TK 板宫粉色水性立邦漆(首层除特别注明外均同)
可调竖式塑料窗帘
φ140 吸顶筒灯
40W×2 格栅日光灯
40W×2 格栅灯
粉红色霓虹灯管
淡西牙红金属壁纸
恒美 A-255 水晶灯
GX-02 石膏顶纹线
等分
3 厚磨砂玻璃
30W×1 日光灯
暗装日光灯
钢化仿瓷涂料
GX-07 石膏阴角线
车花方罩吸顶灯
GH-04 石膏角花
30WX1 日光灯居房中
500×500 车边镜
160(含花岗石贴面厚度)
恒美 5013 红花罩灯
钢化仿瓷涂料
镜面不锈钢片包边
GX-02 石膏顶纹线
④～⑯ 轴底层顶棚平面图(镜像) 1:50
镜面不锈钢片
3.560 亚光不锈钢片
镜面不锈钢片 1/4 圆包
600×7=4200
8200
图 2-4　顶棚平面图

小餐厅为一级平顶，标高 2.800m，用石膏顶纹线和角花装饰出两个四方形，墙和顶棚之间用石膏阴角线收口。

门厅中央是六盏方罩吸顶灯组合，大餐厅中央是水晶灯，小餐厅在两个方格中装红花罩灯，办公室、洗手间是格栅灯，厨房是日光灯，其余均为筒形吸顶灯。具体规格、品名（代号）、安装位置和数量，图中均已标明。

门厅和大餐厅顶棚的剖面构造详图都在饰施图上。

顶棚平面图上还有窗帘盒的平面形状和窗帘符号，窗帘的形式、材质、色彩在有关立面图中标明。

第三节 装饰立面图

装饰立面图包括室外装饰立面图和室内装饰立面图。

室外装饰立面图是将建筑物经装饰后的外观形象，向铅直投影面所作的正投影图。它主要标明屋顶、檐头、外墙面、门头与门面等部位的装饰造型、装饰尺寸和饰面处理，以及室外水池、雕塑等建筑装饰小品布置等内容。

室内装饰立面图的形成比较复杂且又形式不一。目前常采用的形成方法有以下几种。

(1) 假想将室内空间垂直剖开，移去剖切平面前面的部分，对余下部分作正投影而成。这种立面图实质上是带有立面图示的剖面图。它所示图像的进深感较强，并能同时反映顶棚的选级变化。但剖切位置不明确（在平面布置图上没有剖切符号，仅用投影符号表明视向），其剖面图示安排似乎有点随意，较难与平面布置图和顶棚平面图对应。

(2) 假想将室内各墙面沿面与面相交处拆开，移去暂时不予图示的墙面，将剩下的墙面及其装饰布置向铅直投影面作投影而成。

这种立面图则不出现剖面图像，只出现相邻墙面及其上装饰构件与该墙面的表面交线。

(3) 设想将室内各墙面沿某轴阴角拆开，依次展开，直至都平于同一铅直投影面，形成立面展开图。这种立面图能将室内各墙面的装饰效果连贯地展示在人们眼前，以便人们研究各墙面之间的统一与反差及相互衔接关系，对室内装饰设计与施工有着重要作用。

室内装饰立面图主要表明建筑内部某一装饰空间的立面形式、尺寸及室内配套布置等内容。

1. 建筑装饰立面图的基本内容和表示方法

图名、比例和立面图两端的定位轴线及其编号。

在装饰立面图上使用相对标高，即以室内地面为标高零点，并以此为基准来标明装饰立面图上有关部位的标高。

表明室内外立面装饰的造型和式样，并用文字说明其饰面材料的品名、规格、色彩和工艺要求。

表明室内外立面装饰造型的构造关系与尺寸。

表明各种装饰面的衔接收口形式。

表明室内外立面上各种装饰品（如壁画、壁挂、金属字等）的式样、位置和大小尺寸。

表明门窗、花格、装饰隔断等设施的高度尺寸和安装尺寸。

表明室内外景园小品或其他艺术造型体的立面形状和高低错落位置尺寸。

表明室内外立面上的所用设备及其位置尺寸和规格尺寸。

表明详图所示部位及详图所在位置。作为基本图的装饰剖面图，其剖切符号一般不应在立面图上标注。

作为室内装饰立面图，还要标明家具和室内配套产品的安放位置和尺寸。如采用剖面图示形式的室内装饰立面图，还要标明顶棚的选级变化和相关尺寸。

建筑装饰立面图的线型选择和建筑立面图基本相同。唯有细部描绘应注意力求概括，不得喧宾夺主，所有为增加效果的细节描绘均应以细淡线表示。

2. 建筑装饰立面图的识读要点

明确建筑装饰立面图上与该工程有关的各部位尺寸和标高。

通过图中不同线型的含义，搞清楚立面上各种装饰造型的凹凸起伏变化和转折关系。

弄清楚每个立面上有几种不同的装饰面，以及这些装饰面所选用的材料与施工工艺要求。

立面上各装饰面之间的衔接收口较多，这些内容在立面图上标明比较概括，多在节点详图中详细标明。要注意找出这些详图，明确它们的收口方式、工艺和所用材料。

明确装饰结构之间以及装饰结构与建筑结构之间的连接固定方式，以便提前准备预埋件和紧固件。

要注意设施的安装位置，电源开头、插座的安装位置和安装方式，以便在施工中留位。

阅读室内装饰立面图时，要结合平面布置图、顶棚平面图和该室内其他立面图对照阅读，明确该室内的整体做法与要求。阅读室外装饰立面图时，要结合平面布置图和该部位的装饰剖面图综合阅读，全面弄清楚构造关系。

3. 建筑装饰立面图的识读

（1）以图 2-5 为例，识读如下。

图 2-5 是①～⑥轴门头、门面正立面图，比例为 1：45。

对应图 2-3，可知④～⑥轴门廊的平面形状和尺寸，立柱的直径和平面位置；对应图 2-4，可知门廊顶棚的平面形式、尺寸及所用材料（①～④轴门面对应的平面图见饰施图）。

门头上部造型和门面招牌的立面都是铝塑板饰面，并用不锈钢片包边。门头上部造型的两个 1/4 圆用不锈钢片饰面，半径分别是 0.50m 和 0.25m。

④～⑥轴台阶上两个花岗石贴面圆柱，索引符号表明其剖面构造详图在装饰施工详图上。

门廊墙面、厚玻璃固定窗和装饰门，由于边沿被立柱挡住，详细形状和尺寸不易标明，因而注有索引符号，表明还有该部分的局部立面图即在本张图纸。

门面装有卷闸门，墙柱用花岗石板贴面，两侧花池贴釉面砖。

对应图 2-3 上的剖切符号，可知门头另有 1_1-1_1 剖面表明其内部构造。

图中还表明门头、门面的各部尺寸、标高，以及各种材料的品名、规格、色彩及工艺要求。

（2）以图 2-2 为例，识读如下。

图 2-2 是 A1 立面图，注脚 1 表明是底层。对应图 2-3，可知该立面的视向是门厅自入口向里观看。

该图左边是总服务台，中部是后门过道，右边是底层楼梯。服务台右边沿粗实线表明该墙面向里折进。

地面标高±0.000，门厅四沿顶棚标高 3.050m。该图未图示门厅顶棚，对应图 2-4 可知，顶棚的选级变化与构造另有局部剖面节点详图表明。

总服务台上部有一下悬顶，标高 2.400m，立面有四个钛金字，字底是水曲柳板清水硝基漆。对应图 2-4，可知该下悬顶底面是磨砂玻璃，宽 0.50m。

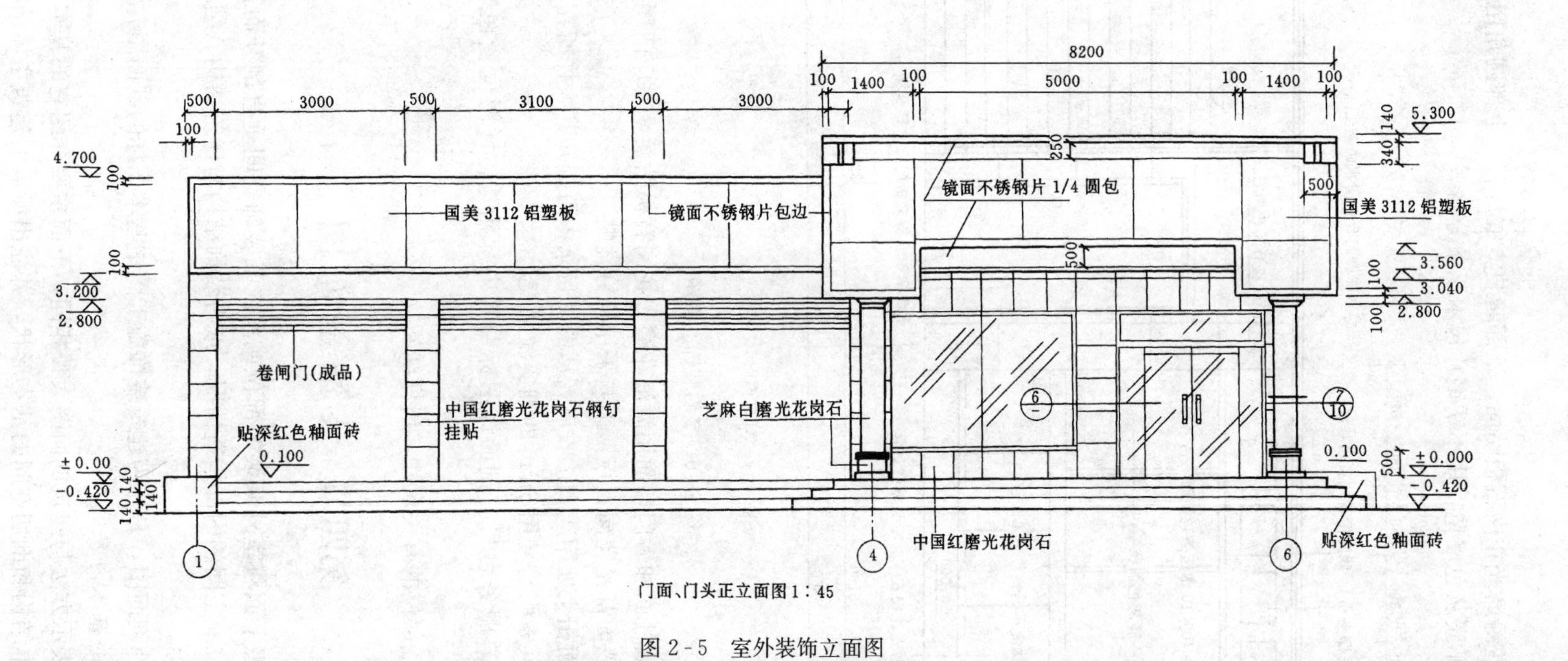
8200
100
1400
5000
500
3000
3100
250
340
140
5.300
4.700
3.560
3.040
2.800
3.200
±0.00
±0.000
-0.420
0.100
国美3112铝塑板
镜面不锈钢片包边
镜面不锈钢片1/4圆包
卷闸门(成品)
中国红磨光花岗石钢钉挂贴
芝麻白磨光花岗石
贴深红色釉面砖
中国红磨光花岗石
门面、门头正立面图1：45

图2-5　室外装饰立面图

总服务台立面是茶花绿磨光花岗石板贴面，下部暗装霓虹灯管，上部圆角用钛金不锈钢片饰面。服务台内墙面贴暖灰色墙毡，用不锈钢片包木压条分格。

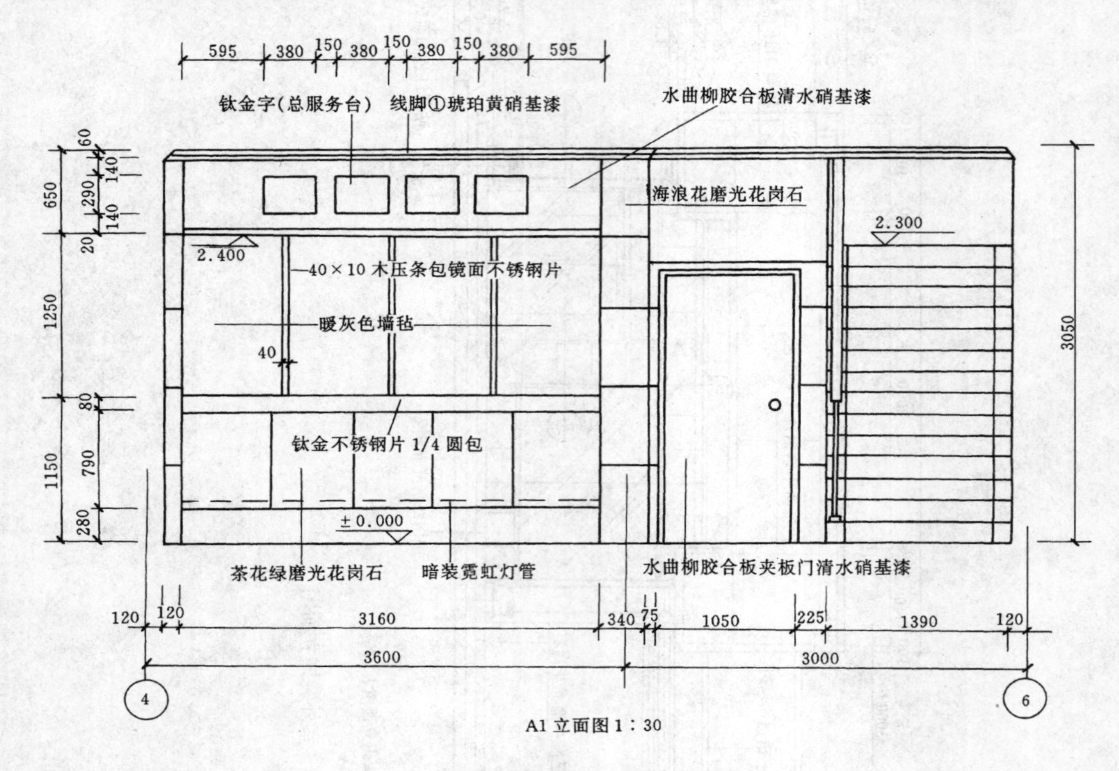

图 2-6　室内装饰立面图

总服务台立面两边墙柱面和后门墙面用海浪花磨光花岗石板贴面，对应门厅其他视向立面图，可知门厅全部内墙面都是花岗石板，工艺采用钢钉挂贴。

门厅四沿顶棚与墙面相交处用线脚①收口，从图纸目录中可查知其大样所在图纸。线脚属于装饰零配件，因而其索引符号用 6mm 的细实线圆表示。

对应图 2-3，可知总服务台另有剖面详图标明其内部构造，详图位置在装饰施工详图上。

图中还标明该立面各部位的有关尺寸，请仔细阅读。

第四节　装饰剖面图

装饰剖面图是用假想平面将室外某装饰部位或室内某装饰空间垂直剖开而得的正投影图。它主要表明上述部位或空间的内部构造情况，或者装饰结构与建筑结构、结构材料与饰面材料之间的构造关系等。

本节介绍的建筑装饰剖面图，是作为建筑装饰施工图中基本图样的剖面图。

1. 建筑装饰剖面图的基本内容

建筑装饰剖面图的表示方法与建筑剖面图大致相同，下面主要介绍它的基本内容。

标明建筑的剖面基本结构和剖切空间的基本形状，并注出所需的建筑主体结构的有关尺寸和标高。

标明装饰结构的剖面形状、构造形式、材料组成及固定与支承构件的相互关系。

标明装饰结构与建筑主体结构之间的衔接尺寸与连接方式。

标明剖切空间内可见实物的形状、大小与位置。

标明装饰结构和装饰面上的设备安装方式或固定方法。

标明某些装饰构件、配件的尺寸，工艺做法与施工要求，另有详图的可概括表明。

标明节点详图和构配件详图的所示部位与详图所在位置。

如是建筑内部某一装饰空间的剖面图，还要表明剖切空间内与剖切平面平行的墙面装饰形式、装饰尺寸、饰面材料与工艺要求。

表明图名、比例和被剖切墙体的定位轴线及其编号，以便与平面布置图和顶棚平面图对照阅读。

2. 建筑装饰剖面图的识读要点

阅读建筑装饰剖面图时，首先要对照平面布置图，看清楚剖切面的编号是否相同，了解该剖面的剖切位置和剖视方向。

在众多图像和尺寸中，要分清哪些是建筑主体结构的图像和尺寸，哪些是装饰结构的图像和尺寸。当装饰结构与建筑结构所用材料相同时，它们的剖断面表示方法是一致的。现代某些大型建筑的室内外装饰并非是贴墙面、铺地面、吊顶而已，因此要注意区分，以便进一步研究它们之间的衔接关系、方式和尺寸。

通过对剖面图中所示内容的阅读研究，明确装饰工程各部位的构造方法、构造尺寸、材料要求与工艺要求。

建筑装饰形式变化多，程式化的做法少。作为基本图的装饰剖面图只能表明原则性的技术构成问题，具体细节还需要详图来补充标明。因此，在阅读建筑装饰剖面图时，还要注意按图中索引符号所示方向，找出各部位节点详图来仔细阅读，不断对照。弄清楚各连接点或装饰面之间的衔接方式，以及包边、盖缝、收口等细部的材料、尺寸和详细做法。

阅读建筑装饰剖面图，要结合平面布置图和顶棚平面图进行，某些室外装饰剖面图还要结合装饰立面图来综合阅读，才能全方位地理解剖面图示内容。

3. 建筑装饰剖面图的识读

(1) 以图 2 - 7 为例，识读如下。

该图是 1_1-1_1 剖面图，注脚 1 表明该图是从底层平面布置图上剖切得到的。对应图 2 - 3，可知该剖面是在④～⑥轴之间，通过厚玻璃固定窗、门廊地面、台阶、室外地坪剖切的，剖切后向左投影而得，并可知该图是④～⑥轴门头的剖面图。找出门头立面图（图 2 - 5）对应，根据“三等”关系，检查复核三图之间各部位的尺寸标注是否相符。

门头上部有一个造型牌头，其框架是用不同型号的角钢组成的，面层材料是铝塑板。对应图 2 - 5，可知该造型的立面形状和大小。

雨篷底面是门廊顶棚，均用亚光和镜面不锈钢片相间饰面，对应图 2 - 4，可知该顶棚的平面形状、大小及饰面材料的相间形式。

门头上部造型分别注有三个索引符号，表明这三个部位（交汇点）均另有节点详图标明其详细做法，详图就在本张图纸内，因而在尺寸和文字标注上都比较概括。

门廓有一未被剖切到的立柱，对应图 2 - 3 和图 2 - 5，可知它的水平位置和饰面材料。

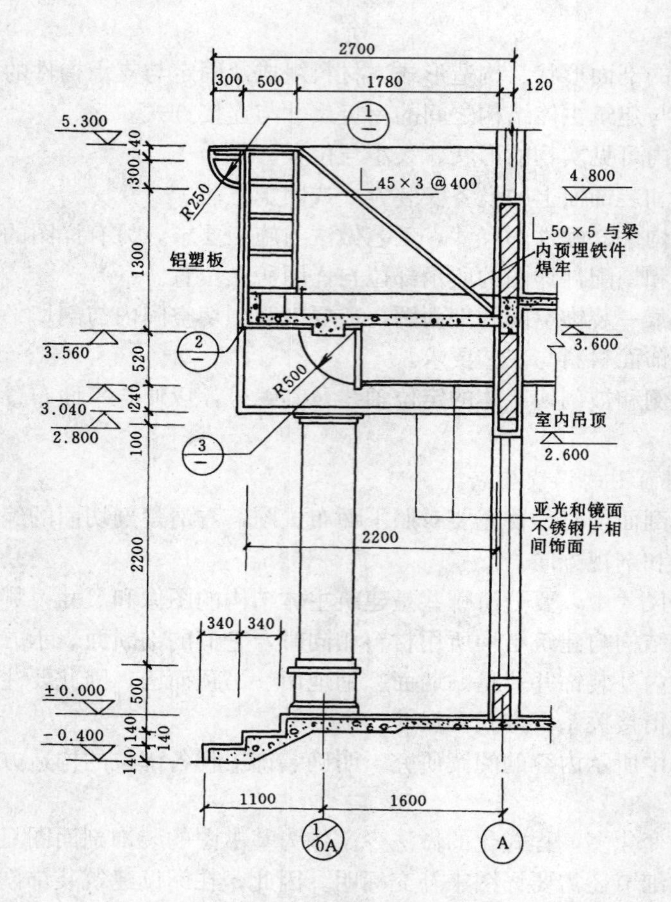

图 2-7　室外装饰剖面图

看A轴墙、雨篷、窗洞口、台阶、门廊地面和装饰造型的各部位尺寸与标高，可知该建筑物主入口部分各装饰构件与建筑构件之间的上、下、前、后相对位置和构造关系。

(2) 以图 2-8 为例，识读如下。

看图名，可知该图是 1_2-1_2 剖面图，根据数字注脚，找出二层平面布置图（饰施图），对应可知该剖面是二层套间客厅的纵剖面图，剖开后向左投影而得。

该室内顶棚有三个选级，标高分别是 3.000、2.750、2.550m。看混凝土楼板底面结构标高，可知最高一级顶棚的构造厚度只有 0.05m，也就是说，只能用木龙骨找平后即行铺钉面板，从而明确该处顶棚的构造方法。

根据剖面编号注脚找出二层顶棚平面图，对应可知该室内顶棚均为纸面石膏板面层，除最高一级顶棚外，其余顶棚的主要结构材料为轻钢龙骨。

最高一级顶棚与二级顶棚之间设有内藏灯槽，宽 0.20m、高 0.25m，做法参照装饰施工详图。

H 轴墙上有窗，窗帘盒是标准构件，见标准图集。

二级顶棚与墙面收口用石膏阴角线，三级顶棚与墙面收口用线脚⑥。

墙裙高 0.93m，做法参照饰施详图。

门套做法详见饰施详图；墙面裱米色高级墙布，白线脚②以上为宫粉色立邦漆；墙面有一风景壁画，安装高度距墙裙上口 0.50m，横向居中。

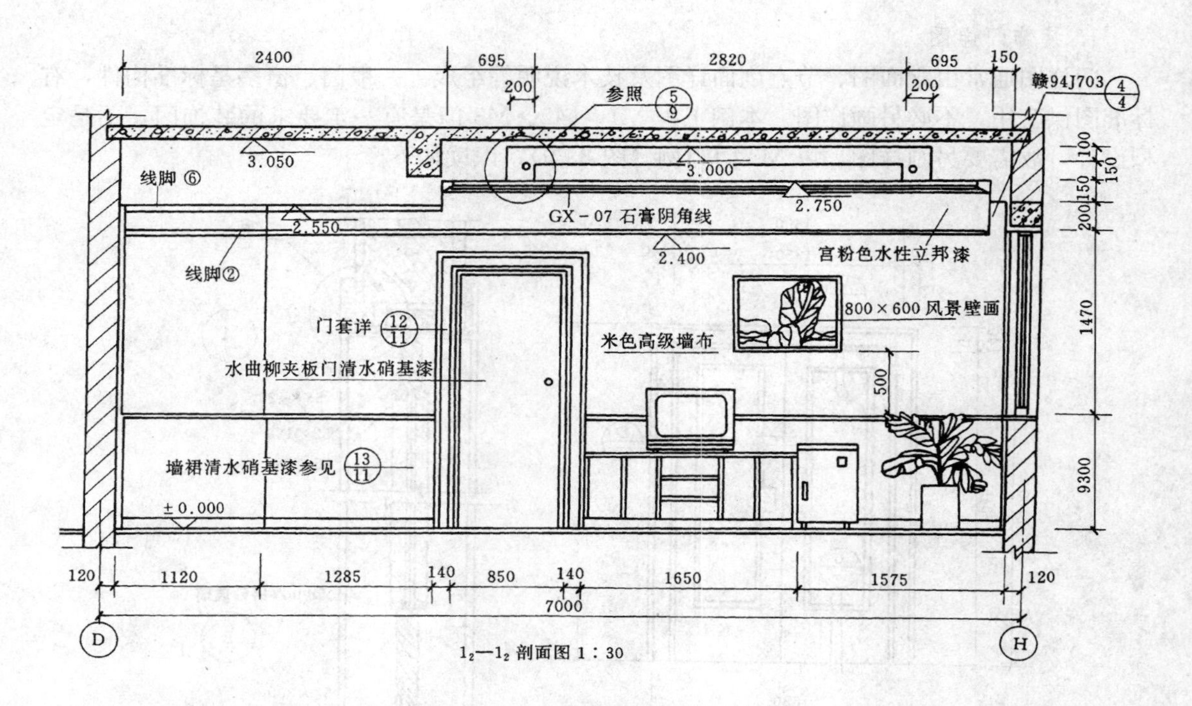

图 2-8　室内装饰剖面图

室内靠墙有矮柜、冰柜、电视，右房角有盆栽植物等。

第五节　装　饰　详　图

一、装饰构配件详图

建筑装饰所属的构配件项目很多。它包括各种室内配套设置体，如酒吧台、酒吧柜、服务台、售货柜和各种家具等；还包括结构上的一些装饰构件，如装饰门、门窗套、装饰隔断、花格、楼梯栏板（杆）等。这些配置体和构件受图幅和比例的限制，在基本图中无法表达精确，都要根据设计意图另行作出比例较大的图样，来详细表明它们的式样、用料、尺寸和做法，这些图样即为装饰构配件详图。

装饰构配件详图的主要内容有：详图符号、图名、比例；构配件的形状、详细构造、层次、详细尺寸和材料图例；构配件各部分所用材料的品名、规格、色彩，以及施工做法和要求；部分尚需放大比例详示的索引符号和节点详图。

阅读装饰构配件详图时，应先看详图符号和图名，弄清楚从何图索引而来。有的构配件详图自有立面图或平面图，有的构配件详图的立面形状或平面形状及其尺寸就在被索引图样上，不再另行画出。因此，阅读时要注意联系被索引图样，并进行周密的核对，检查它们之间在尺寸和构造方法上是否相符。通过阅读，了解各部件的装配关系和内部结构，紧紧抓住尺寸、详细做法和工艺要求三个要点。

下面即以本例工程的装饰门详图、总服务台剖面详图、楼梯栏板详图为例，来说明装饰构配件详图的内容和读法。

1. 装饰门详图

门详图通常由立面图、节点剖面详图及技术说明等组成。一般门、窗多是标准构件，有标准图供套用，不必另画详图。本例工程 M1、M2、M3 门是有一定要求的装饰门，不是定型设计，故需要另画详图。以 M3 门为例（图 2-9），识读如下。

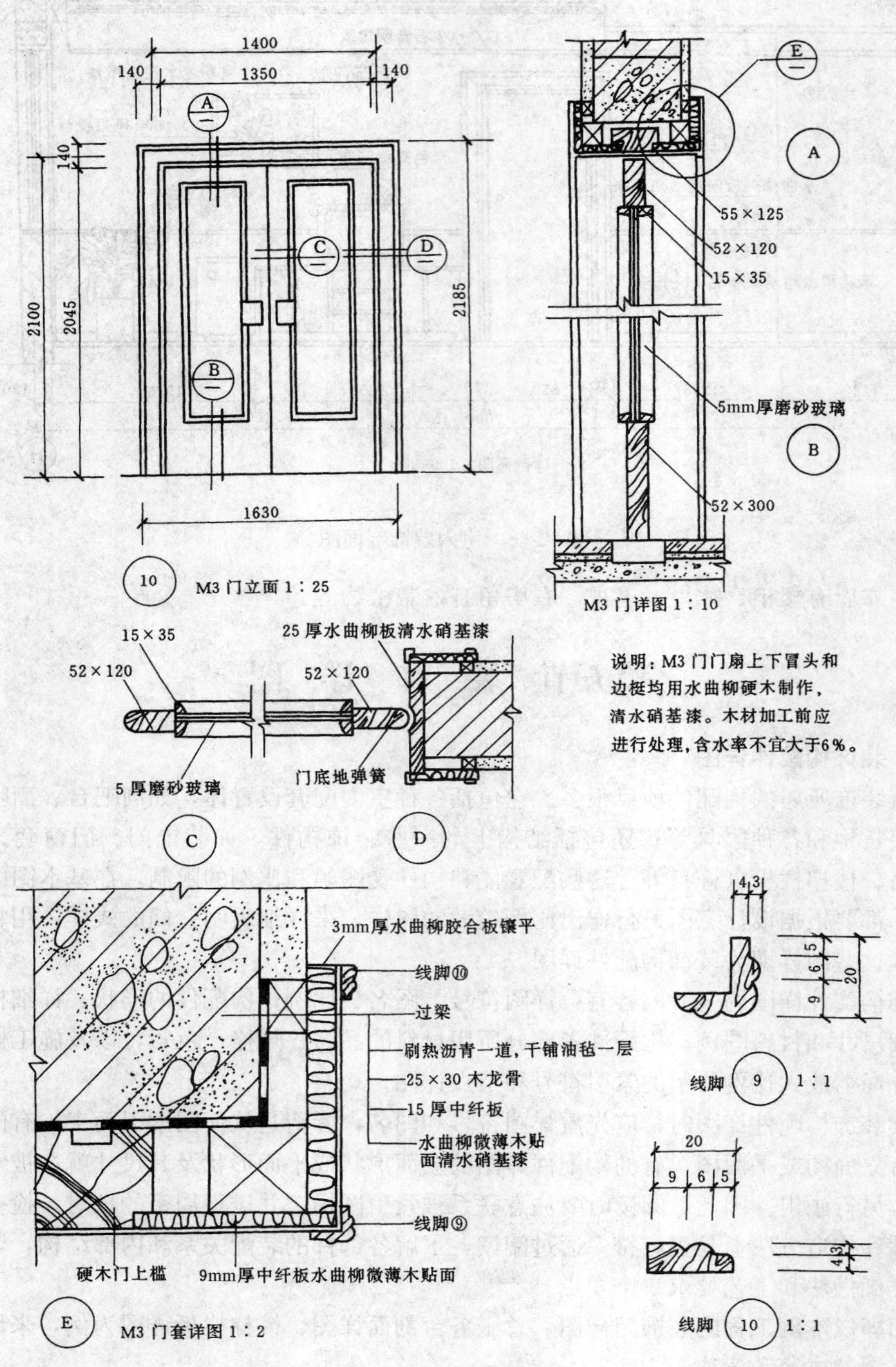

图 2-9 M3 门详图

（1）看门立面图。

门立面图规定，画它的外立面应用细斜线画出门扇的开启方向线。两斜线的交点表示装门铰链的一侧。斜线为实线，表示向外开；斜线为虚线，表示向内开。本例图因为其开启方式已在平面布置图上表明，故不再重复画出。

门立面图上的尺寸一般应注出洞口尺寸和门框外沿尺寸。本例图门框上槛包在门套之内，因而只注出洞口尺寸、门套尺寸和门立面总尺寸。

（2）看节点剖面详图。

门详图都画有不同部位的局部剖面节点详图，以表示门框和门扇的断面形状、尺寸、材料及其相互间的构造关系，还表示门框和四周（如过梁、墙身等）的构造关系。通常将竖向剖切的剖面图竖直地连在一起，画在立面图的左侧或右侧；横向剖切的剖面图横向连在一起，画在立面图的下面，用比立面图大的比例画，中间用折断线断开，省略相同部分，并分别注写详图编号，以便与立面图对照。

本例图竖向和横向都有两个剖面详图。其中门上槛 55mm×125mm、斜面压条 15mm×35mm、边框 52mm×120mm 都是表示它们的矩形断面外围尺寸。门芯是 5mm 厚磨砂玻璃，门洞口两侧墙面和过梁底面用木龙骨和中纤板、胶合板等材料包钉。A 剖面详图右上角的索引符号表明，还有比该详图比例更大的剖面图表达门套装饰的详细做法。

（3）看门套详图。

门套详图通过多层构造引出线，表明了门套的材料组成、分层做法、饰面处理及施工要求。门套的收口方式是：阳角用线脚⑨包边，侧沿用线脚⑩压边，中纤板的断面用 3mm 厚水曲柳胶合板镶平。

（4）看线脚大样与技术说明。

线脚大样比例为 1∶1，是足尺图。说明中明确了上、下冒头和边梃的用料和饰面处理。

2. 总服务台剖面详图（见图 2-10）

总服务台属于室内固定配置体。通常用钢筋混凝土做成骨架或用型钢做成框架，然后镶贴饰面石材和局部包嵌金属片，使其稳定、耐磨和高雅美观。

识读如下：

弄清楚该剖面详图从何图剖切而来，它的立面形状和尺寸在哪张图纸上。

我们在阅读图 2-3 时，已知门厅总服务台有一剖面详图，编号为①，在装饰施工详图上。看平面布置图上的投影符号，可知总服务台所在立面的视向编号为 A1，找出 A1 立面图（见图 2-6）对照阅读。

弄清楚剖面详图与立面图上各部位的对应关系，明确服务台骨架结构与建筑主体结构的连接方式。

从图 2-6 可知，总服务台高 1.15m，上部钛金不锈钢片圆角半径为 0.08m，下悬顶底面标高 2.400m 等，通过核对，剖面上的结构形式及其尺寸与立面图上所示相符。

立面上服务台两侧有墙柱，表明服务台混凝土骨架与主体结构是连在一起的，起着稳定混凝土骨架的作用。因此，在砌筑两端墙柱时，要注意提前加设拉结钢筋，同时也要考虑混凝土骨架与地面的连接方式。

看剖面上各部分的构造方法、详细尺寸、材料组成与制作要求。

服务台是由钢筋混凝土结构与木结构混合组成的。顶棚是轻钢龙骨 TK 板面层，下悬顶

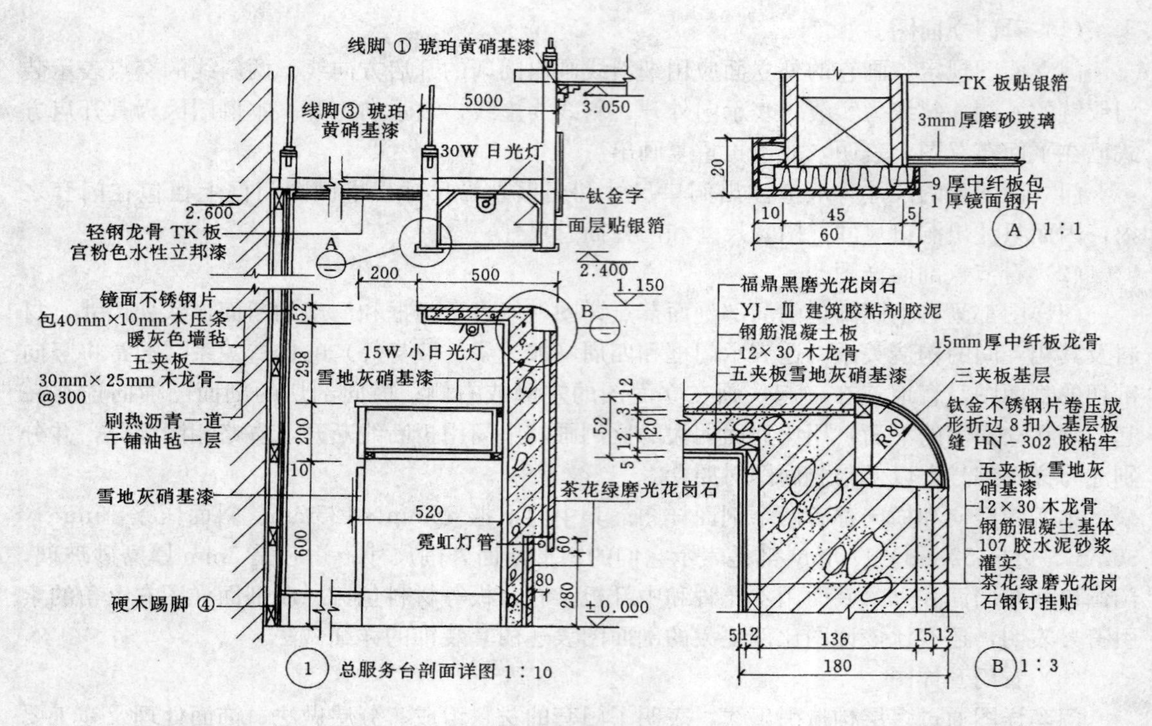

图 2-10　总服务台剖面详图

棚磨砂玻璃面层内装日光灯。内墙面是木护壁上贴暖灰色墙毡，用不锈钢片包木压条分格，引出线详细表明了它的分层做法与用料要求。

看装饰面的处理及衔接收口方式。

如顶棚用宫粉色水性立邦漆饰面，服务台木质部分施涂雪地灰硝基漆，迭级阴角分别用线脚①、③收口。

看 A、B 节点详图，了解这两个交汇点的详细构造做法。

3. 楼梯栏板详图（见图 2-11）

现代装饰工程中的楼梯栏板（杆）的材料比较高档，工艺制作精美，节点构造讲究，因而其详图也比较复杂。

楼梯栏板（杆）详图通常包括楼梯局部剖面图、顶层栏板（杆）立面图、扶手大样图、踏步和其他部位节点图。它主要表明栏板、杆的形式、尺寸、材料；栏板（杆）与扶手、踏步、顶层尽端墙柱的连接构造；踏步的饰面形式和防滑条的安装方式；扶手和其他构件的断面形状和尺寸等内容。

识读如下。

先看楼梯局部剖面图。从图 2-11 中可知，该楼梯栏板由木扶手、不锈钢圆管和钢化玻璃所组成。栏板高 1.00m，每隔两踏步有两根不锈钢圆管，间隔尺寸如图所示。钢化玻璃与不锈钢圆管的连接构造见 B 详图，圆管与踏步的连接见 C 详图。扶手用琥珀黄硝基漆饰面，其断面形状与材质见 A 详图。

再看顶层栏板立面图。从图中可知，顶层栏板受梯口宽度影响，其水平向的构造分格尺寸与斜梯段不同。扶手尽端与墙体连接处是一个重要部位，它要求牢固不松动，具体连接方

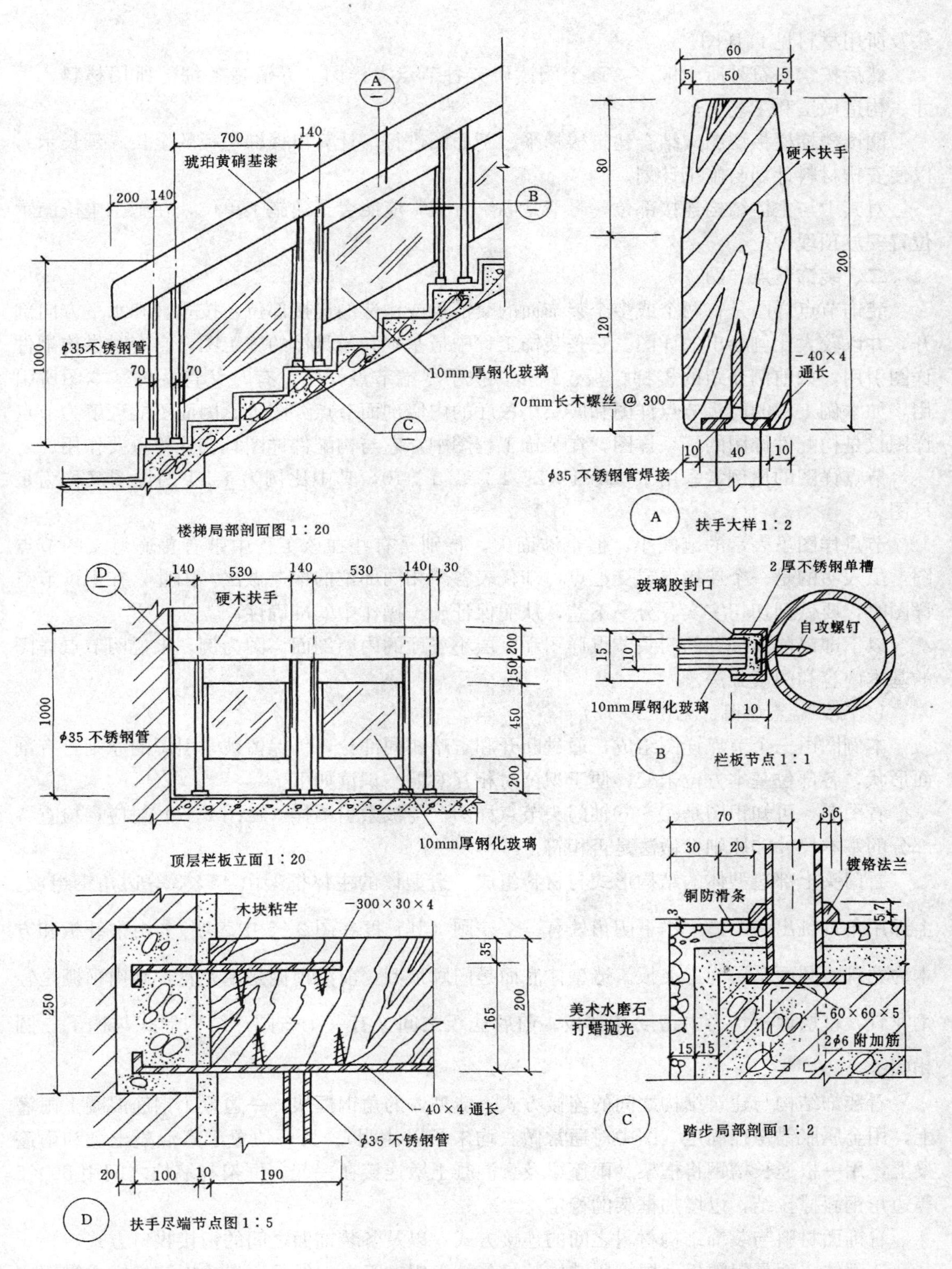

700
140
琥珀黄硝基漆
200
140
1000
φ35不锈钢管
70
70
10mm厚钢化玻璃
楼梯局部剖面图 1：20
60
5
50
5
80
120
200
硬木扶手
−40×4
通长
70mm长木螺丝@300
10
40
10
φ35 不锈钢管焊接
扶手大样 1：2
140
530
140
530
140
30
硬木扶手
1000
200
150
450
200
φ35 不锈钢管
10mm厚钢化玻璃
顶层栏板立面 1：20
2厚不锈钢单槽
玻璃胶封口
自攻螺钉
15
10
10mm厚钢化玻璃
10
栏板节点 1：1
木块粘牢
−300×30×4
35
250
165
200
−40×4 通长
φ35 不锈钢管
20
100
10
190
扶手尽端节点图 1：5
70
3
6
30
20
镀铬法兰
铜防滑条
3
5.7
美术水磨石
打蜡抛光
60×60×5
2φ6 附加筋
15
15
踏步局部剖面 1：2

图 2-11 楼梯栏板详图

法及所用材料见D详图。

然后按索引符号所示顺序，逐个阅读研究各节点大样图。弄清楚各细部所用材料、尺寸、构造做法和工艺要求。

阅读楼梯栏板详图应结合建筑楼梯平、剖面图进行。计算出楼梯栏板的全长（延长米），以便安排材料计划与施工计划。

对其中与主体结构连接部位，看清楚固定方式，应照会土建施工单位，在施工中按图示位置安放预埋件。

二、装饰节点详图

装饰节点详图是将两个或多个装饰面的交汇点或构造的连接部位，按垂直和水平方向剖开，并以较大比例绘出的详图。它是装饰工程中最基本和最具体的施工图。它有时供构配件详图引用，如前例介绍的楼梯栏板、踏步、扶手尽端节点详图；有时又直接供基本图所引用，如本例工程的门头节点详图和底层小餐厅的内墙剖面节点详图等。因而不能理解为节点详图仅是构配件详图的子系详图，在装饰工程图中，它与构配件详图具有同等重要作用。

节点详图的比例常采用1∶1、1∶2、1∶5、1∶10，其中比例为1∶1的详图又称为足尺图。

节点详图虽表示的范围小，但牵涉面大，特别是有些在该工程中带有普遍意义的节点图，虽表明的是一个连接点或交汇点，却代表各个相同部位的构造做法。因此，在识读节点详图时，要做到切切实实、分毫不差，从而保证施工操作中的准确性。

以下即以前面提到的门头节点详图和底层小餐厅的内墙剖面详图为例，来说明节点详图的基本内容和阅读方法。

1. 门头节点详图（见图2-12）

本例图由三个节点详图组成，通过断开和省略相同部分，仍保留被索引图的原则，有剖面形状，各部位基本方位未变，便于识读时相互对照。识读如下。

看图名，可知识图是④～⑥轴门头节点详图。与被索引图样（见图2-7）对应，检查各部分的基本尺寸和原则性做法是否相符。

看门头上部造型体的结构形式与材料组成。造型体的主体框架由45×3等边角钢组成。上部用角钢挑出一个檐，檐下阴角处有一个$\frac{1}{4}$圆（其长度在图2-5中表明），由中纤板和方木为龙骨，圆面基层为三夹板。造型体底面是门廊顶棚，前沿顶棚是木龙骨，廊内顶棚是轻钢龙骨，基层面板均为中密度纤维板。前后迭级之间又有一个$\frac{1}{4}$圆，结构形式与檐下$\frac{1}{4}$圆相同。

看装饰结构与建筑结构之间的连接方式。造型体的角钢框架，一边置于钢筋混凝土雨篷上，用金属胀锚螺栓固定（图中对通常做法均未予以注明）；另一边置于素混凝土墩和雨篷梁上，用一根通长槽钢将框架、雨篷梁及素混凝土墩连接在一起。框架与墙柱之间用50×5等边角钢斜撑拉结，以增加框架的稳定。

看饰面材料与装饰结构材料之间的连接方式，以及各装饰面之间的衔接收口方式。

造型体立面是铝塑板面层，用结构胶将其粘于铝方管上，然后用自攻螺钉将铝方管固定在框架上。门廊顶棚是镜面和亚光不锈钢片相间饰面，需折边8mm扣入基层板缝并加胶粘

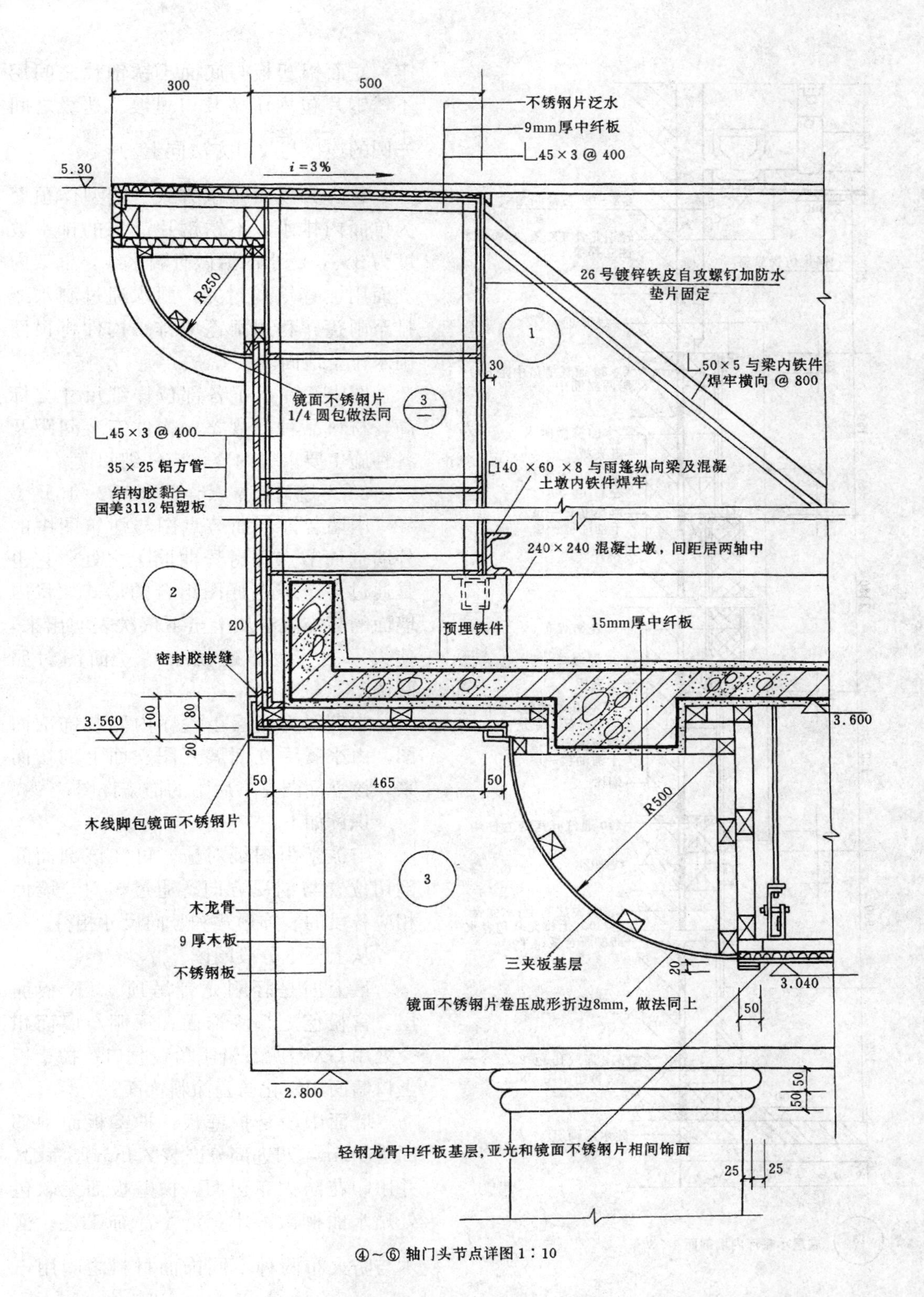
300
500
5.30
i＝3%
不锈钢片泛水
9mm厚中纤板
∟45×3@400
R250
26号镀锌铁皮自攻螺钉加防水
垫片固定
1
30
∟50×5与梁内铁件
焊牢横向@800
镜面不锈钢片
1/4圆包做法同
3
∟45×3@400
35×25铝方管
结构胶黏合
国美3112铝塑板
[140×60×8与雨篷纵向梁及混凝
土墩内铁件焊牢
240×240混凝土墩，间距居两轴中
2
预埋铁件
15mm厚中纤板
20
密封胶嵌缝
100
80
20
3.560
3.600
50
465
50
R500
木线脚包镜面不锈钢片
3
木龙骨
9厚木板
不锈钢板
三夹板基层
20
3.040
镜面不锈钢片卷压成形折边8mm，做法同上
50
2.800
50
50
轻钢龙骨中纤板基层，亚光和镜面不锈钢片相间饰面
25
25
④～⑥轴门头节点详图1：10

图2-12　门头节点详图

牢。立面铝塑板与底面不锈钢片之间用不锈钢片包木压条收口过渡。迭级之间$\frac{1}{4}$圆的连接与收口方法同上。

看门头顶面排水方式。造型体顶面为单面内排水。不锈钢片泛水的排水坡度为3%，泛水内沿做有滴水线，框架内立面用镀锌铁皮封完，雨水通过滴水线排至雨篷，利用雨篷原排水构件将顶面雨水排至地面。

图中还注出了各部位详细尺寸与标高、材料品种与规格、构件安装间距及各种施工要求等内容，应仔细阅读。

2. 内墙剖面节点详图（图2-13）

内墙装饰剖面节点图与建筑图中的外墙剖面节点图有异曲同工之处。它也是通过多个节点详图组合的形式，将内墙面的装饰做法从上至下依次表明出来，使人一目了然，还便于与立面图对照阅读。

本例图为底层小餐厅内墙装饰剖面图，由小餐厅立面展开图立面上剖切而来，该立面图见书后附的饰施详图。

识读如下。

与被索引图纸对应，可知该剖面的剖切位置与剖视方向。通过核对，墙面相应各段的装饰形式和竖向尺寸相符。

从上至下分段阅读。

最上面是轻刚龙骨吊顶、TK板面层、宫粉色立邦漆饰面。顶棚与墙面相交处用GX-07石膏阴角线收口；护壁板上口墙面用钢化仿瓷涂料饰面。

墙面中段是护壁板，护壁板面中部凹进5mm，凹进部分嵌装25mm厚海绵，并用印花防火布包面。护壁板面无软包处贴水曲柳微薄木，清水涂饰工艺。薄木与防火布两种不同饰面材料之间用$\frac{1}{4}$圆木线收口，护壁上下用线脚⑩压边。

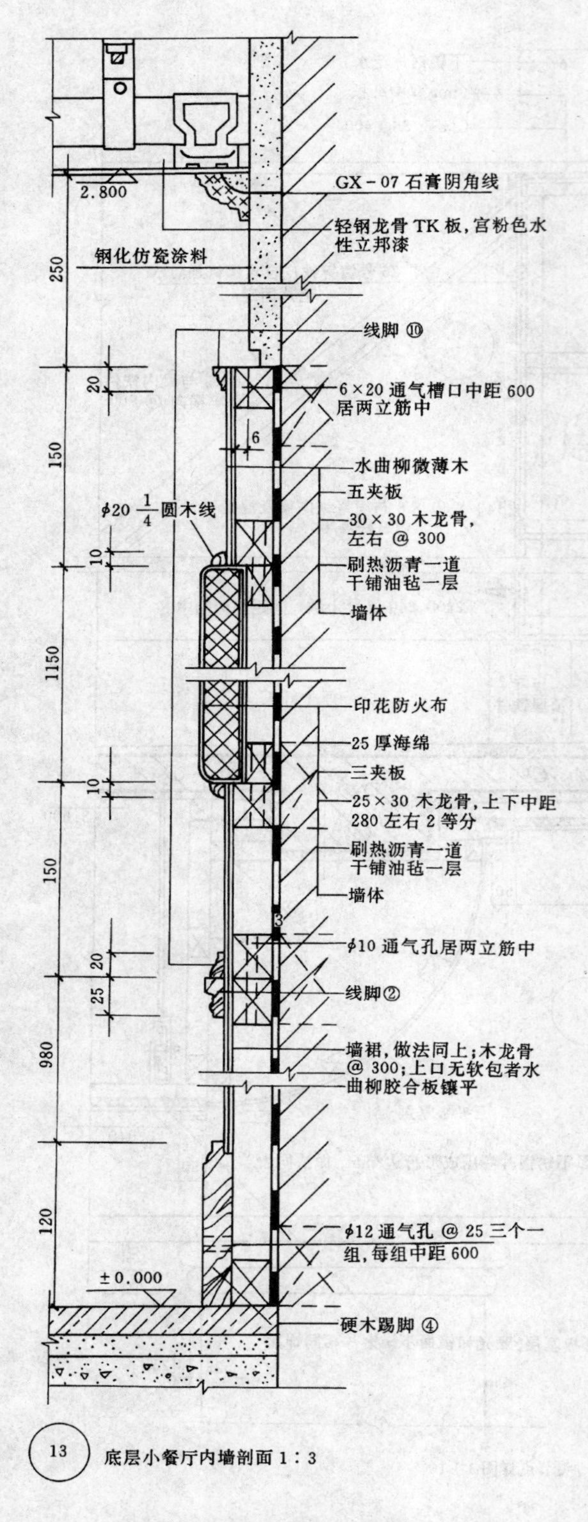

图2-13　内墙剖面节点详图

墙面下段是墙裙，与护壁板连在一起，做法基本相同，通过线脚②区分开来。由于本例工程墙裙构造未单独画详图，故特别注明“上口无软包处水曲柳夹板镶平”，以便其他室内墙裙参照引用。

看木护壁内防潮处理措施及其他内容。护壁内墙面刷热沥青一道，干铺油毡一层。所有水平向龙骨均设有通气孔，护壁上口和锡脚板上也设有通气孔或槽，使护壁板内保持通风干燥。

图中还注出各部位尺寸和标高、木龙骨的规格、通气孔的大小和间距、其他材料的规格、品种等内容。

第六节　装饰施工做法

一、瓷砖墙面施工（见图 2-14）

瓷砖尺寸有 100mm×100mm、150mm×150mm、200mm×200mm。胶粘剂可选用水泥砂浆，也可选购成品的专用建筑胶，从使用效果看，建筑胶施工方法，黏结强度高。

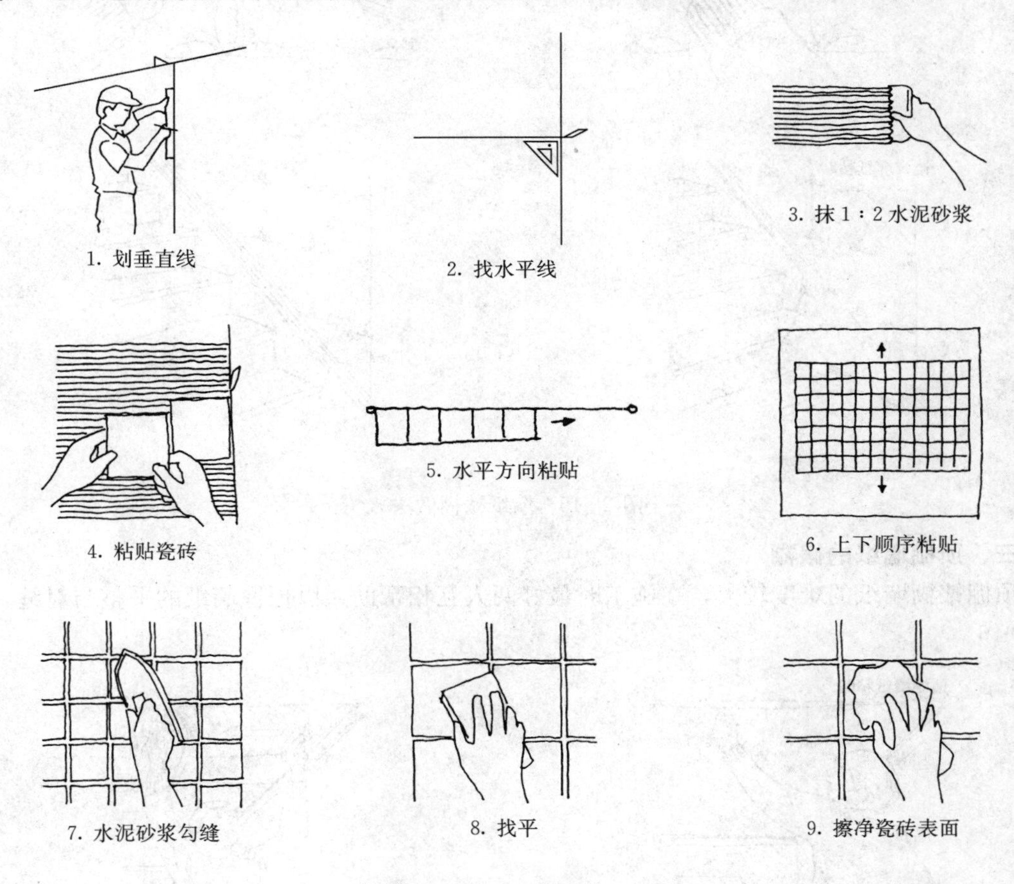

图 2-14　瓷砖墙面施工做法

二、墙纸的裱糊

在裱糊墙纸时，常常碰到电气开关或斜面拼接，可按照图 2-15 所示的方法进行施工。

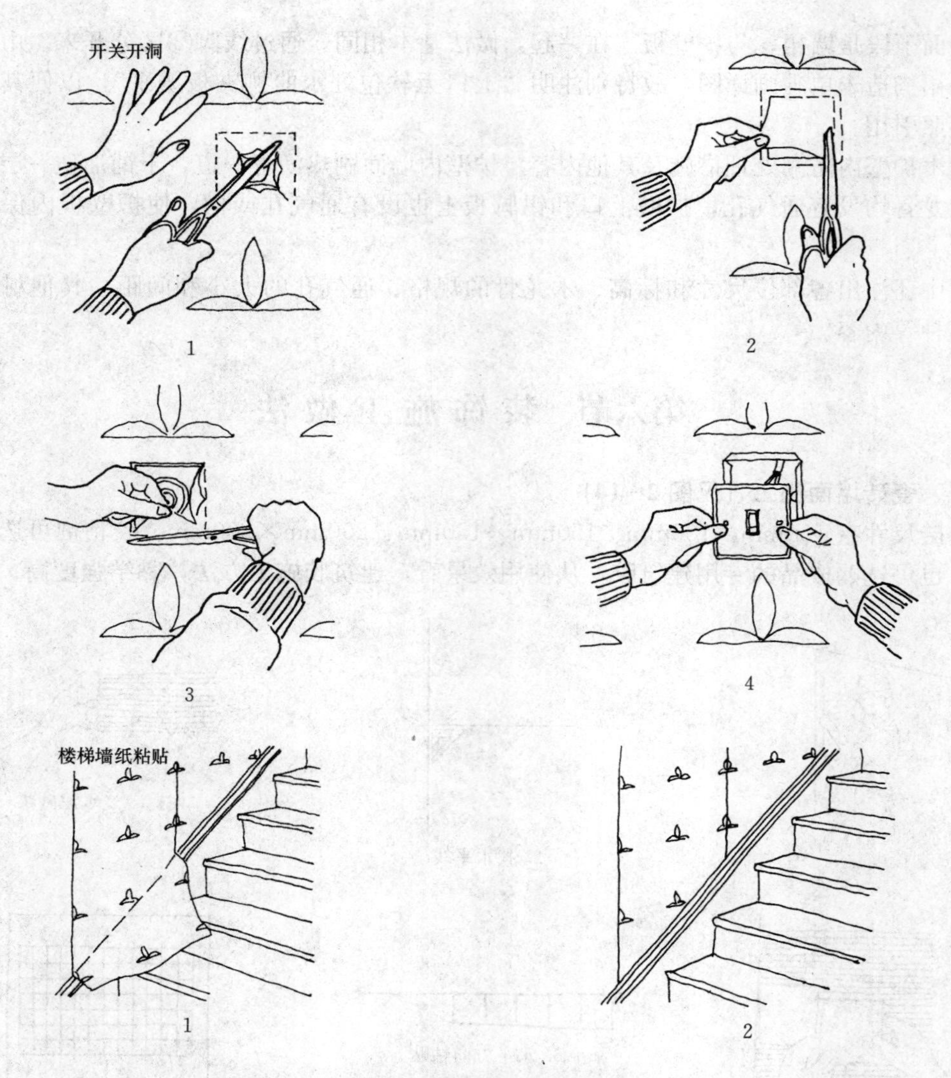

图 2-15　墙纸裱糊做法

三、顶棚墙纸的裱糊

顶棚裱糊墙纸的难度较大，在施工时最好两人互相帮助，以把握墙纸的平整与对缝，见图 2-16。

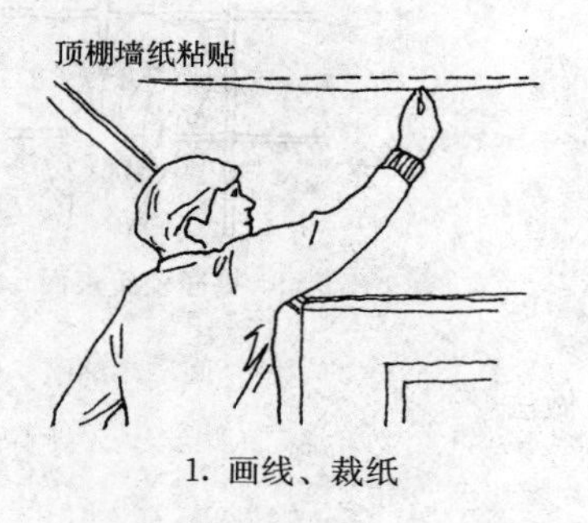

1. 画线、裁纸

2. 粘贴墙纸

图 2-16　顶棚墙纸裱糊做法（一）

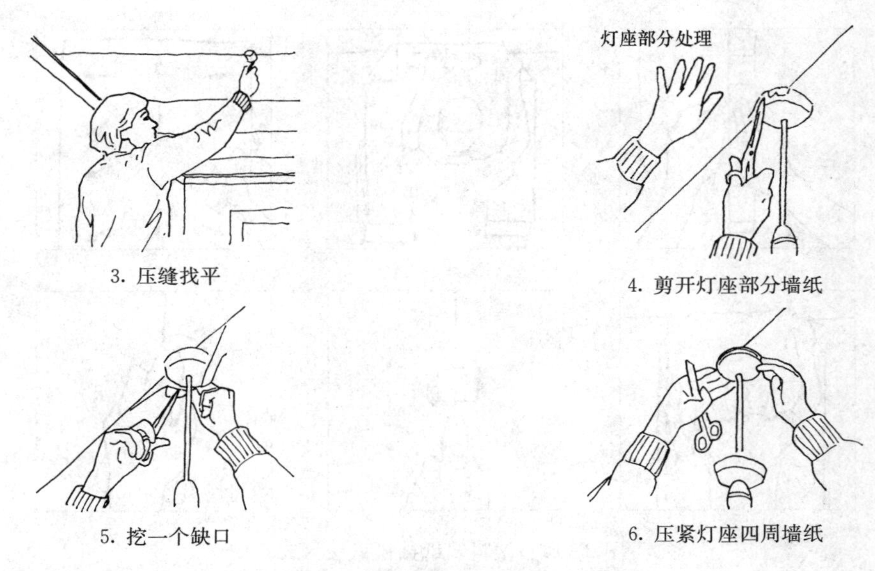

图 2 - 16　顶棚墙纸裱糊做法（二）

四、塑料墙纸的裱糊（见图 2 - 17）

塑料墙纸具有色泽鲜艳、富有质感和立体感，柔韧、防水、防腐等的优点。塑料墙纸施工可用 107 胶内加适量的纤维素配制胶粘剂（化工商店有成品出售），在粘贴前应先对花，然后在墙纸背面刷涂胶水，依次张贴，最后切边，用湿毛巾赶去气泡后压实。

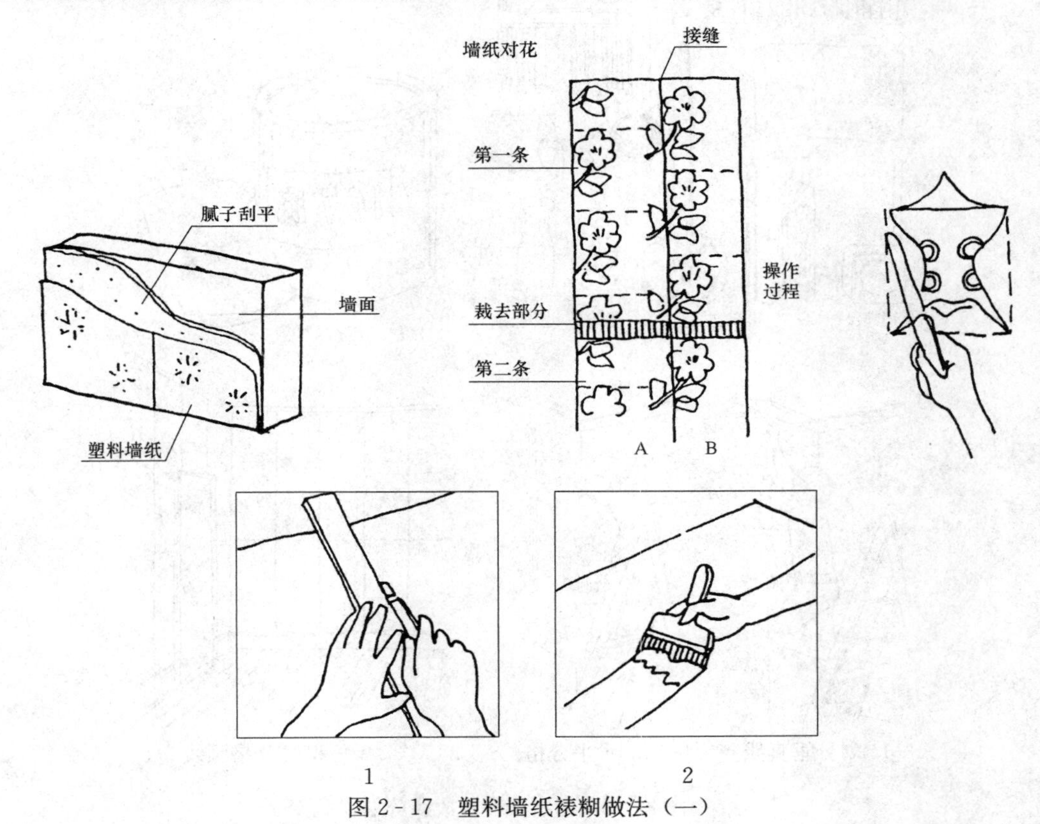

图 2 - 17　塑料墙纸裱糊做法（一）

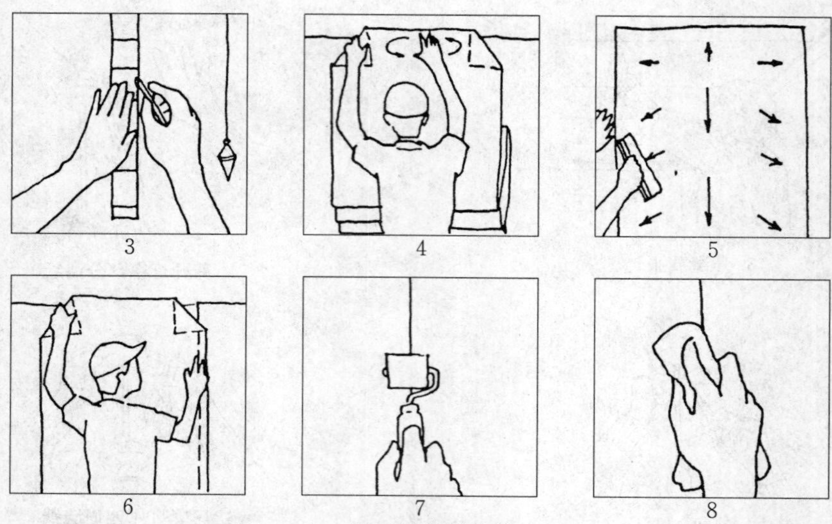

图 2-17 塑料墙纸裱糊做法（二）

五、墙纸裱糊前的放线（见图 2-18）

在裱糊前，应先放线分划，这样可以准确地掌握材料的消耗。

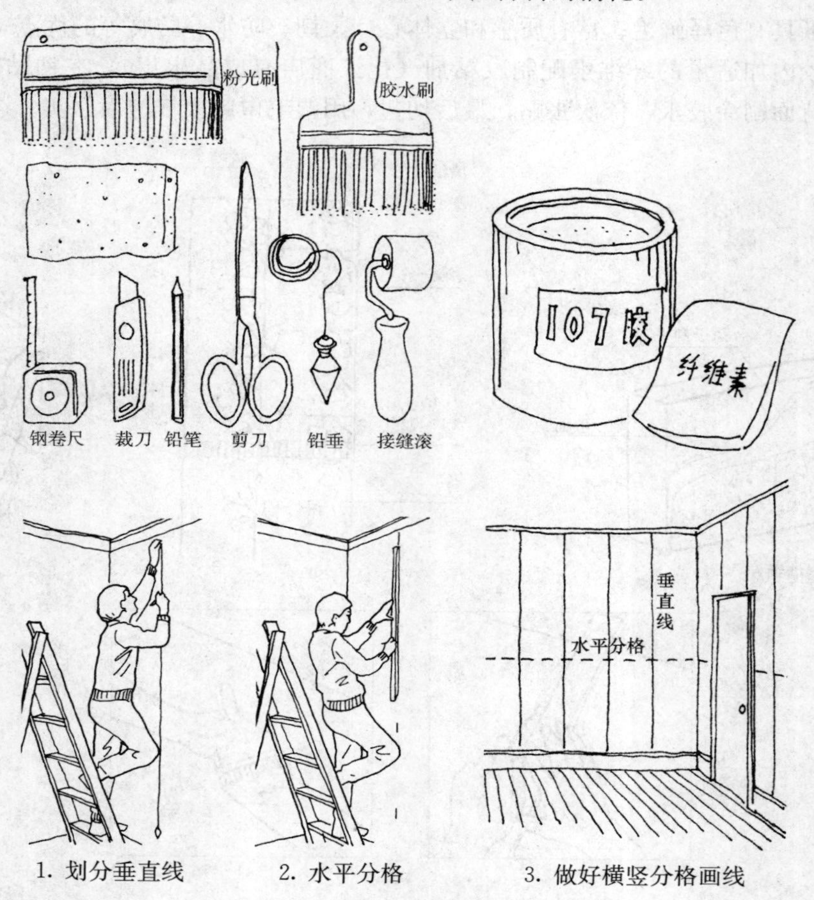

图 2-18 墙纸裱糊前放线分划

六、涂料墙面的施工（见图2-19、图2-20）

建筑涂料有很多品种，施工方法可以采用刷子刷和滚涂。一般应刷2～3遍，以保证涂层的均匀、美观。

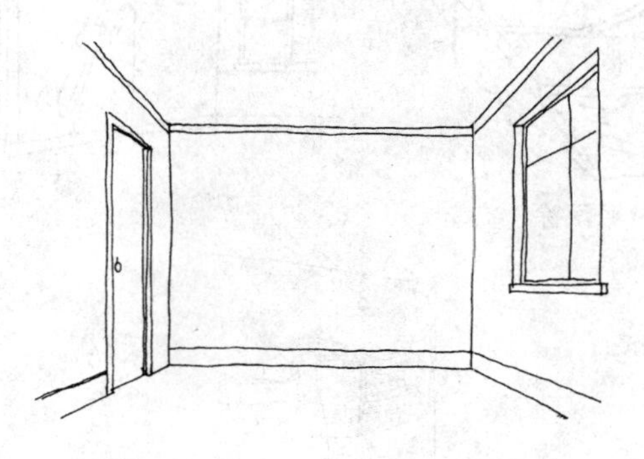

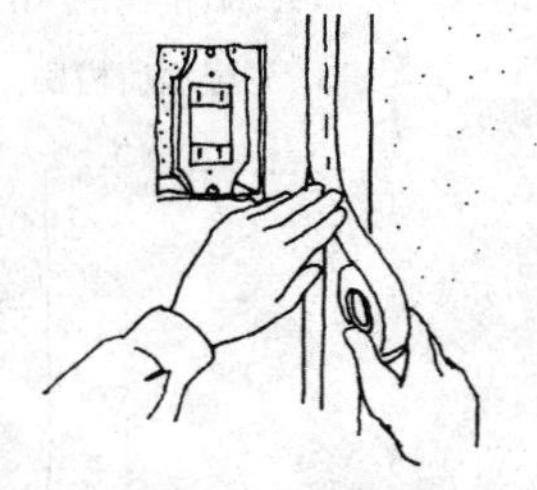

1. 开关面板可取下，涂料易碰处用纸贴上

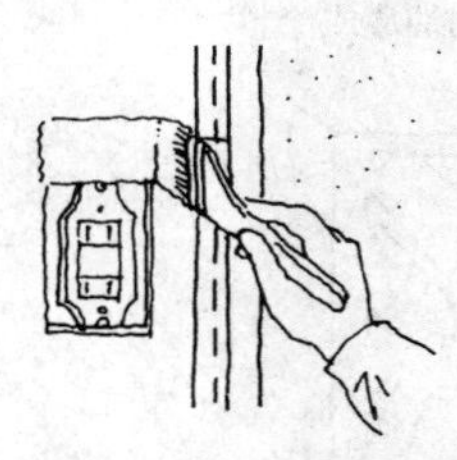

2. 窗和开关边角，墙角应先粉刷涂料

3. 大面积粉刷应从顶棚开始

4. 用排笔或滚筒涂刷，不要蘸得太多

图2-19　墙面涂料施工做法（一）

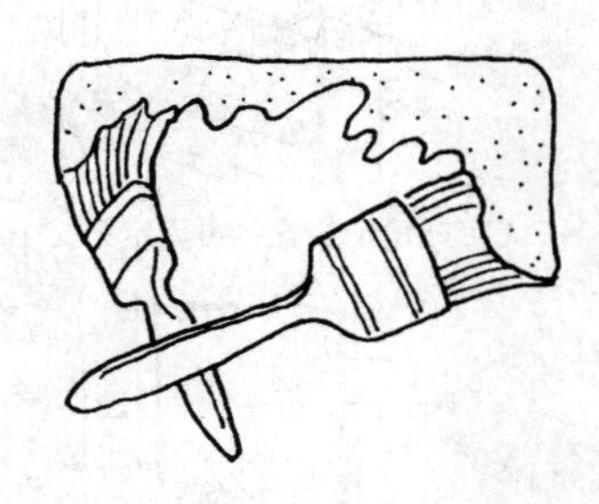

a. 用刷子涂刷

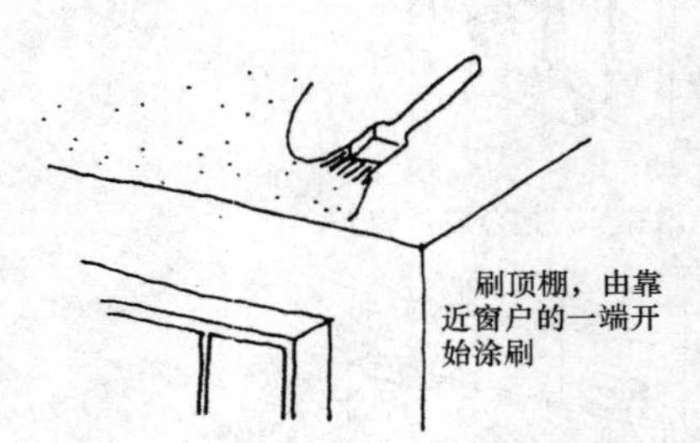

图2-20　墙面涂料施工做法（二）

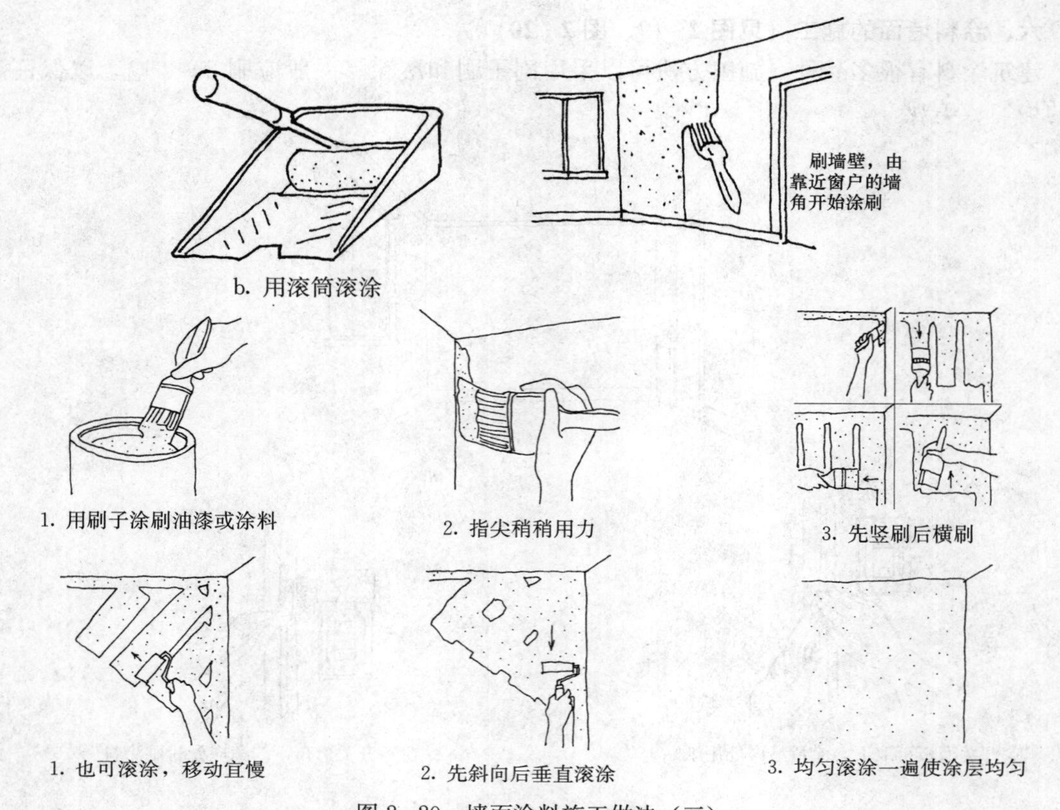

b. 用滚筒滚涂

1. 用刷子涂刷油漆或涂料
2. 指尖稍稍用力
3. 先竖刷后横刷

1. 也可滚涂，移动宜慢
2. 先斜向后垂直滚涂
3. 均匀滚涂一遍使涂层均匀

图 2-20　墙面涂料施工做法（三）

七、瓷砖墙上装镜子（见图 2-21）

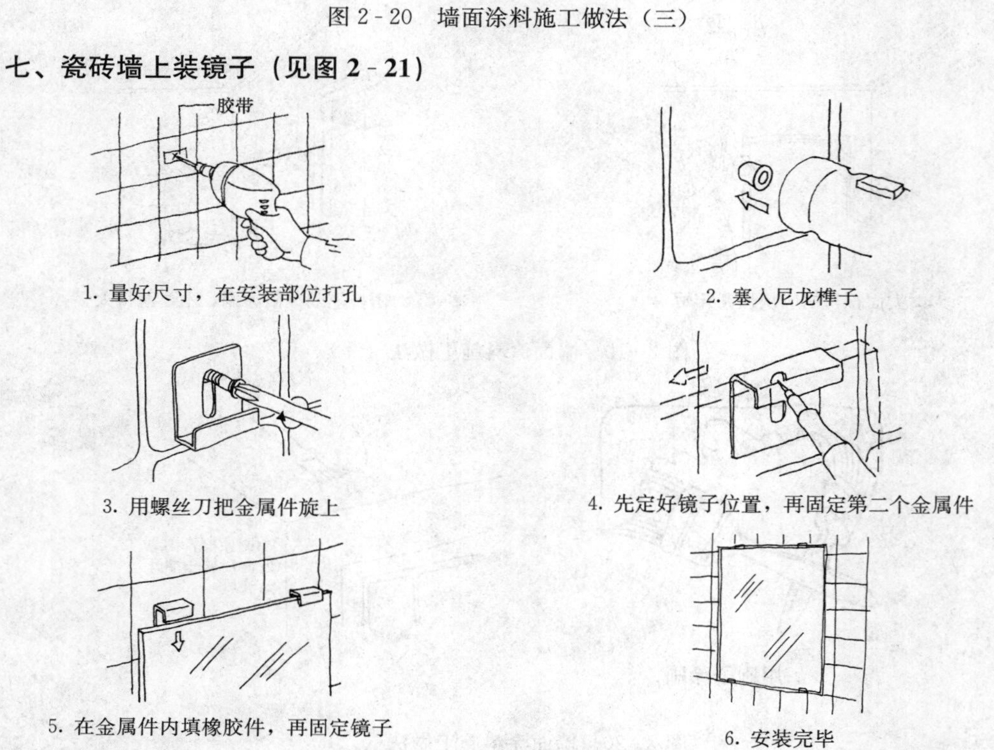

1. 量好尺寸，在安装部位打孔
2. 塞入尼龙榫子
3. 用螺丝刀把金属件旋上
4. 先定好镜子位置，再固定第二个金属件
5. 在金属件内填橡胶件，再固定镜子
6. 安装完毕

图 2-21　瓷砖墙面镜子安装做法

八、木墙裙的施工（见图 2-22、图 2-23）

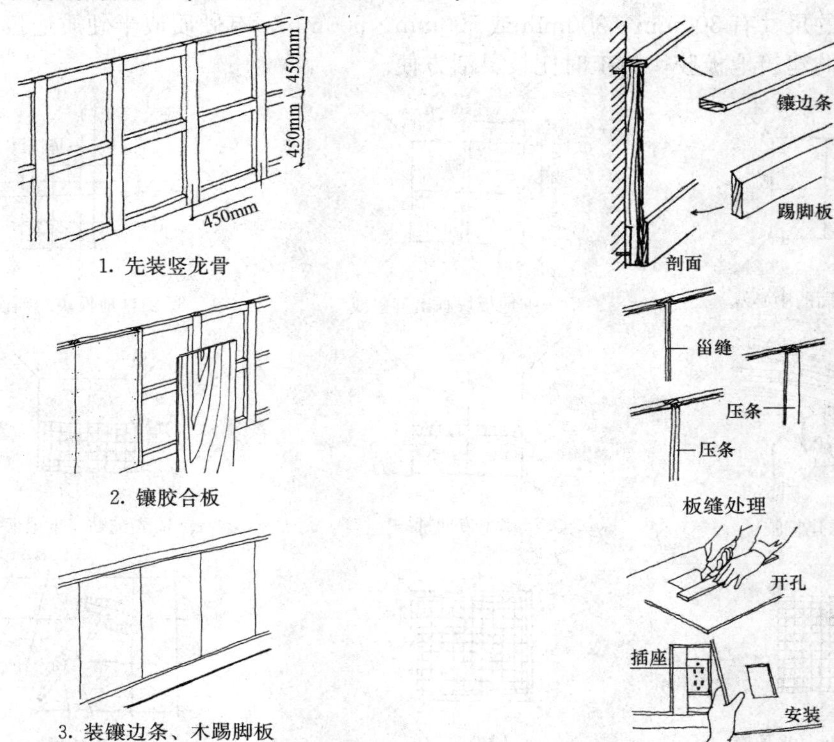

图 2-22　木墙裙的施工做法（一）

木墙裙的龙骨为 30cm×30cm 的木方，表面的木板可采用三合板或五合板，板面木纹整洁、平整，颜色尽可能接近，以保证木墙裙的外观一致。

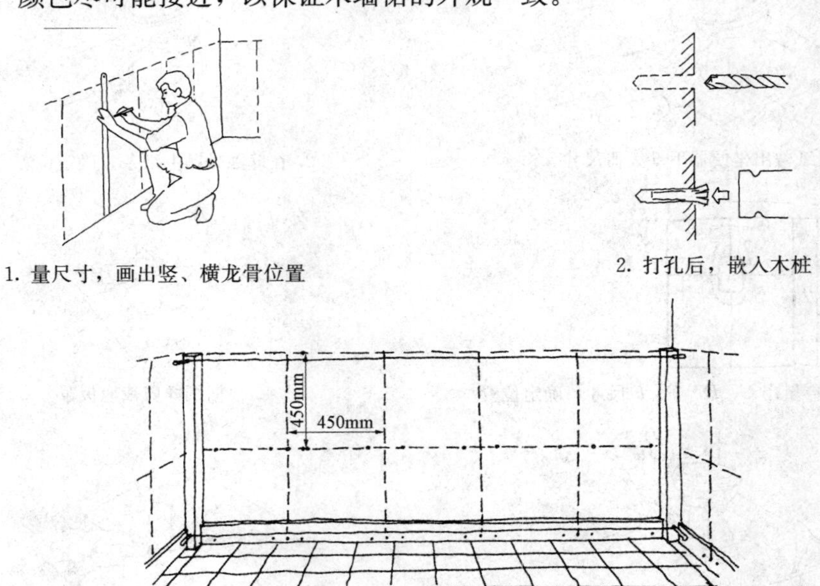

3. 上、下两侧拉线，用以找平。对凹凸墙面加以修正

图 2-23　木墙裙的施工做法（二）

九、塑料地板的施工（见图 2-24、图 2-25）

塑料地板的尺寸有 300mm×300mm 或 500mm×500mm，有硬质或半硬质地板块。胶粘剂可选购成品的建筑地板胶，施工时比较灵活方便。

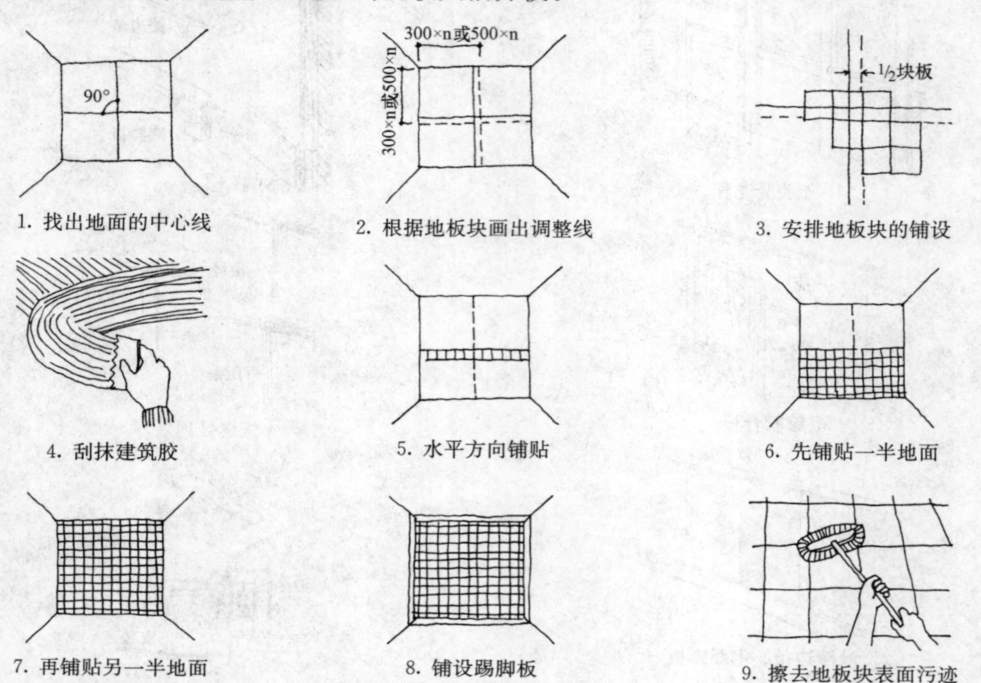

1. 找出地面的中心线　2. 根据地板块画出调整线　3. 安排地板块的铺设　4. 刮抹建筑胶　5. 水平方向铺贴　6. 先铺贴一半地面　7. 再铺贴另一半地面　8. 铺设踢脚板　9. 擦去地板块表面污迹

图 2-24　塑料地板的施工做法

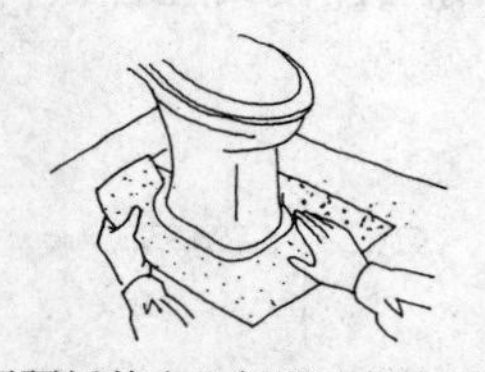

1. 用硬纸剪出坐便器下部大概尺寸

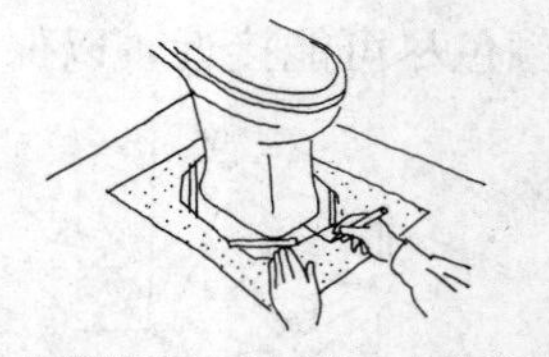

2. 在缝隙处贴上纸条，确定位置

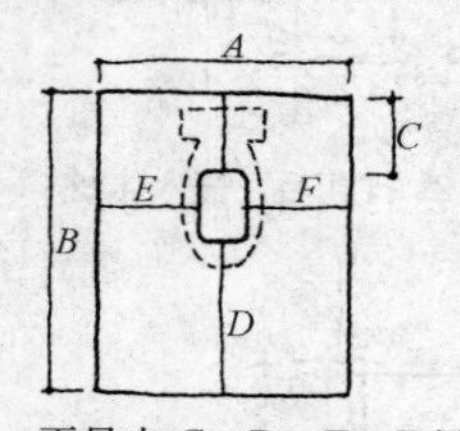

3. 量取 A、B，再量出 C、D、E、F 尺寸，确定位置

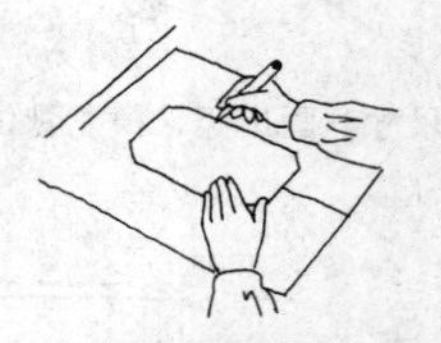

4. 根据纸样剪裁地板革

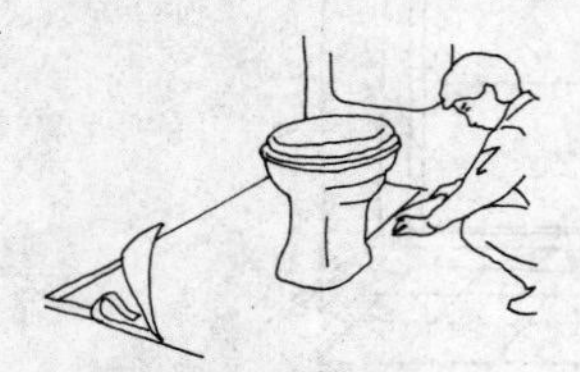

5. 切开地板革后侧，铺上双面胶带粘贴

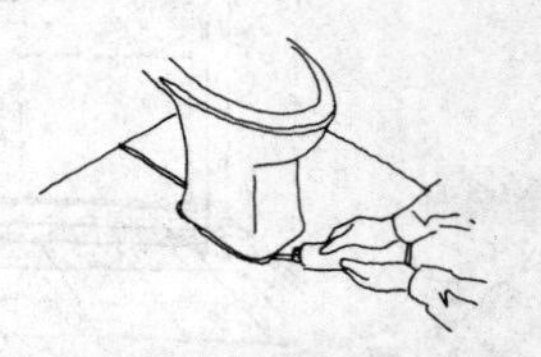

6. 最后用密封胶将缝隙嵌严

图 2-25　卫生间塑料地板革铺设做法

十、地毯的铺设

地毯有羊毛地毯和化纤地毯，它的幅宽有 1500、2000 或 2500mm。地毯可直接铺设，也可以周边用胶粘剂粘贴，还可以按图 2-26 方法用木卡条固定。

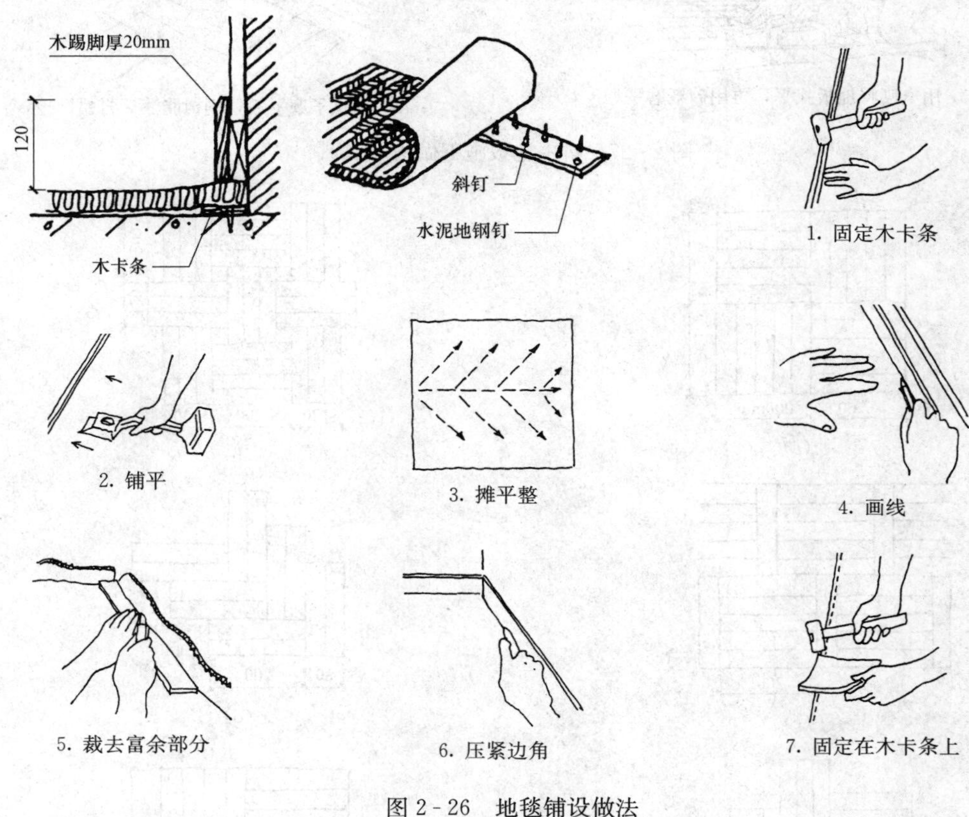

图 2-26　地毯铺设做法

十一、拼木地板施工（见图 2-27、图 2-28）

1. 将水泥地面清洗干净后吹干

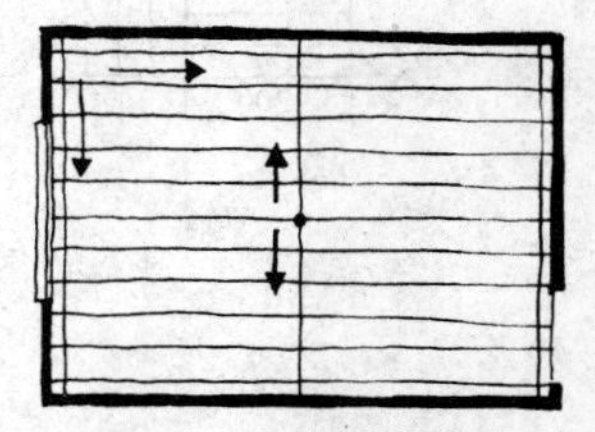

2. 找出房间中心点后划分直线

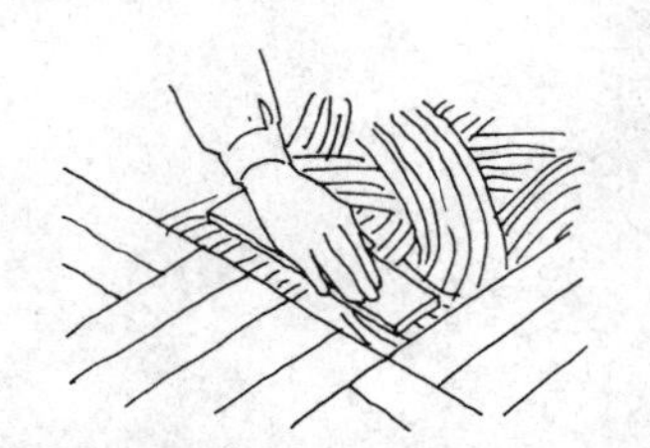

3. 将胶粘剂刮在地面与木条上，粘贴好

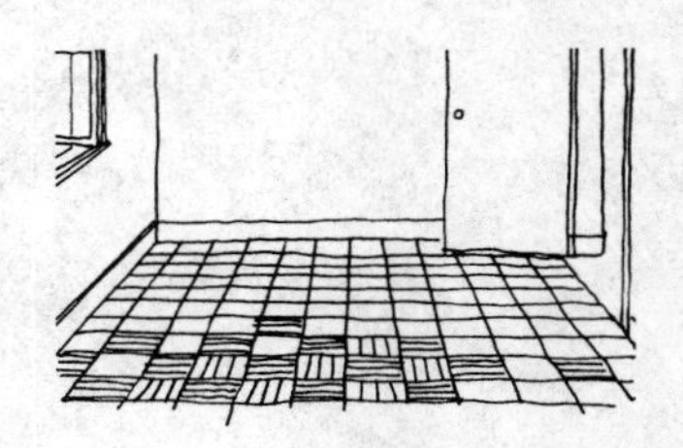

4. 开门开窗阴干三天

图 2-27　拼木地板施工做法（一）

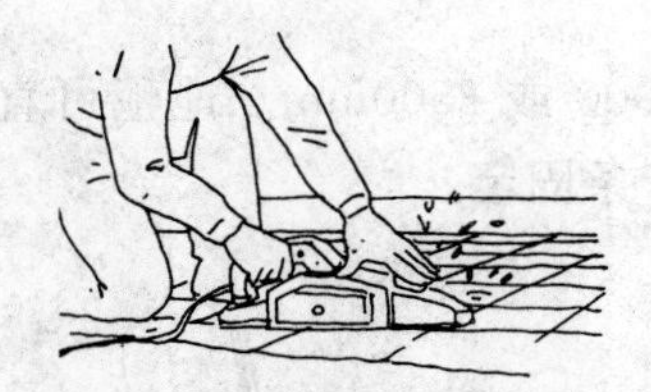

5. 用电刨将地板找平，再用砂纸磨平

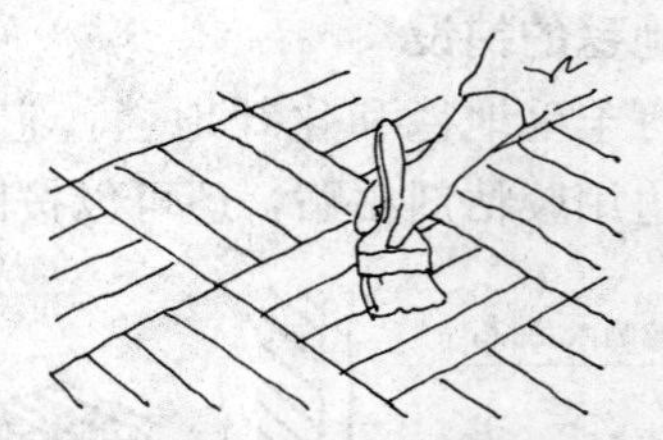

6. 刮腻子磨平后，刷树脂漆后打蜡

图 2-27　拼木地板施工做法（二）

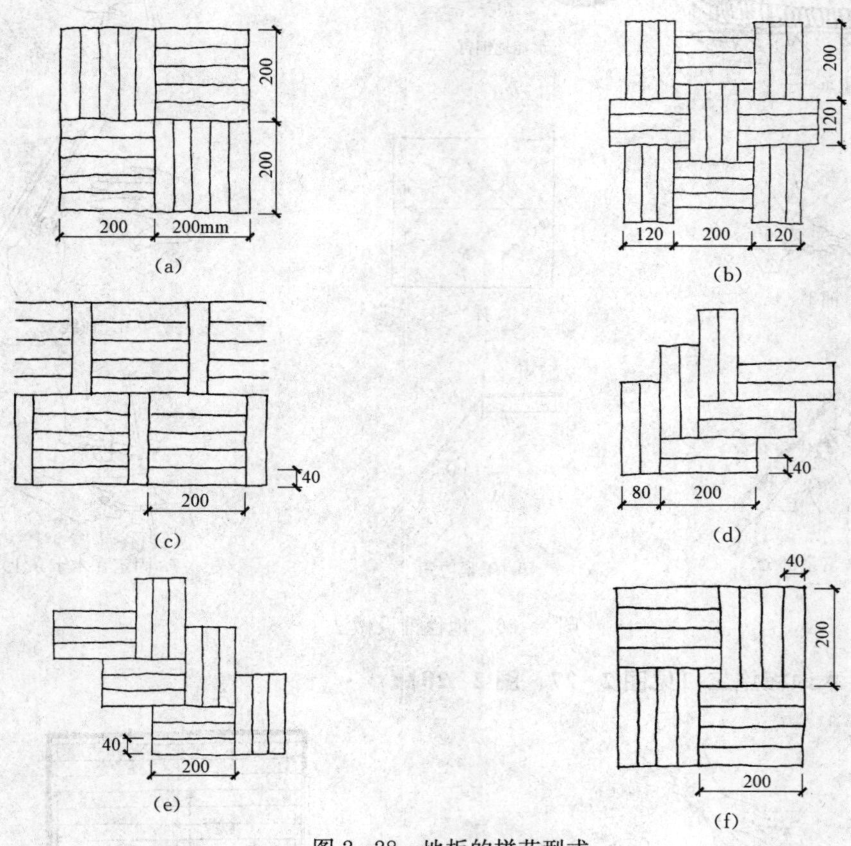

图 2-28　地板的拼花型式

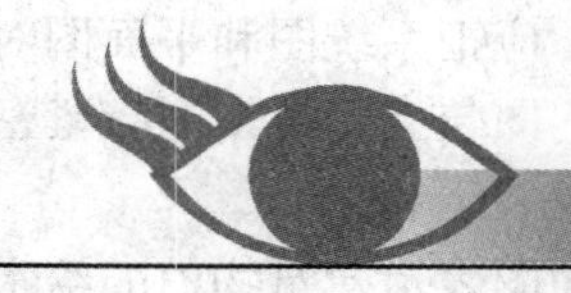

第三章

怎样看设备施工图

一幢房屋除了建筑、结构两大部分外，还有给水排水、采暖、电气等设备，这些设备的制作和安装，就是设备施工图所要表达的内容。设备施工图的种类很多，本章仅简要叙述给水排水、采暖和电气三种较普通的设备施工图的有关内容。

第一节　给水排水施工图

给水排水工程包括给水工程和排水工程：给水工程包括水源取水、水质净化、净水输送、配水使用等工程；排水工程包括污水（生活、粪便、生产等污水）排除、污水处理、处理后的污水排入江河等工程。给水排水工程图是建筑施工图的一个重要组成部分。

1. 给水排水施工图的组成

给水排水施工图（简称给排水施工图）可分为室内给水排水施工图与室外给水排水施工图两大类，它们一般都由基本图和详图组成。基本图包括管道平面布置图、剖面图、系统轴测图（又称透视图）、原理图及说明等；详图表明各局部的详细尺寸及施工要求。

室内给水排水施工图表示建筑物内部的给水工程和排水工程（如厕所、浴室、厨房、锅炉房、实验室等），主要包括平面图、系统图和详图。

室外给水排水施工图表示一个区域或一个厂区的给水工程设施（如水厂、水塔、给水管网等）和排水工程设施（如排水管网、污水处理厂等），主要包括管道总平面图、纵断面图和详图。

2. 给水排水施工图的特点

（1）给排水、采暖、工艺管道及设备常采用统一的图例和符号表示，这些图例、符号并不能完全反映实物的实样。因此，在阅读时，要首先熟悉常用的给水排水施工图的图例符号所代表的内容。

（2）给水排水管道系统图的图例，线条较多，识读时，要先找出进水源、干管、支管及用水设备、排水口、污水流向、排污设施等。一般情况下，给水排水管道系统的流向图如下：

室内给水系统：进户管→水表井（或阀门井）→干管→立管→支管→用水设备。

室内排水系统：用水设备排水口→存水弯（或支管）→干管→立管→总管→室外下水井。

（3）给水排水管道布置纵横交叉，在平面图上很难表明它们的空间走向，所以常用轴测投影的方法画出管道系统的立面布置图，用以表明各管道的空间布置状况。这种图称为管道系统轴测图，简称管道系统图。在绘制管道系统轴测图时，要根据各层的平面布置绘制；识读管道系统轴测图时，应把系统图和平面图对照进行识读。

(4) 给水排水施工图与土建筑工图有紧密的联系，留洞、打孔、预埋管沟等对土建的要求在图纸上要有明确的表示和注明。

室内给水排水平面图表示建筑物内的给水和排水工程内容，主要包括平面图、系统图和详图。室内与室外的分界一般以建筑物外墙为界（有时给水以进口处的阀门为界，排水以室外第一个排水检查井为界）。平面图表明了给水排水管道及设备的平面布置，主要包括干管、支管、立管的平面位置，管口直径尺寸及各立管的编号，各管道零件（如阀门、清扫口等）的平面位置，给水进户管和污水排出管的平面位置及与室外给水排水管网的相互关系。图 3-1 是某单元住宅底层给水排水平面图，图 3-2 是楼层给水排水平面图。从图 3-1 中可看出，每层每户设有浴缸、坐便器、水池等用水设备。给水管径分别为 DN32、DN25、DN20，排水管径分别为 DN100，DN50。除引入管外，室内给水管均以明管方式安装。图 3-1 中还表明了阀门的位置（图中未注明尺寸的部位可按比例测量）。

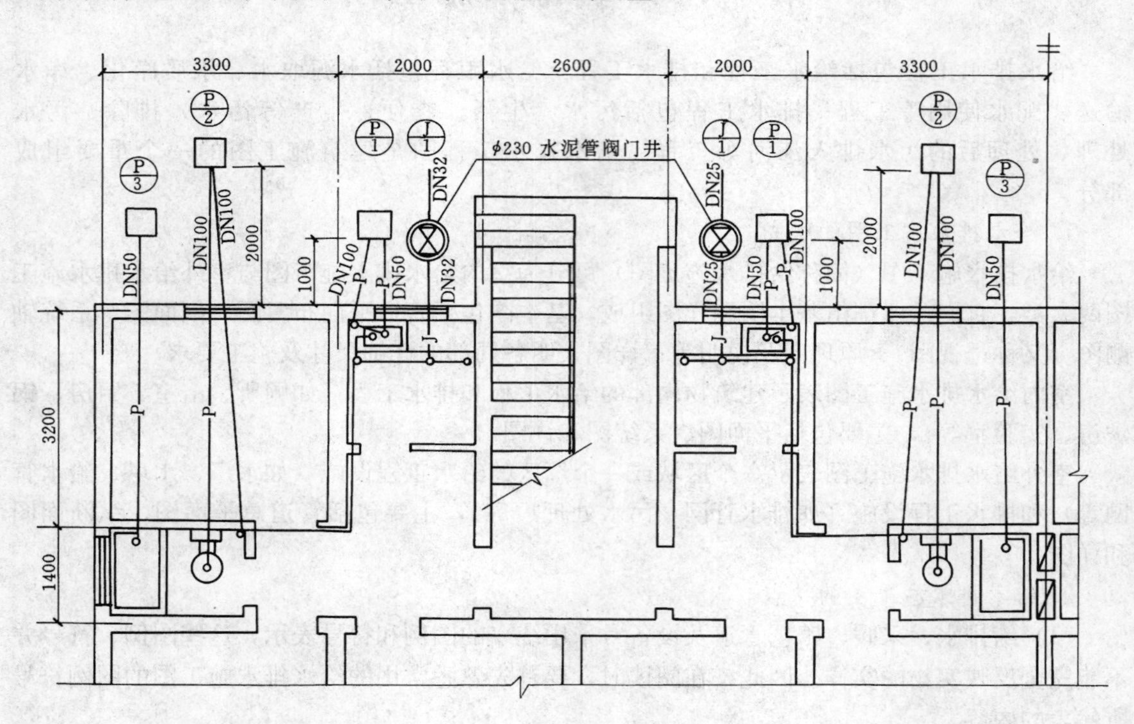

图 3-1 某单元住宅底层给水排水平面图

系统图分为给水系统和排水系统两大部分，它是用轴测投影的方法来表示给水排水管道系统的上、下层之间，前后、左右之间的空间关系的。在系统图中，除注有各管径尺寸及主管编号外，还注有管道的标高和坡度。识图时必须将平面图和系统图结合起来看，互相对照阅读，才能了解整个排水系统的全貌。

图 3-3 是某单元住宅的给水系统图。阅读时，可以从进户管开始，沿水流方向经干管、支管到用水设备。图中的进户管管径分别为 DN32 和 DN25，室外管道的管中心标高为－0.650m，进入室内返高至－0.300m，往立管上各层均距楼地面 900mm 引出水平支

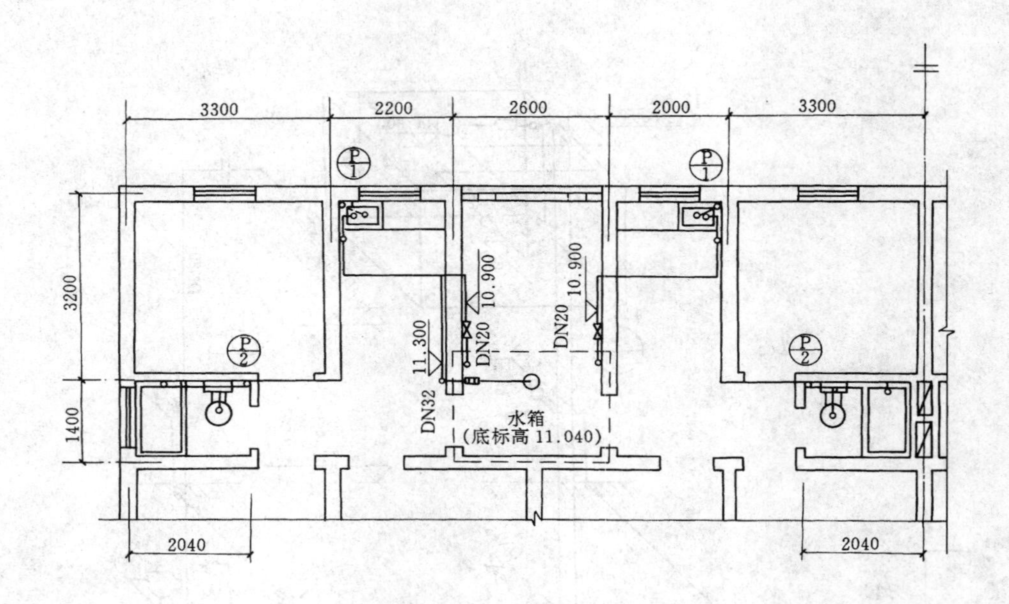

图 3-2　某单元住宅楼层给水排水平面图

管通至用水设备。从图 3-3 中还可以看出，一、二层由室外管网供水，三、四层由屋顶水箱供水。

图 3-4 是某单元住宅的排水系统图。阅读时可由排水设备开始，沿水流方向经支管、立管、干管到总排出管。从图$\frac{P}{2}$中可知，各层的坐便器和浴池的污水是经各水平支管流到管径为 100mm 的立管，再由水平排污管排到室外的检查井。当水平管穿过外墙时，其管底标高为−0.650m，图$\frac{P}{1}$中表示各层的水池污水是经各水平支管流至管径为 50mm 的立管，该立管向下至标高为 1.00m 处的直径变为 100mm，再向下至地面下一定深度处，由水平干管排至室外检查井。图$\frac{P}{3}$表示底层浴池污水由坡度为 2.5%、管径为 50mm 的水平管排至室外检查井。

给水排水详图又称大样图，它表示某些设备或管道节点的详细构造与安装要求。图 3-5 是水池的安装详图，图 3-5 中标明了水池安装与给水管道和排水管道的相互关系及安装控制尺寸。有的详图可直接查阅标准图集或室内给排水手册，如水表、卫生设备等安装详图。

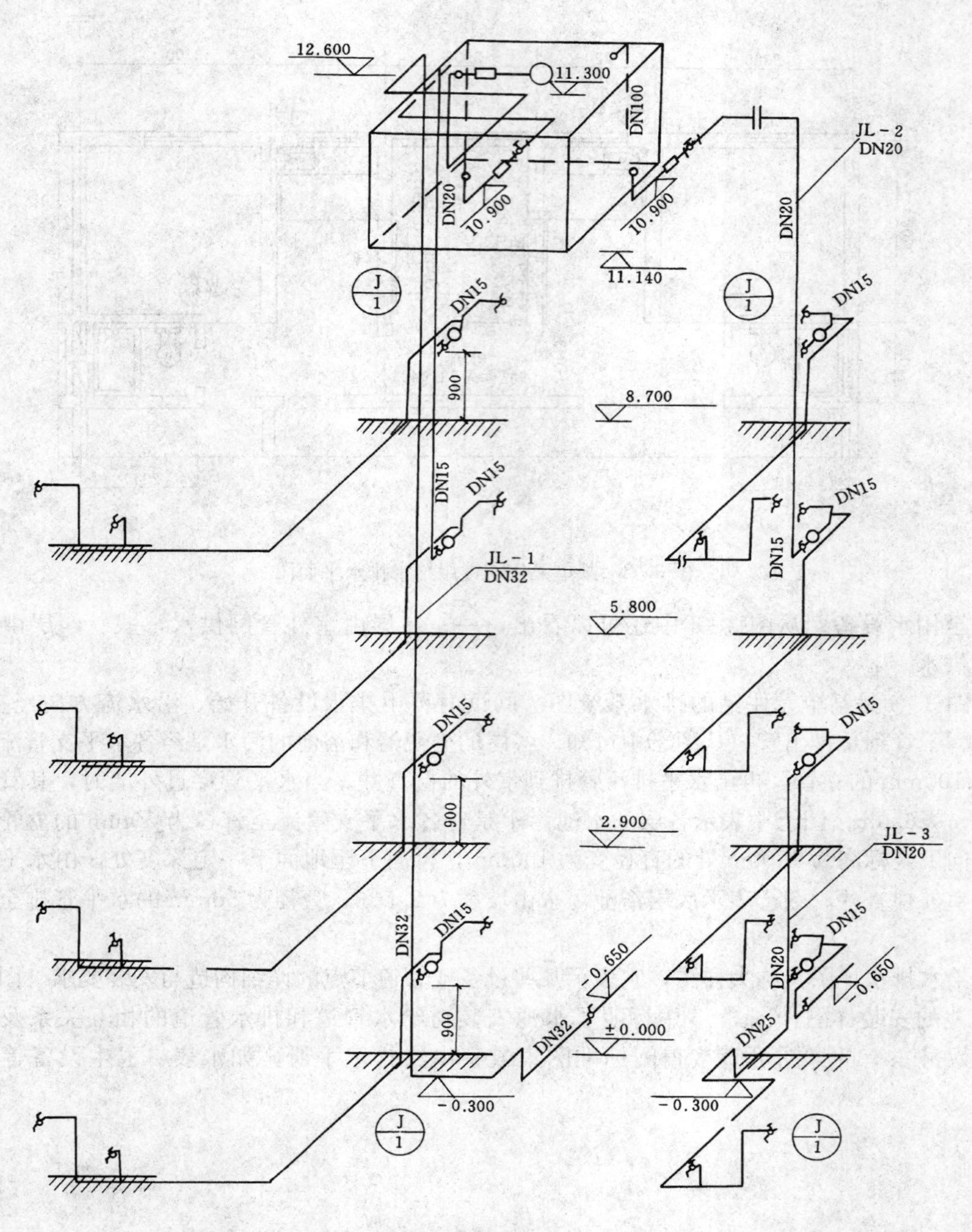

图 3－3　某单元住宅给水系统图

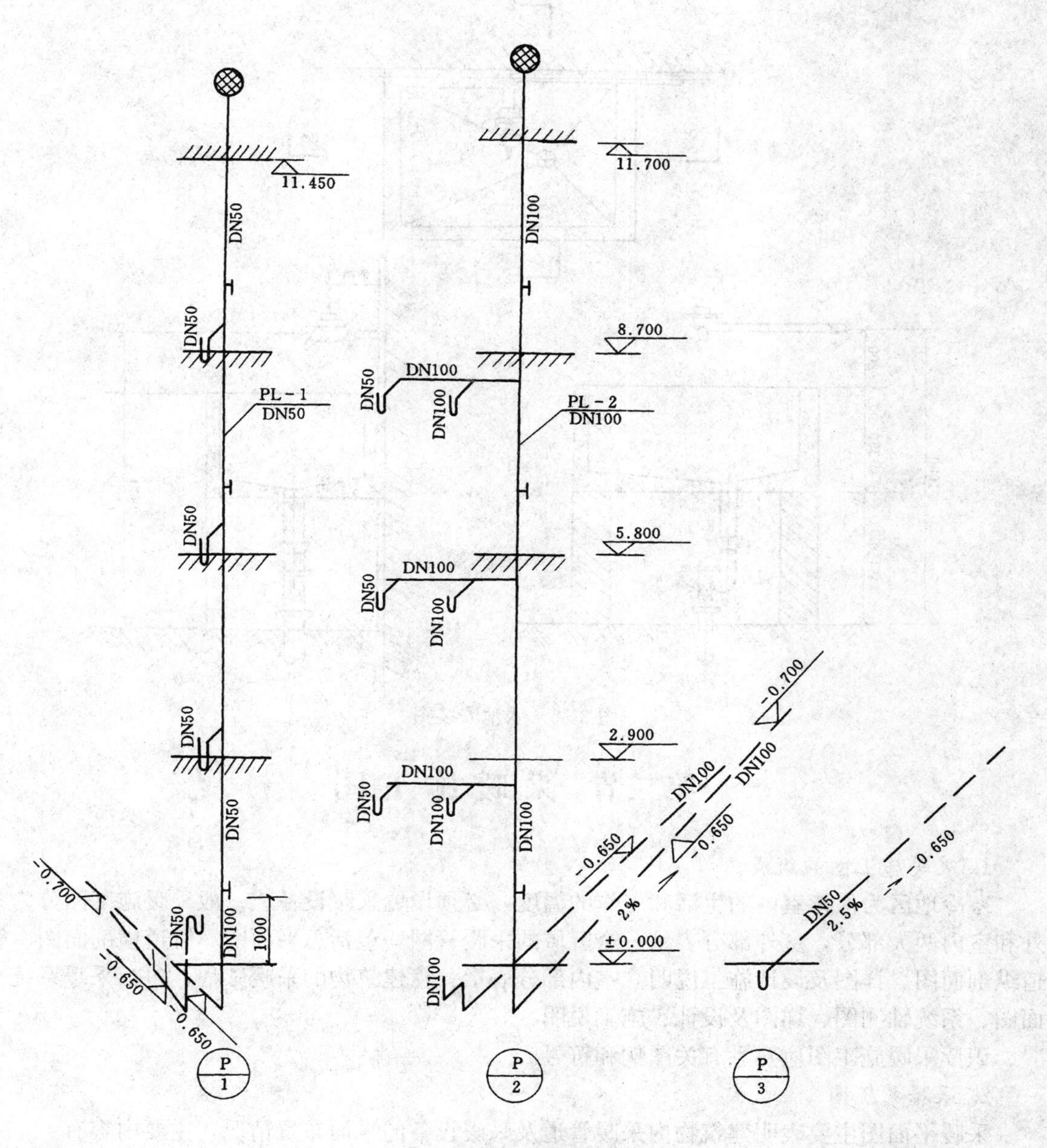

图 3－4　某单元住宅排水系统轴测图

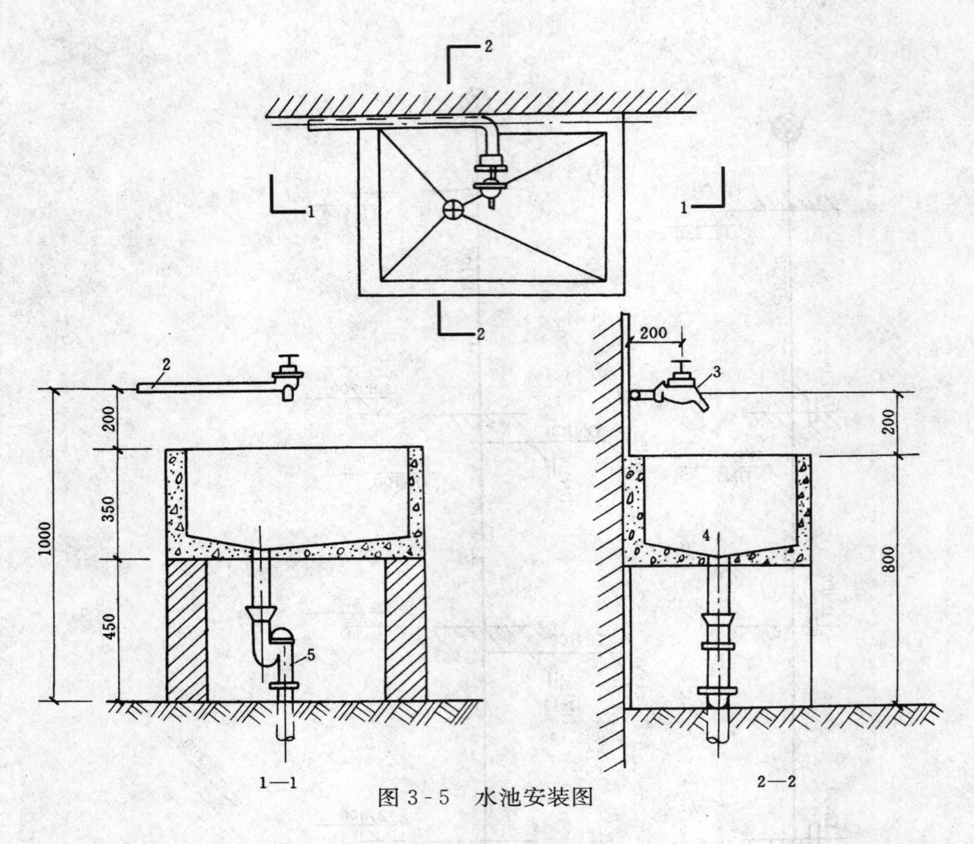

图 3-5　水池安装图

第二节　采 暖 施 工 图

1. 采暖施工图的组成

寒冷地区为保持室内的生活和工作的温度，必须设置采暖设备。一般采暖施工图分为室外和室内两大部分，室外部分表示一个区域的采暖管网，包括总平面图、管道横剖面图、管道纵剖面图、详图及设计施工说明。室内部分表示一幢建筑物的采暖工程，包括采暖系统平面图、系统轴测图、详图及设计、施工说明。

识读采暖施工图应熟悉有关图例和符号。

2. 采暖系统图

采暖平面图主要表明建筑物内采暖管道及采暖设备的平面布置情况，主要内容有：

(1) 采暖总管入口和回水总管入口的位置、管径和坡度；

(2) 各立管的位置和编号；

(3) 地沟的位置和主要尺寸及管道支架部分的位置等；

(4) 散热设备的安装位置及安装方式；

(5) 热水供暖时，膨胀水箱、集气罐的位置及连接管的规格；

(6) 蒸气供暖时，管线间及末端的疏水装置、安装方法及规格。

图 3-6 是某医院病房楼的采暖平面图。

采暖轴测图（也称系统图）反映了采暖系统管道的空间关系。图 3-7 是某医院病房楼的采暖轴测图。

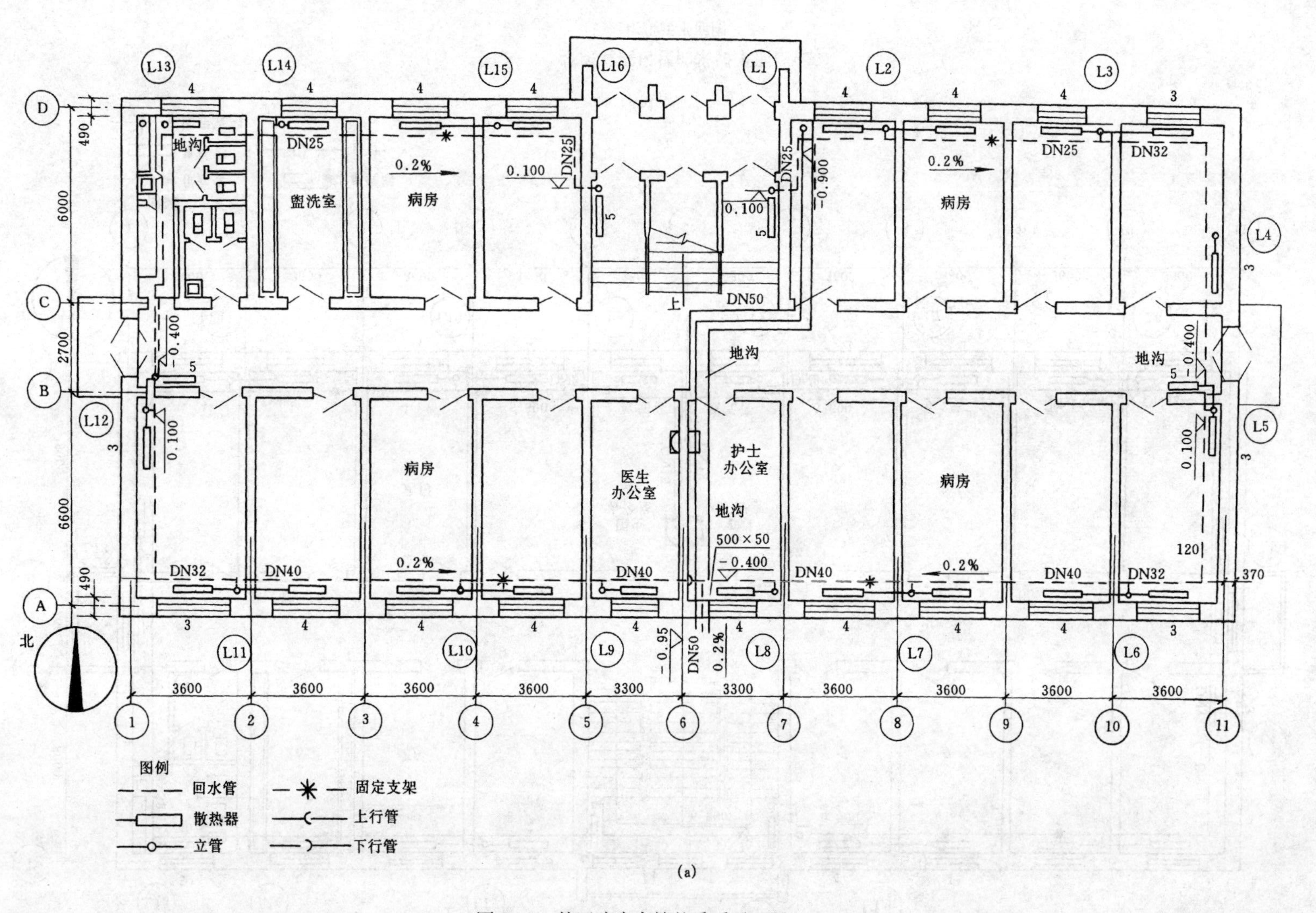

图 3-6 某医院病房楼的采暖平面图(一)

(a)一层供暖平面图

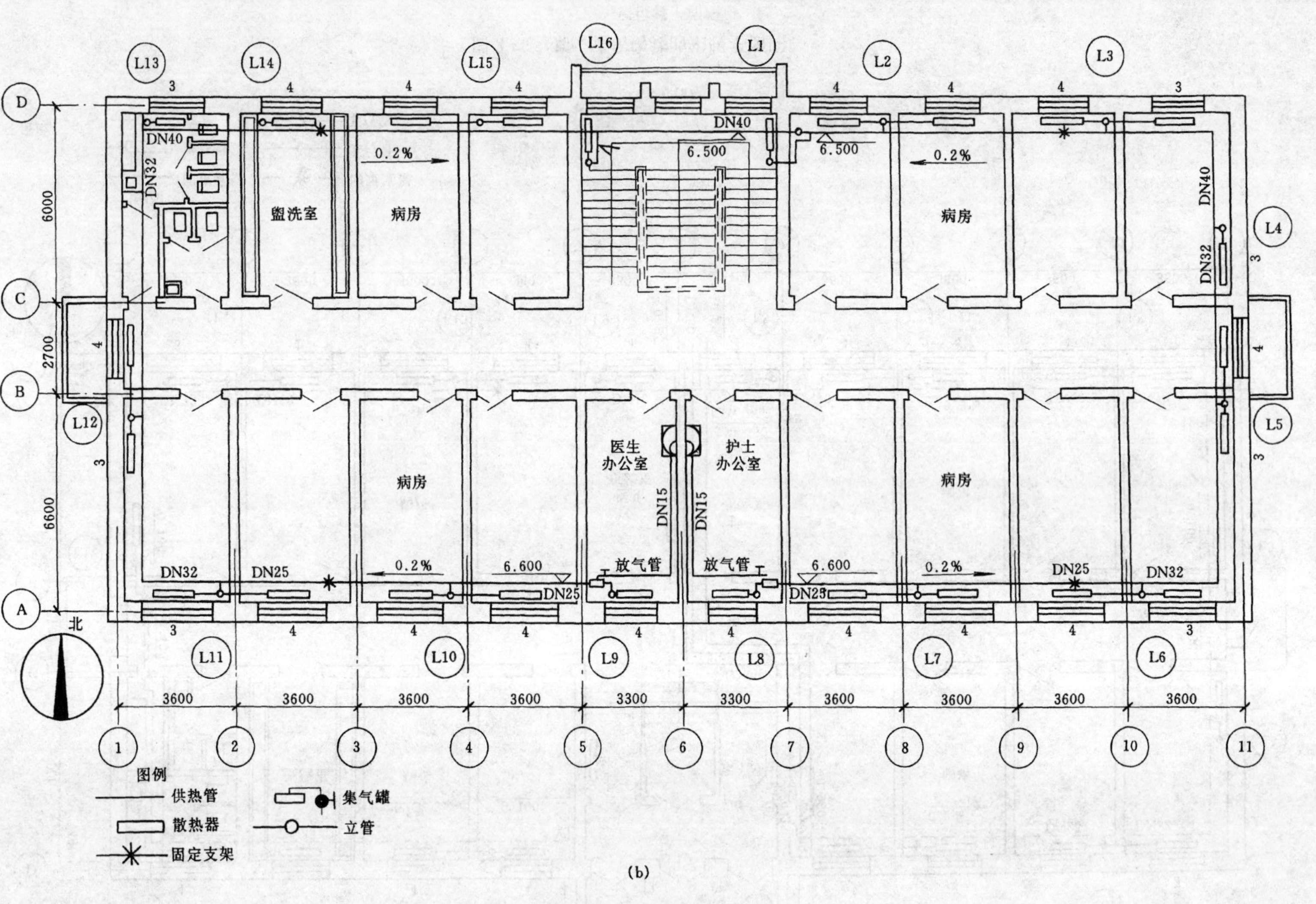

图 3-6 某医院病房楼的采暖平面图(二)

(b)二层供暖平面图

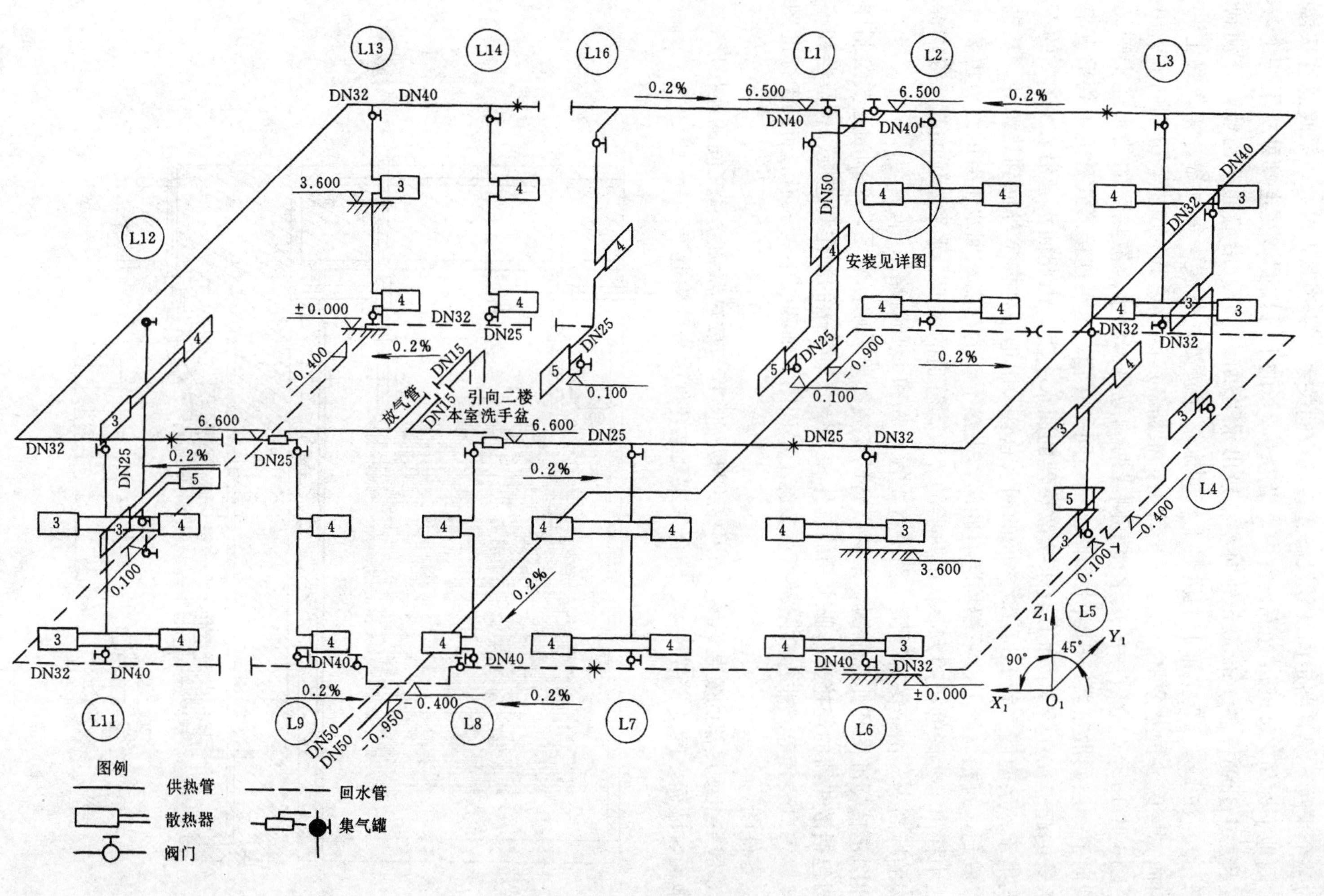
L13
L14
L16
L1
L2
L3
L12
L4
L5
L11
L9
L8
L7
L6
安装见详图
引向二楼
本室洗手盆
放气管
图例
供热管
回水管
散热器
集气罐
阀门

图 3-7 供暖轴测图

识读采暖施工图时，应把采暖平面图和轴测图结合起来阅读。从图 3-6 和图 3-7 可知该病房楼的整个采暖系统管路定向及其设备连接的空间关系。从热源入口起，采暖总管从楼房南面正中间地下标高－0.95m 处进入室内，沿着 0.2%的上升坡度，在走廊处折了一个弯通到北墙立起。上升到标高＋6.50m 处向左右接出水平供暖干管，沿墙通至南墙，分别到 L8、L9 立管止。在 L8、L9 立管上端供热干管的末端连接处，各装一集气罐。集气罐上装一放气罐引向二楼医、护办公室。在水平干管上，根据各房间散热器的位置，分别向下引出立管 L1 至 L16 共 16 个，立管中的热水向一侧或两侧散热器供水。散热器的热水经支管又回到本立管向下一层的散热器，即供水和回水都是同一立管。这种连接形式称为单管垂直串联式。回水管的起点在立管 L1 和 L 16末端散热器的回水支管，由此回水管沿着 0.2%的下降坡度，汇集于一层南墙立管 L8、L9 之间的回水总管，由地下伸向室外回到热源处。从轴测图上可以看到，每根立管上、下端均装有阀门，供热干管的起点和回水干管的终点也装有阀门。图 3 中标出了各段管径的大小，散热器的片数，管道的坡度，水平干管的起、终端标高和过地沟的标高等。由于图幅受限，图中将立管 L 10和 L 15省略未画。

采暖详图包括标准图和非标准图，采暖设备的安装都要采用标准图，个别的还要绘制详图。标准图包括散热器的连接、膨胀水箱的制作和安装、集气罐的制作和连接、补偿器和疏水器的安装、入口装置等。非标准图是指供暖施工平面图及轴测图中表示不清而又无标准图的节点图、零件图。

图 3-8 是一组散热器的安装详图。图中标明暖气支管与散热器和立管之间的连接形式，散热器与地面、墙面之间的安装尺寸、结合方式及结合件本身的构造等。

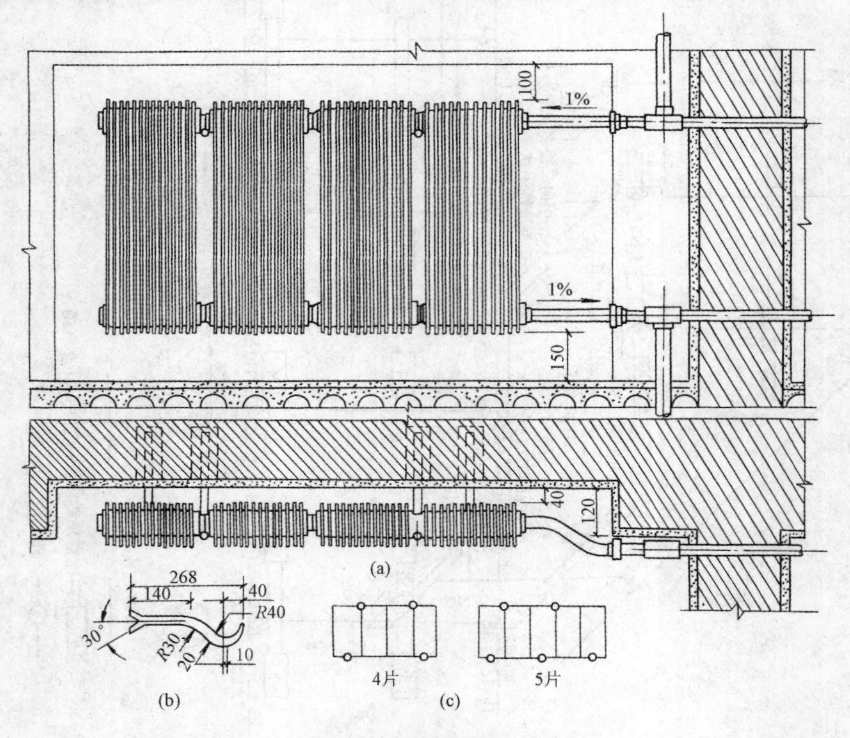

图 3-8　散热器安装详图

（a）散热器连接；（b）托钩；（c）散热器组托钩位置

第三节 电气施工图

电气施工图是建筑施工图的一个组成部分，它以统一规定的图形符号辅以简单扼要的文字说明，把电气设计内容明确地表示出来，用以指导建筑电气的施工。电气施工图是电气施工的主要依据，它是根据国家颁布的有关电气技术标准和通用图形符号绘制的。

识别国家颁布的和通用的各种电气元件的图形符号，掌握建筑物内的供电方式和各种配线方式，了解电气施工图的组成，是进行电气安装施工的前提。

电气施工图一般由首页、电气外线总平面图、电气平面图、电气系统图、设备布置图、电气原理接线图和详图等组成。

（1）首页。首页的内容有图纸目录、图例、设备明细表和施工说明等。小型电气工程施工图图纸较少，首页的内容一般并入到平面图或系统图内以作简要说明。

（2）电气外线总平面图。电气外线总平面图是根据建筑总平面图绘制的变电所、架空线路或地下电缆位置并注明有关施工方法的图样。

（3）电气平面图。电气平面图是表示各种电气设备与线路平面布置的图纸，它是电气安装的重要依据。

（4）电气系统图。电气系统图是概括整个工程或其中某一工程的供电方案与供电方式并用单线连接形式表示线路的图样。它比较集中地反映了电气工程的规模。

（5）设备布置图。设备布置图是表示各种电气设备的平面与空间的位置、安装方式及其相互关系的图纸。

（6）电气原理接线图（或称控制原理图）。电气原理图是表示某一具体设备或系统的电气工作原理图。

（7）详图。详图亦称大样图。详图一般采用标准图，主要表明线路敷设、灯具、电器安装及防雷接地、配电箱（板）制作和安装的详细做法和要求。

电气平面图是电气安装的重要依据，它是将同一层内不同高度的电器设备及线路都投影到同一平面上来表示的。

平面图一般包括变配电平面图、动力平面图、照明平面图、防雷接地平面图及弱电（电话、广播）平面图等。照明平面图实际就是在建筑施工平面图上绘出的电气照明分布图，图上标有电源实际进线的位置、规格、穿线管径，配电箱的位置，配电线路的走向，干支线的编号、敷设方法，开关、插座、照明器具的种类、型号、规格、安装方式和位置等。一般照明线路走向是电源从建筑物某处进户后，经总配电箱和分配电箱，由干线、支线连接起来，通向各用电设备。其中干线是由外线引入总配电箱及由总配电箱到分配电箱的连接线，支线是自分配电箱引至各用电设备的导线。图 3 - 9 是底层照明图。图中电源由二楼引入，用两根 BLX 型（耐压 500V）截面积为 $6mm^2$ 的电线，穿 VG20 塑料管沿墙暗敷，由配电箱引三条供电回路 N1、N2、N3 和一条备用回路。N1 回路照明装置有 8 套 YG 单管 1×40W 日光灯，悬挂高度距地 3m，悬吊方式为链（L）吊，2 套 YG1 日光灯为双管 40W，悬挂高度距地 3m，悬挂方式为链（L）吊，日光灯均装有对应的开关。带接地插孔的单箱插座有 5 个。N2 回路与 N1 回路相同。N3 回路装有 3 套 100W、2 套 60W 的大棚灯和 2 套 100W 壁灯，灯具装有相应的开关，带接地插孔的单相插座有 2 个。

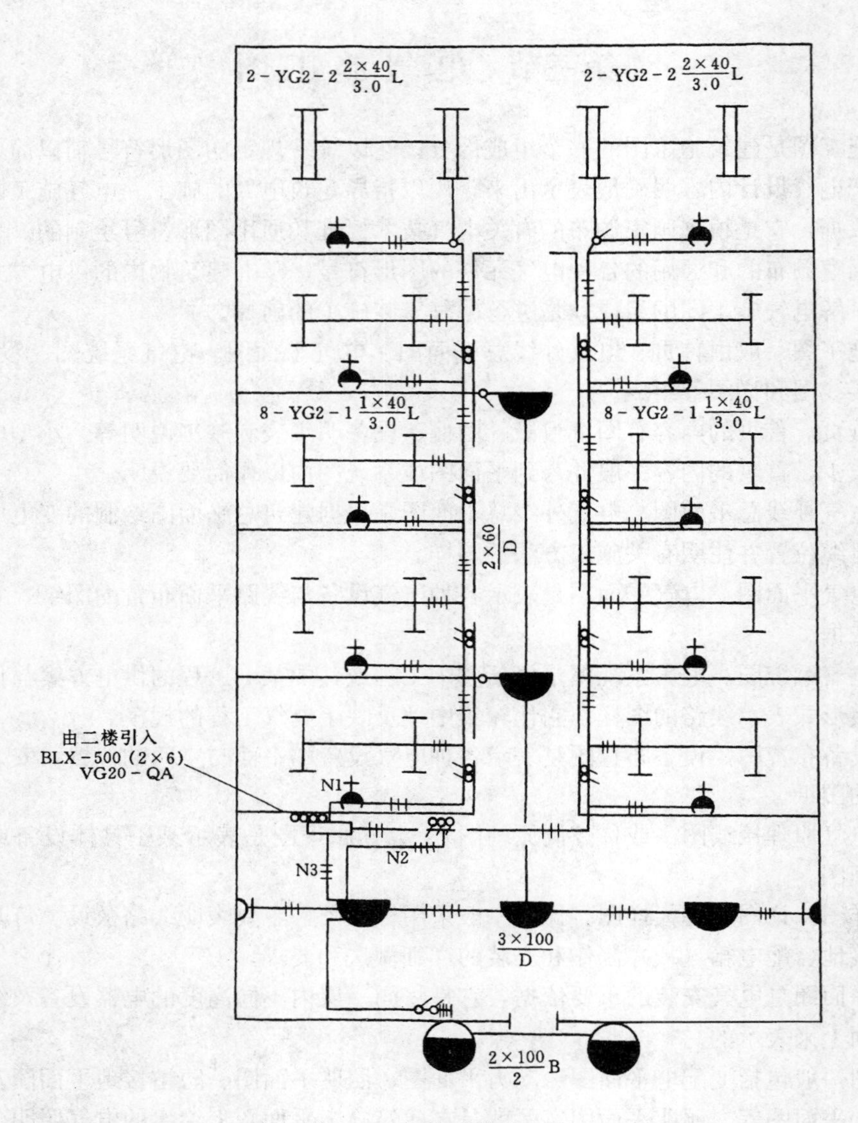

图 3-9　底层照明平面图

电气系统图分为电力系统图、照明系统图和弱电（电话、广播等）系统图。电气系统图上标有整个建筑物内的配电系统和容量分配情况、配电装置、导线型号、截面、敷设方式及管径等。图 3-10 是电气系统图。图 3-10 表明，进户线用 4 根 BLX 型、耐压为 500V、截面积为 16mm^2 的电线从户外电杆引入。三根相线接三刀单投胶盖刀开关（规格为 HK1—30/3），然后接入三个插入式熔断器（规格为 RC1A—30/25）。再将 A、B、C 三相各带一根零线引到分配电盘。A 相到达底层分配电盘，通过双刀单投胶盖刀开关（规格为 HK1—15/2），接入插入式熔断器（规格为 RC1A—15/15），再分 N1、N2、N3 和一个备用支路，分别通过规格为 HK1—15/2 的胶盖刀开关和规格为 RC1A—10/4 的熔断器，各线路用直径为 15mm 的软塑管沿地板墙暗敷。管内穿三根截面为 1.5mm^2 的铜芯线。

电气安装工程的局部安装大样、配件构造等均要用电气详图表示出来才能施工。一般施工图不绘制电气详图，电气详图与一些具体工程的做法均参考标准图或通用图册施工。有些设计单位为避免重复作图，提高设计速度，还自行编绘了通用图集供安装施工使用。图 3-11 是两只双控开关在两处控制一盏灯的接线方法。图 3-12 是日光灯的接线原理图。

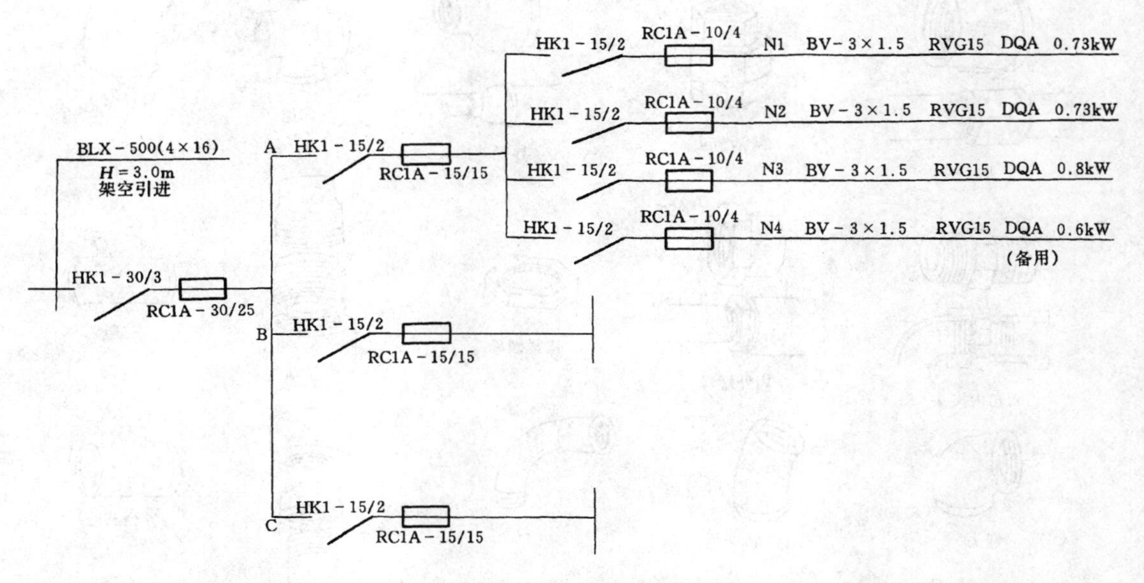

图 3-10　电气系统图

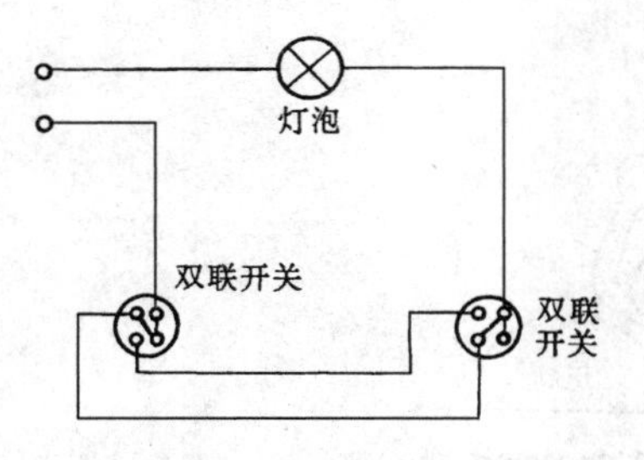

图 3-11　两只双控开关在两处控制一盏灯的接线方法详图

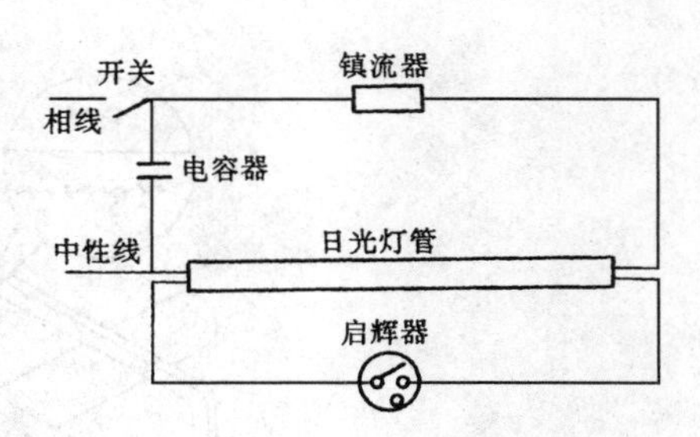

图 3-12　日光灯接线原理图

第四节 设备施工图

一、水管的管道连接（见图 3-13、图 3-14）

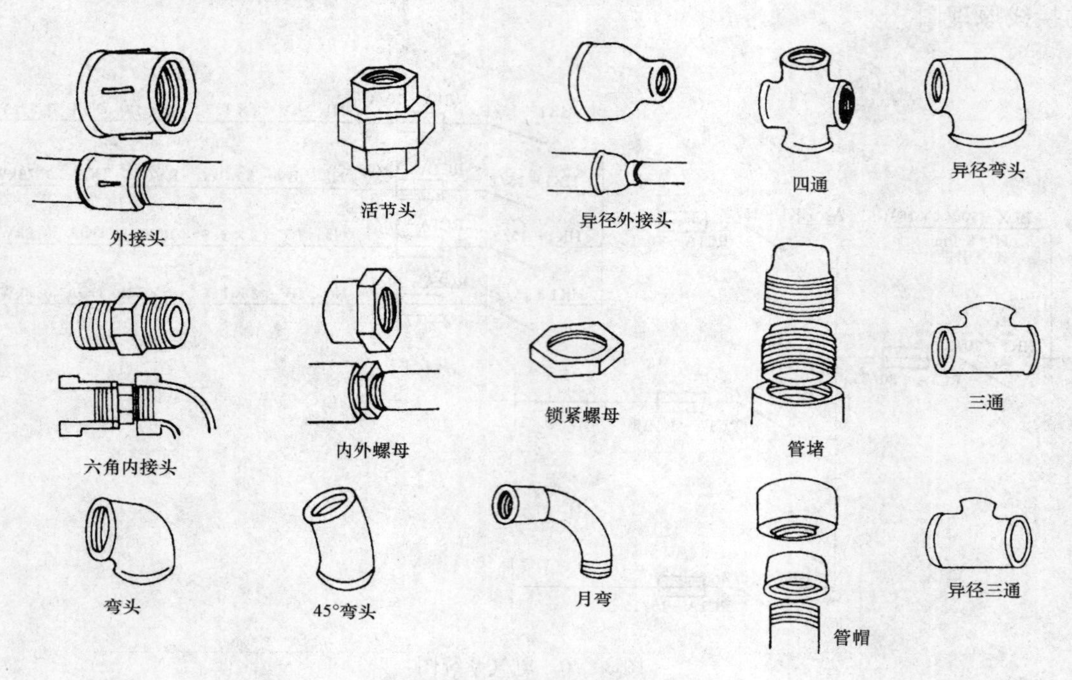

图 3-13 水管管道连接配件

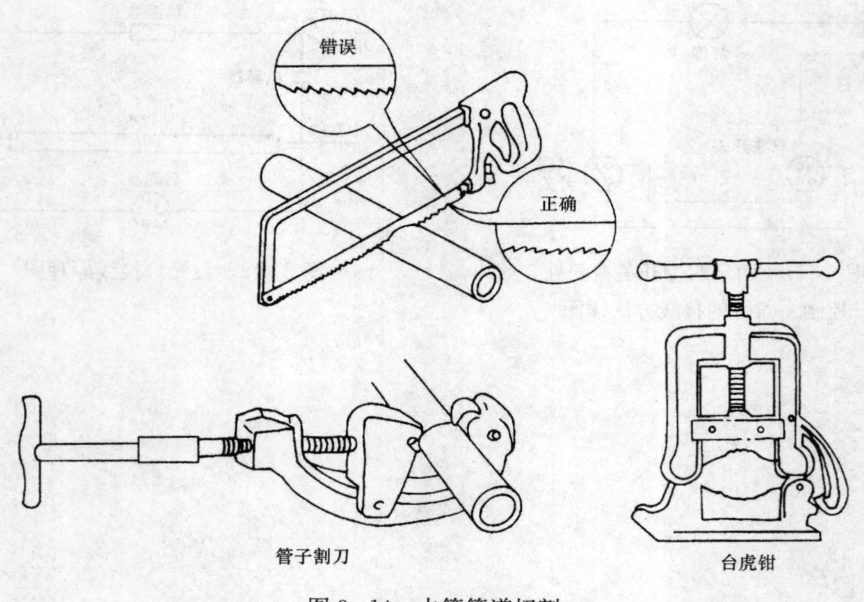

图 3-14 水管管道切割

二、水池与洗盆的五金配件（见图 3 - 15）

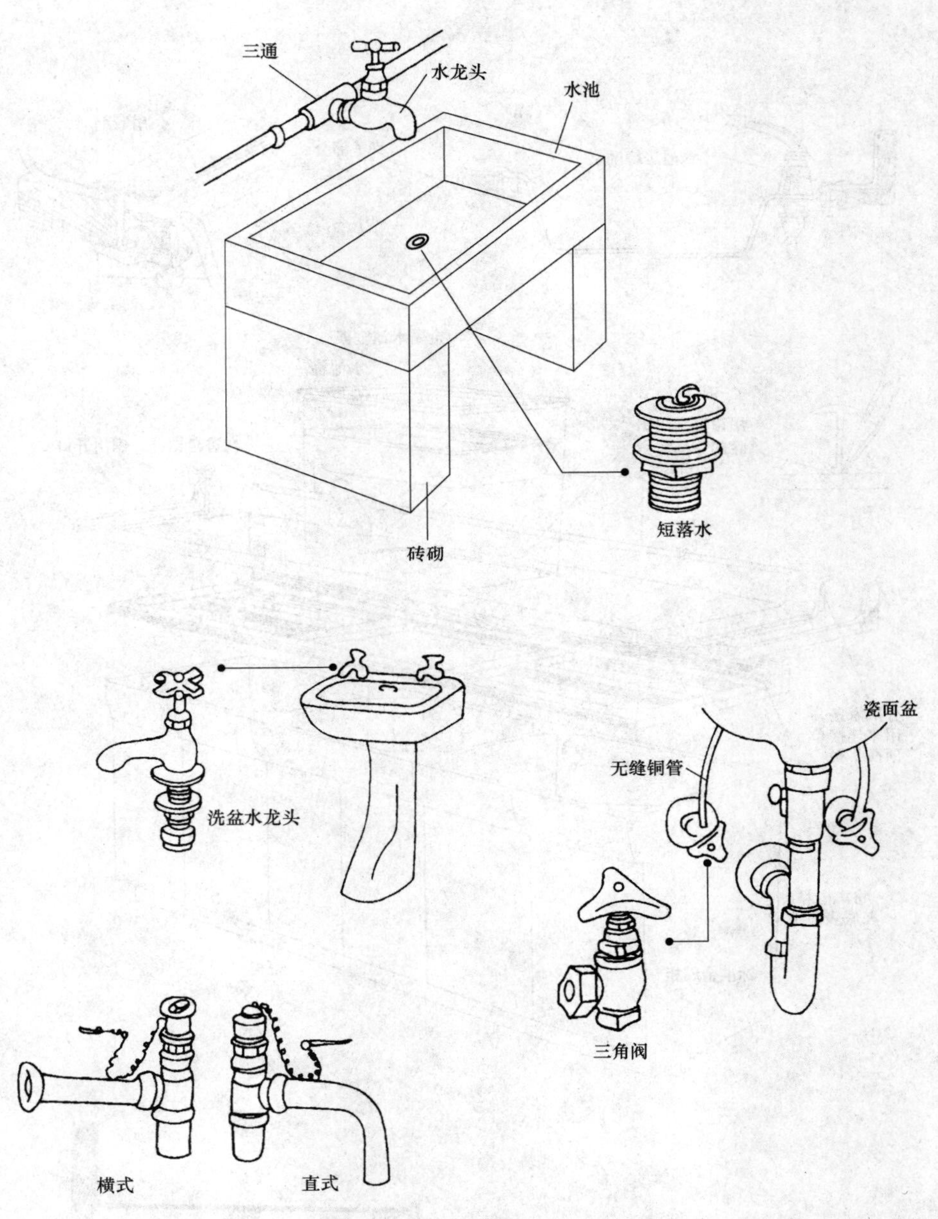

图 3 - 15　水池、洗盆五金配件

三、厨房水池安装（见图 3-16）

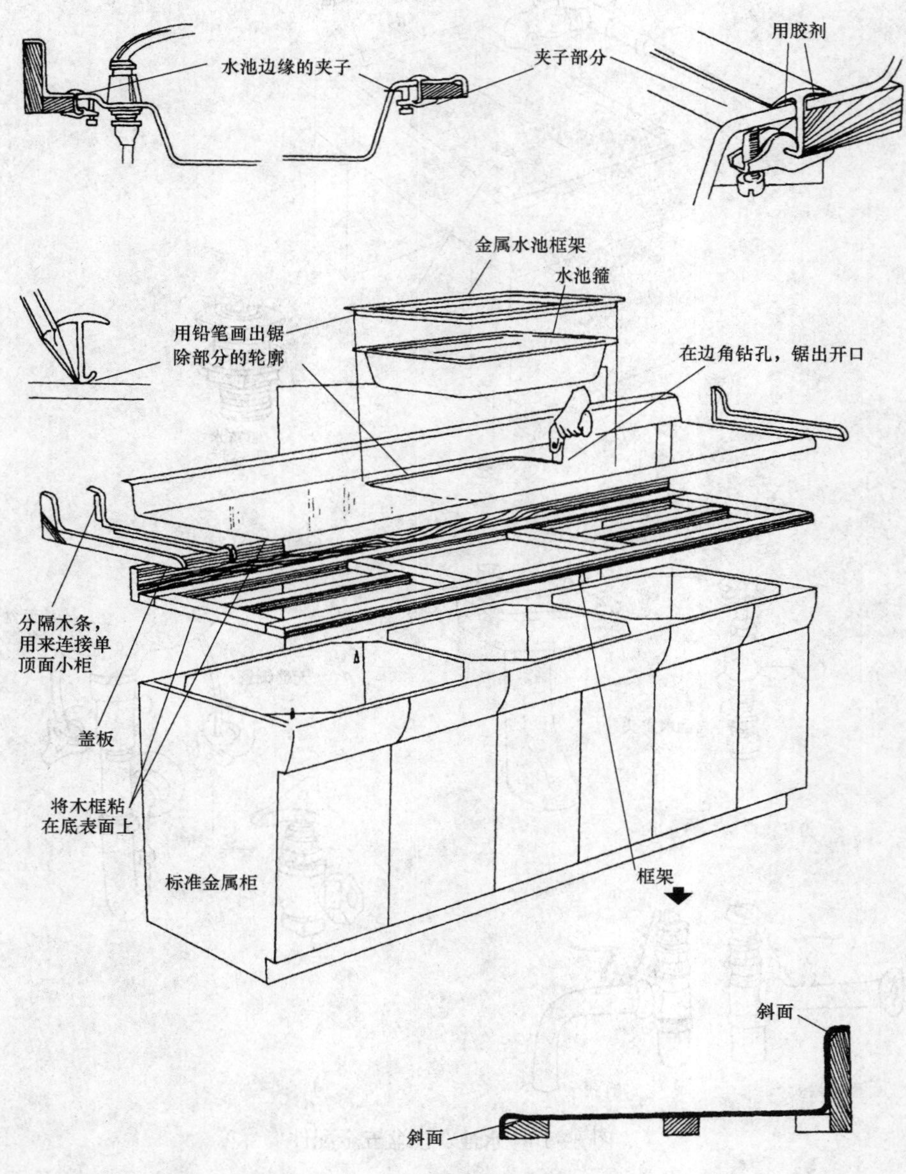

图 3-16　厨房水池安装

四、小便器及蹲式大便器安装（见图 3-17、图 3-18）

蹲式大便器的管道一般都暴露在外，当为了美观想封闭起来时，一定要考虑到拆卸方便，以便于管道检修。

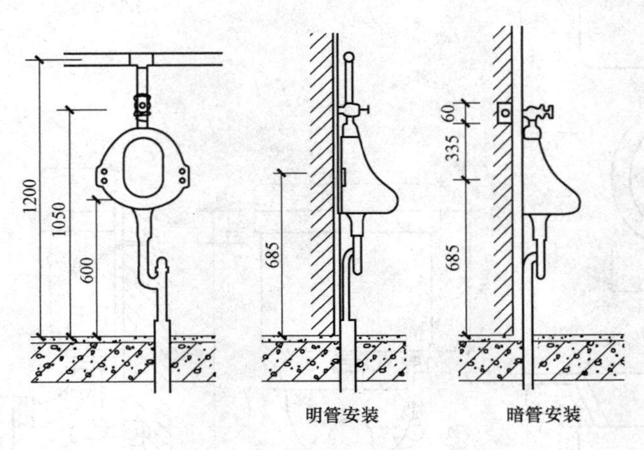

图 3-17　小便器安装

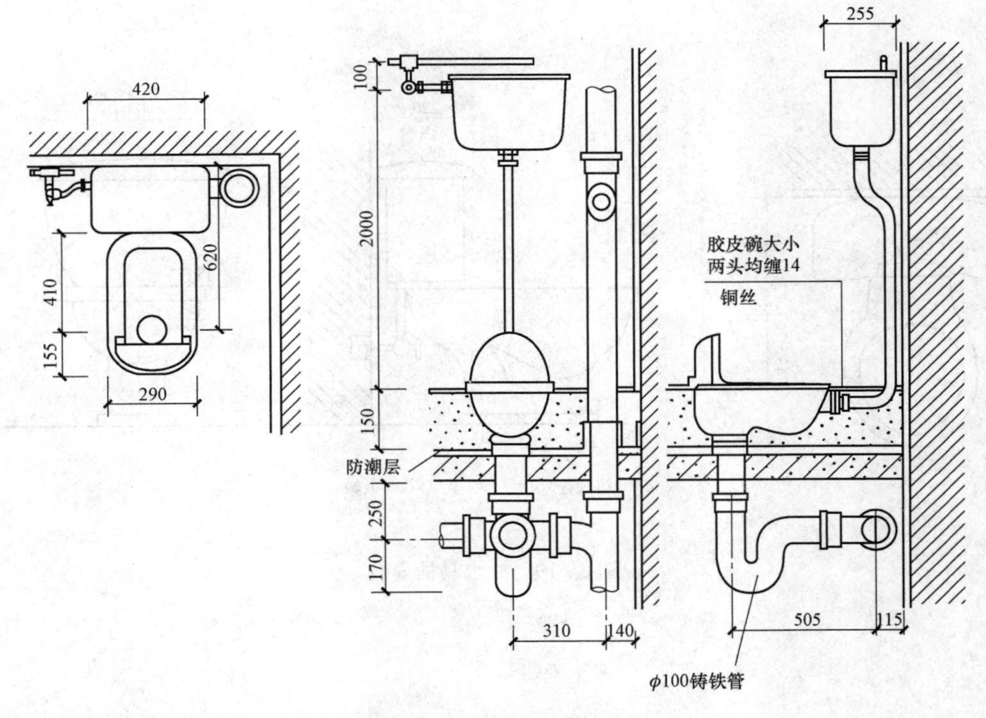

图 3-18　蹲式大便器安装

五、水箱式抽水马桶安装（见图 3-19）

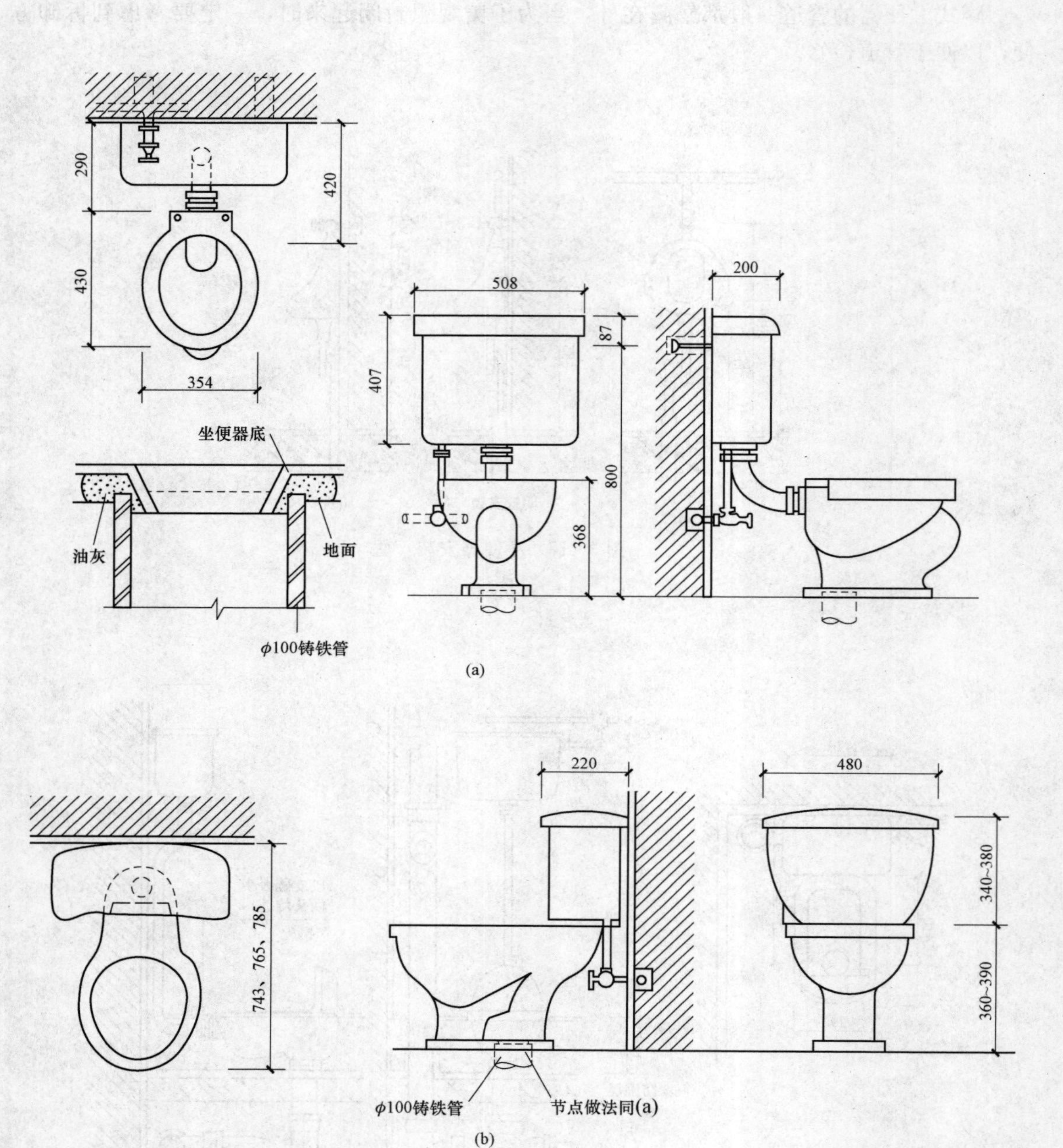

图 3-19　抽水马桶安装

六、洗池安装（见图 3 - 20）

在墙体上钻孔，或放预埋件，或用膨胀螺栓，水池的全部重量应当承受在预埋件或螺栓上，不要支承在排水管道上。

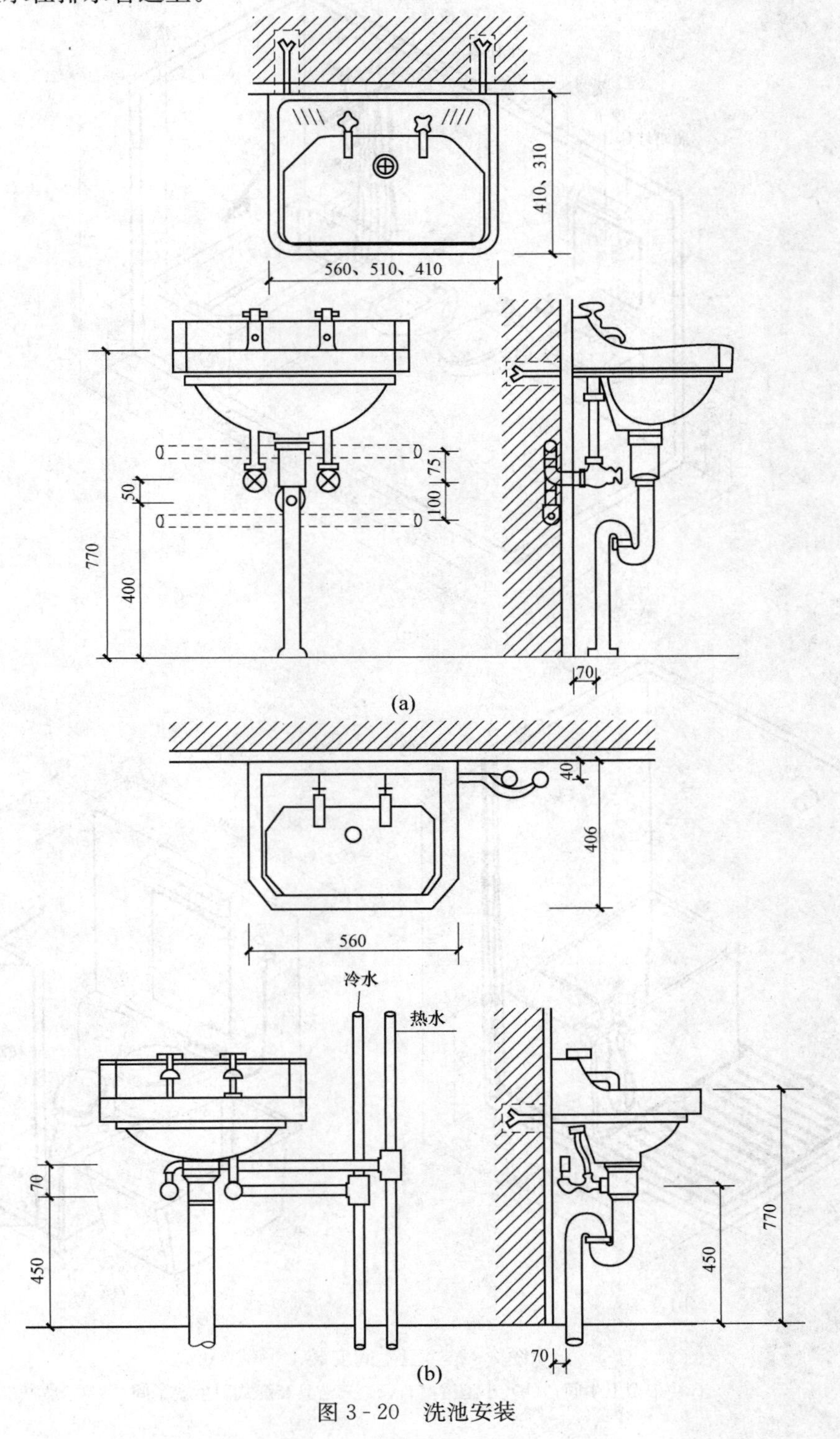

图 3 - 20　洗池安装

七、卫生间安装（见图3-21）

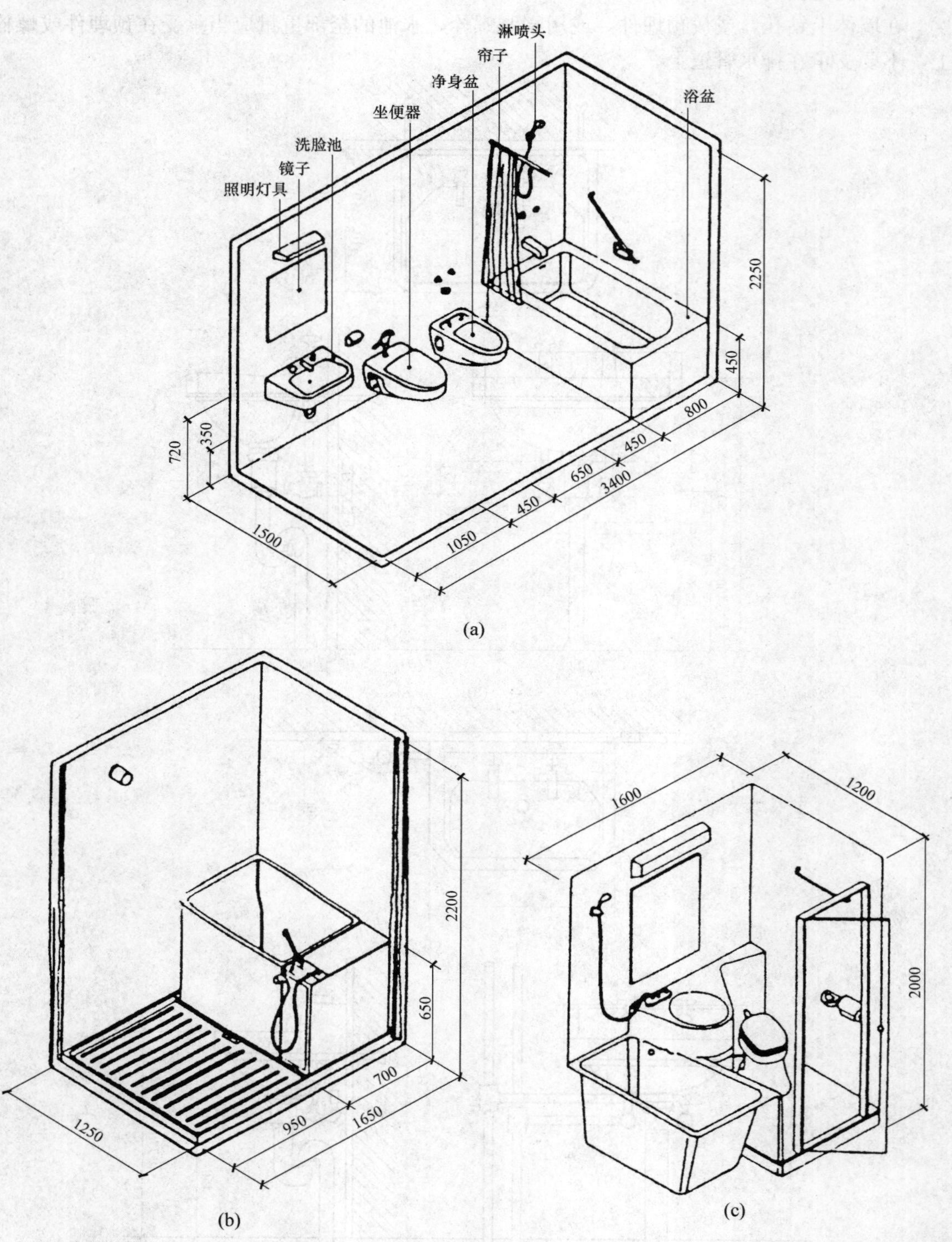

图3-21　卫生间安装

（a）中型卫生间；（b）小型浴室；（c）三洁具装配式卫生盒子间

八、洗脸间安装（见图 3 - 22）

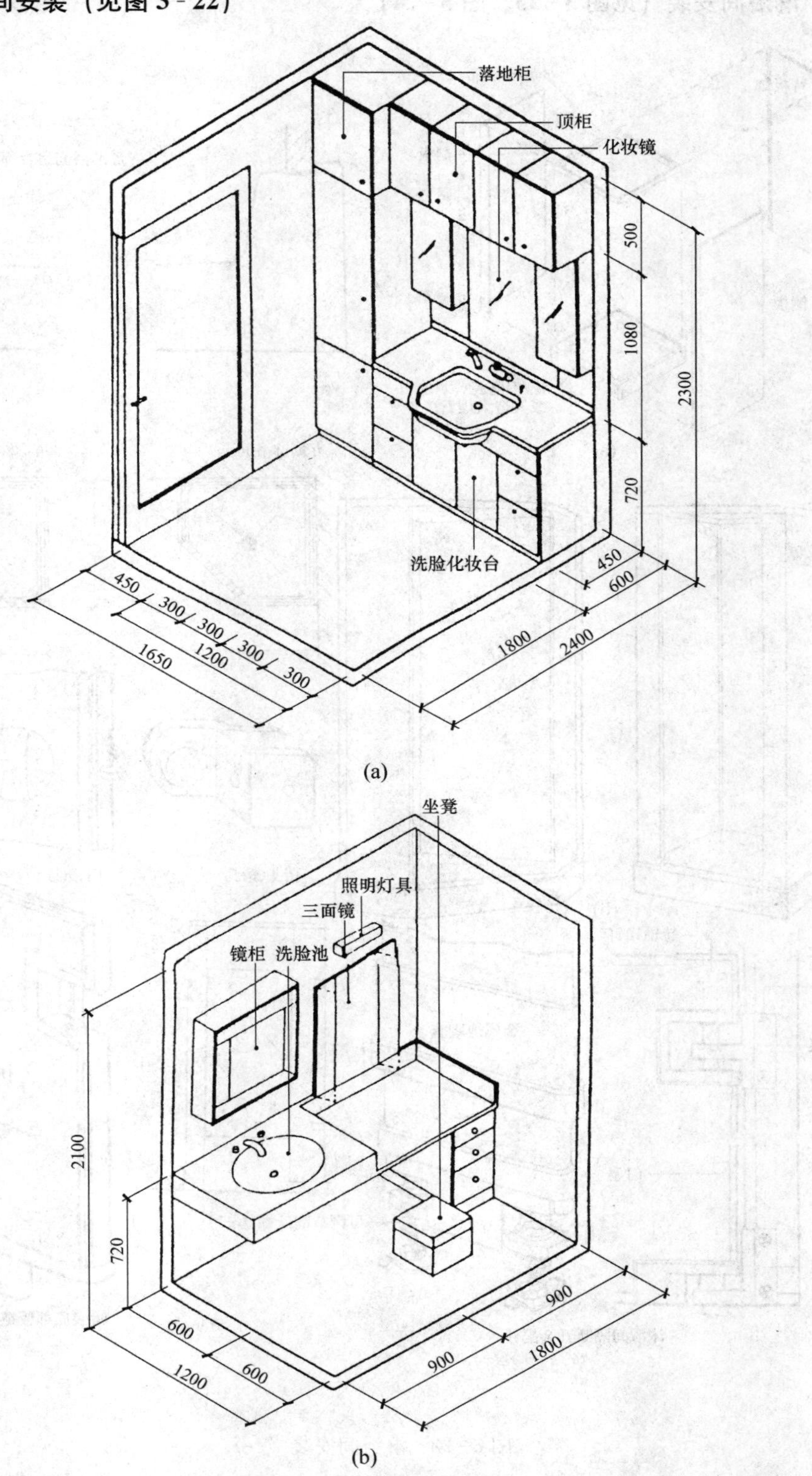

图 3 - 22　洗脸间安装

九、淋浴间安装（见图 3-23、图 3-24）

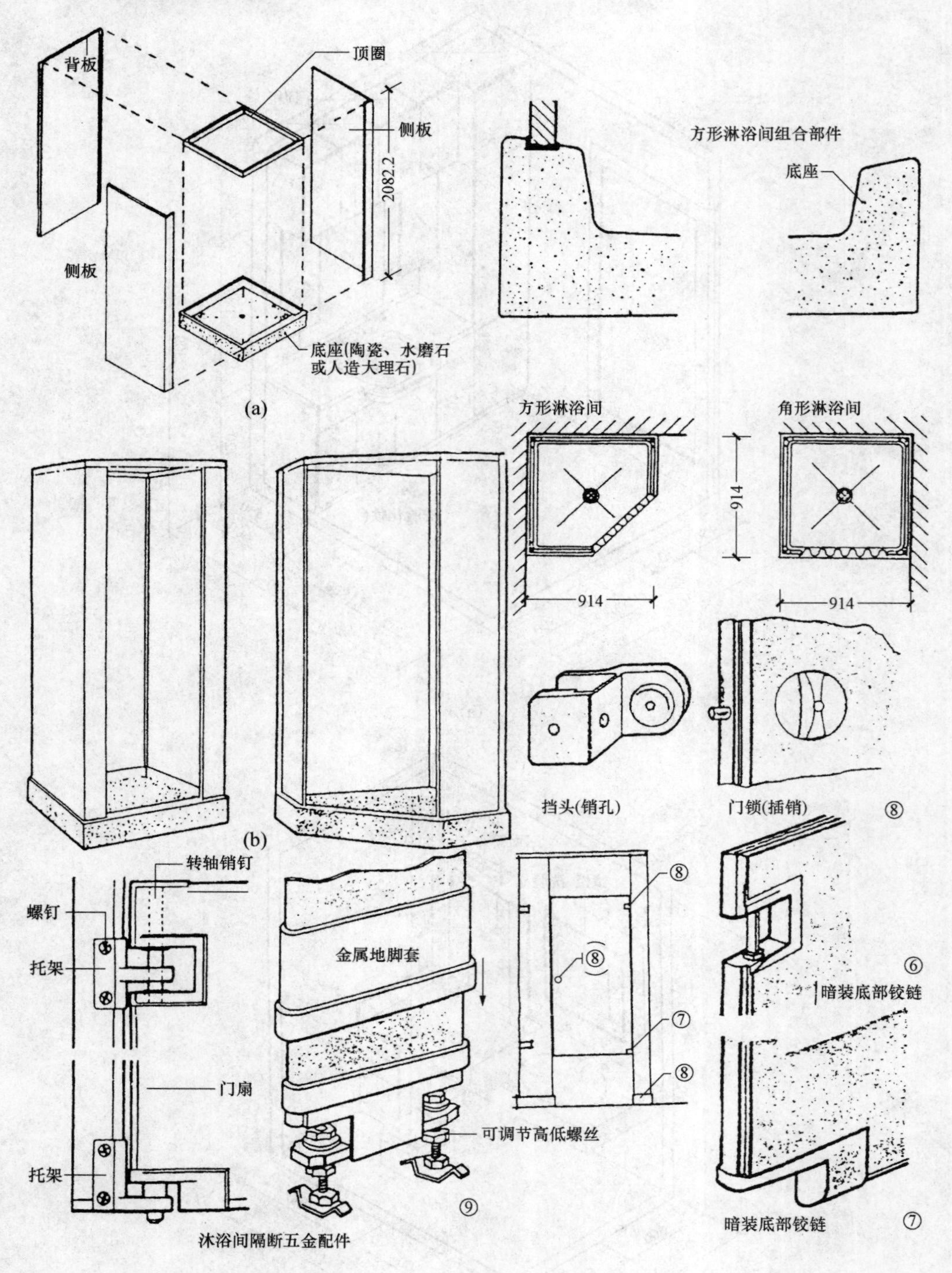

图 3-23 淋浴间安装（一）

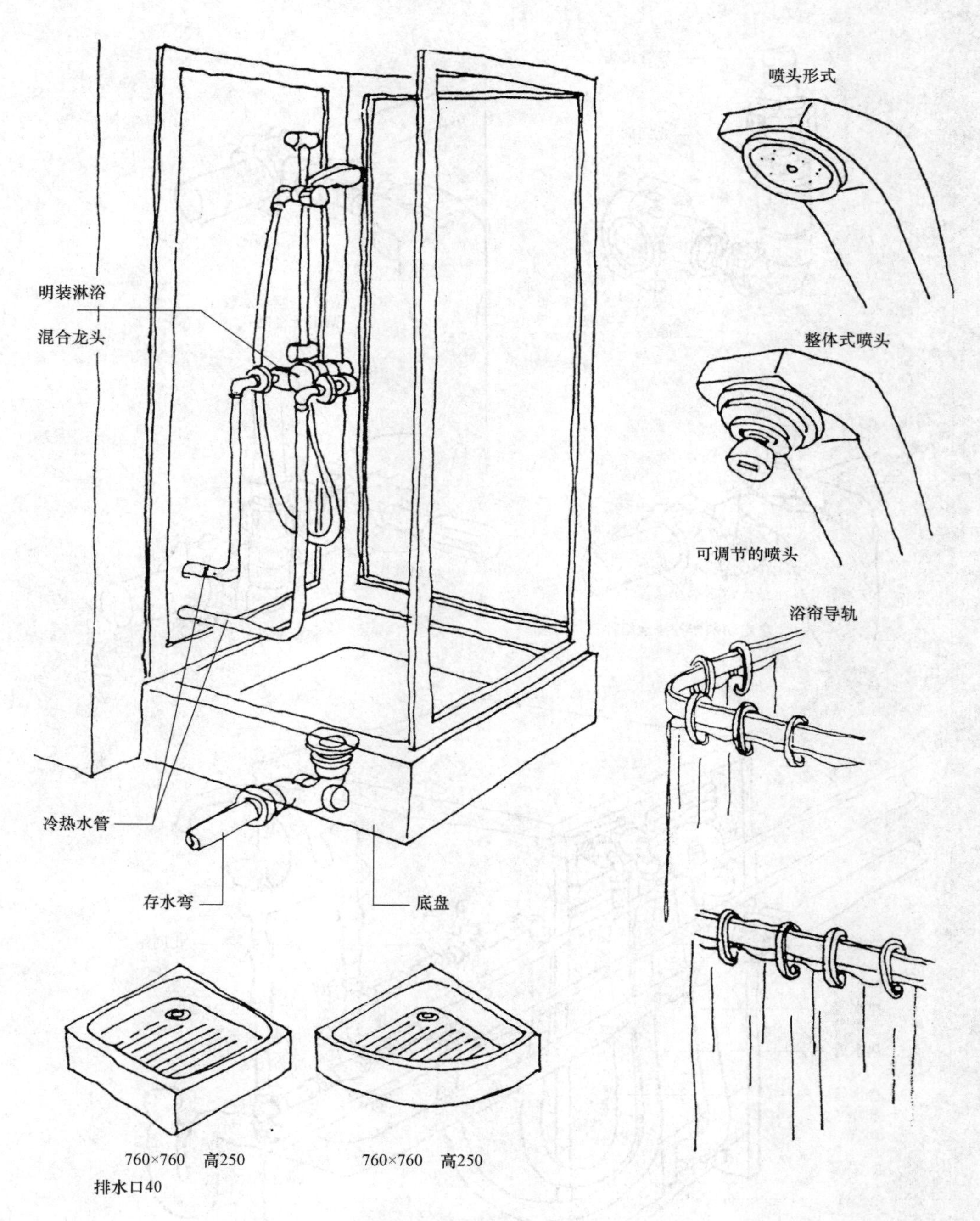
喷头形式
明装淋浴
混合龙头
整体式喷头
可调节的喷头
浴帘导轨
冷热水管
存水弯
底盘
760×760　高250
排水口40
760×760　高250

图 3-24　淋浴间安装（二）

十、洗衣机的管道连接（见图 3-25）

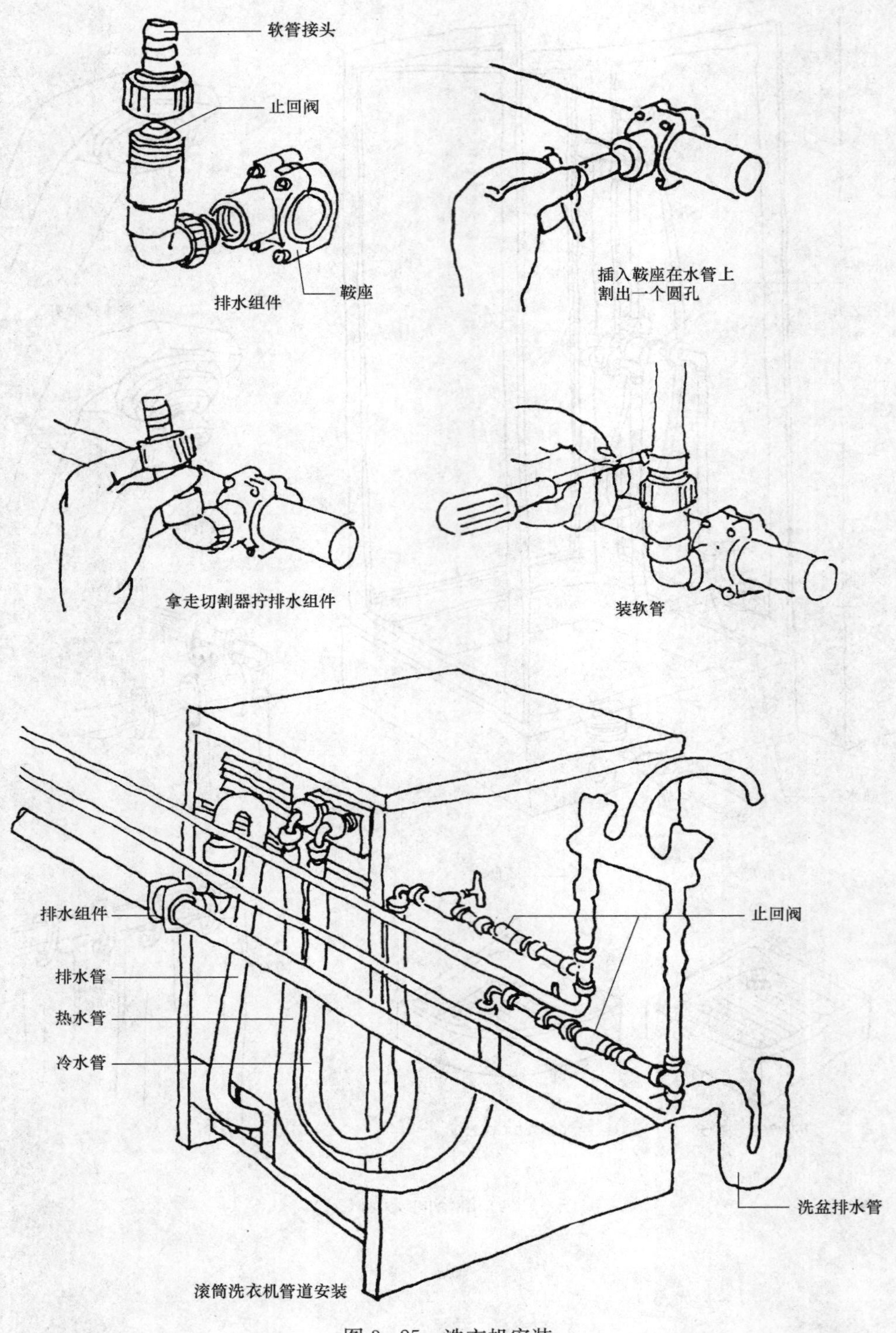

图 3-25　洗衣机安装

十一、浴缸的管道连接（见图 3 - 26）

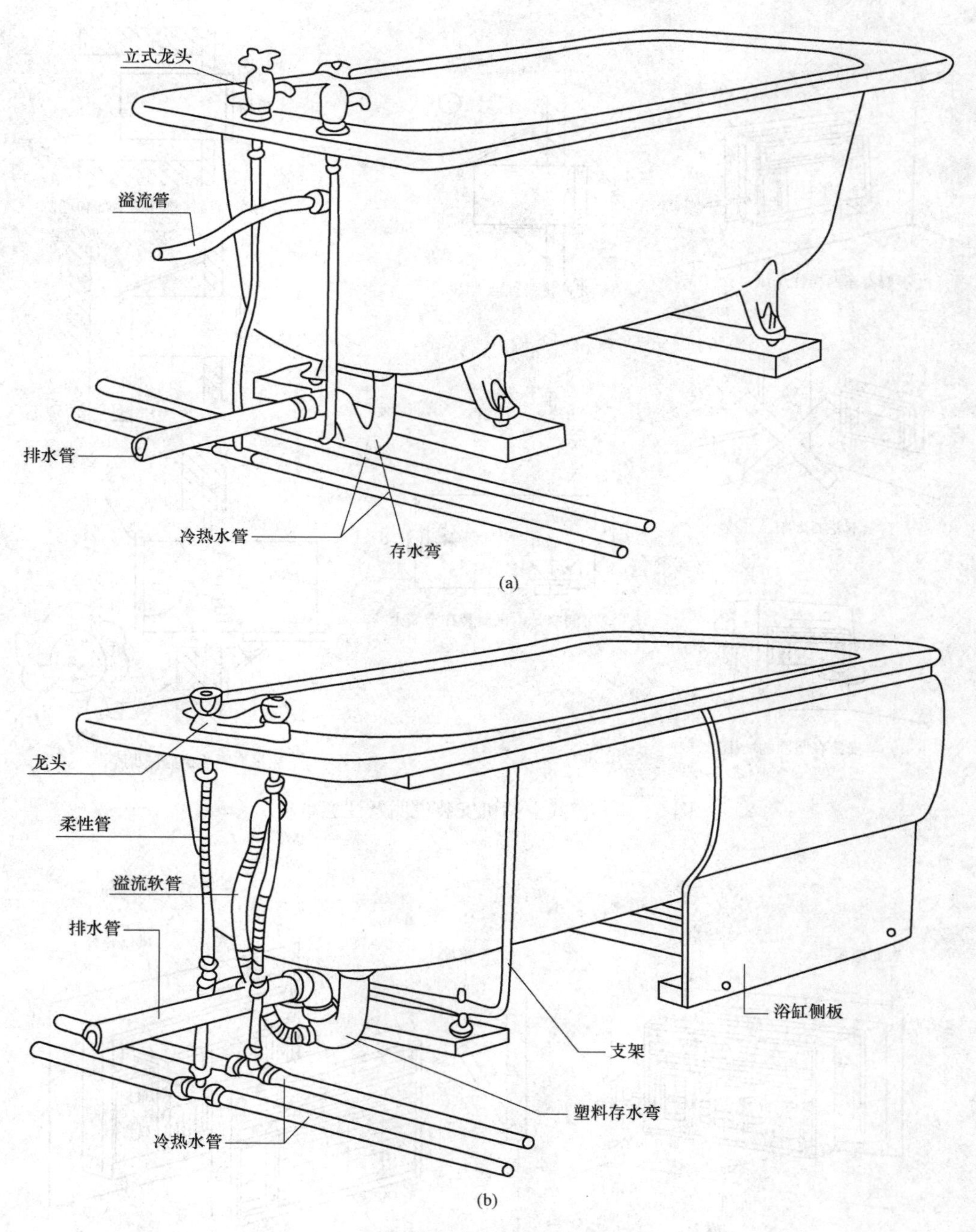

图 3 - 26　浴缸的管道连接

（a）老式浴缸；（b）新式浴缸

十二、窗式空调机的安装（见图3-27～图3-29）

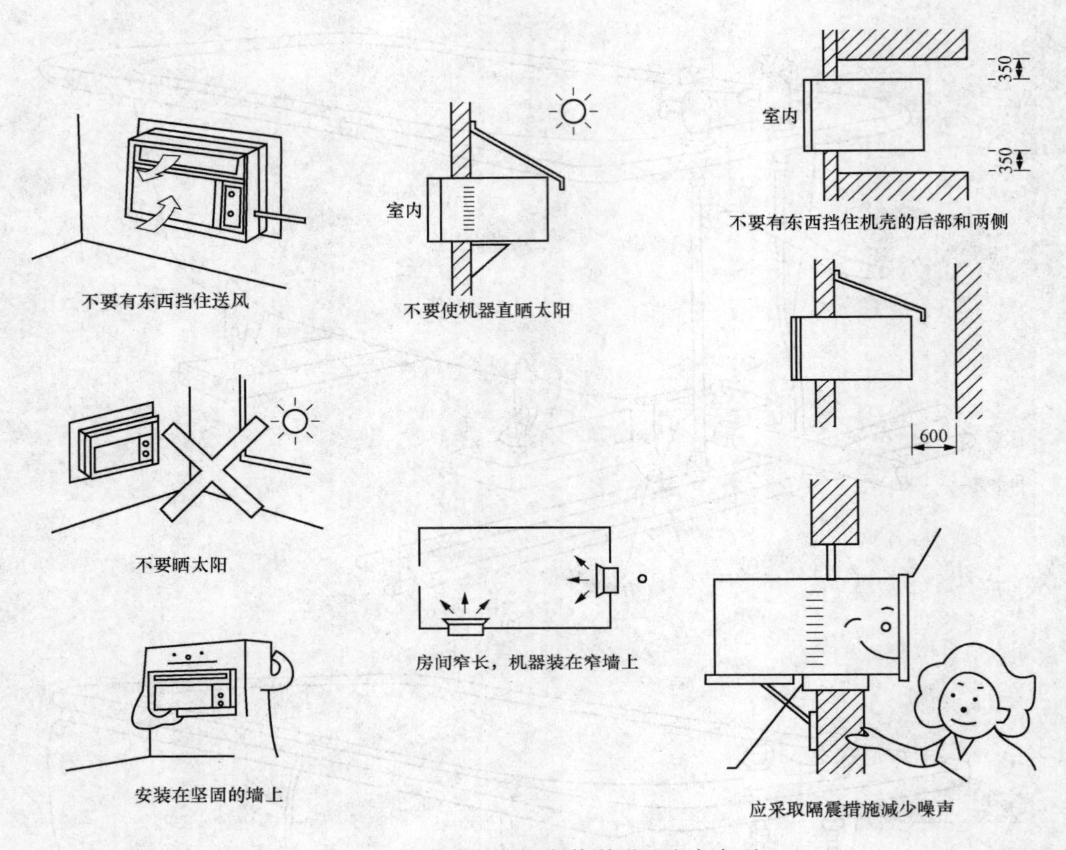

室内
350
350
不要有东西挡住机壳的后部和两侧
不要有东西挡住送风
室内
不要使机器直晒太阳
600
不要晒太阳
房间窄长，机器装在窄墙上
安装在坚固的墙上
应采取隔震措施减少噪声

图3-27　窗式空调机安装说明及注意事项

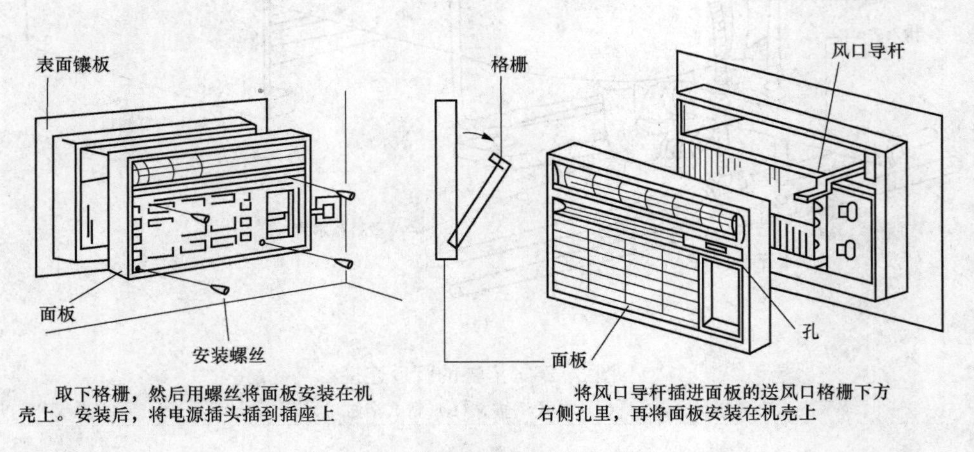

表面镶板
面板
安装螺丝
格栅
面板
风口导杆
孔
取下格栅，然后用螺丝将面板安装在机壳上。安装后，将电源插头插到插座上
将风口导杆插进面板的送风口格栅下方右侧孔里，再将面板安装在机壳上

图3-28　窗式空调机的安装（一）

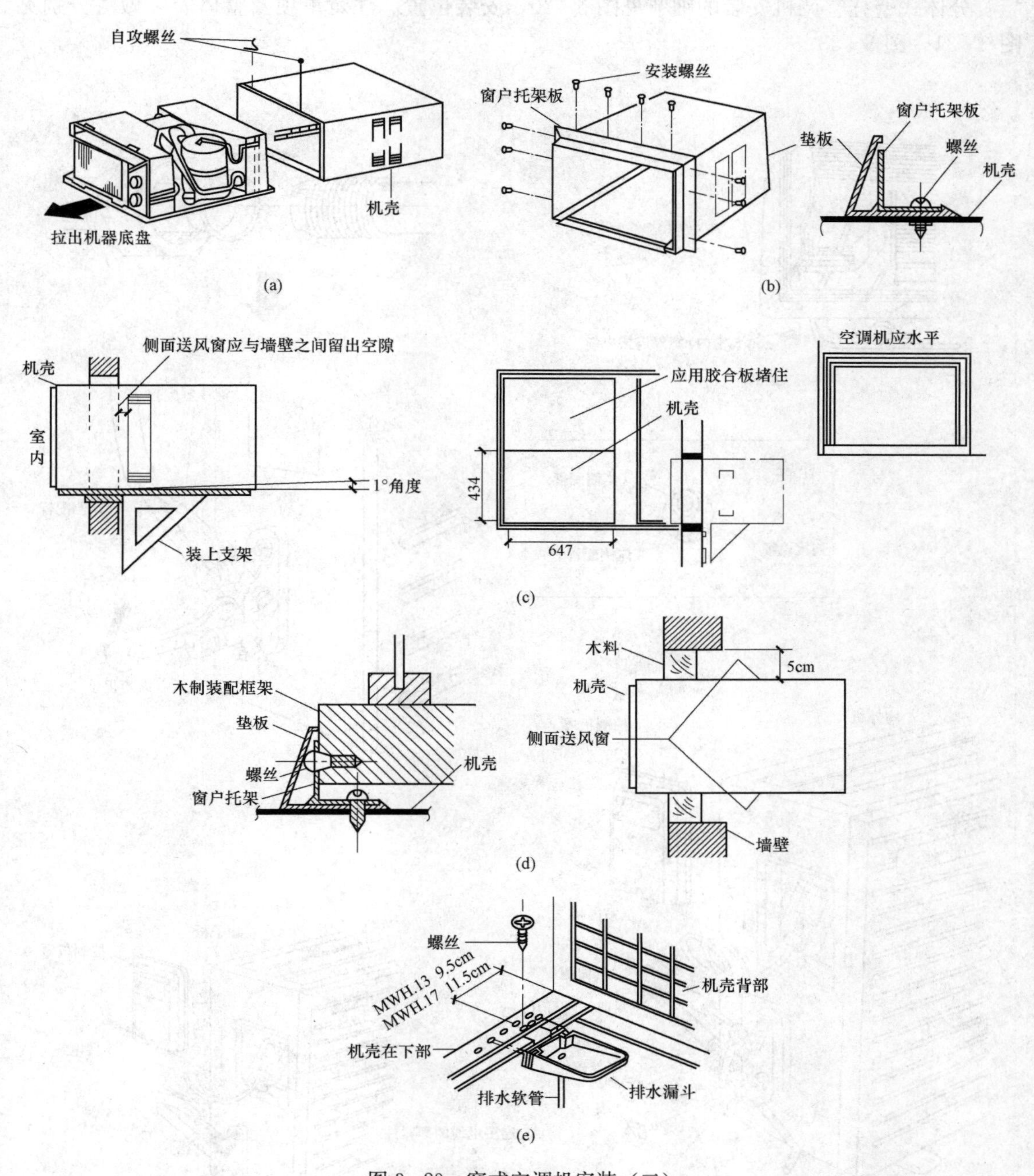

图 3-29 窗式空调机安装（二）

（a）拉出机器；（b）安装窗户托架及垫板；（c）装进机壳；（d）固定机壳；（e）排水装置

十三、分体式壁挂空调机安装

分体式壁挂空调机安装的细节见图 3-30，安装位置、注意事项及整体安装做法分别见图 3-31～图 3-33。

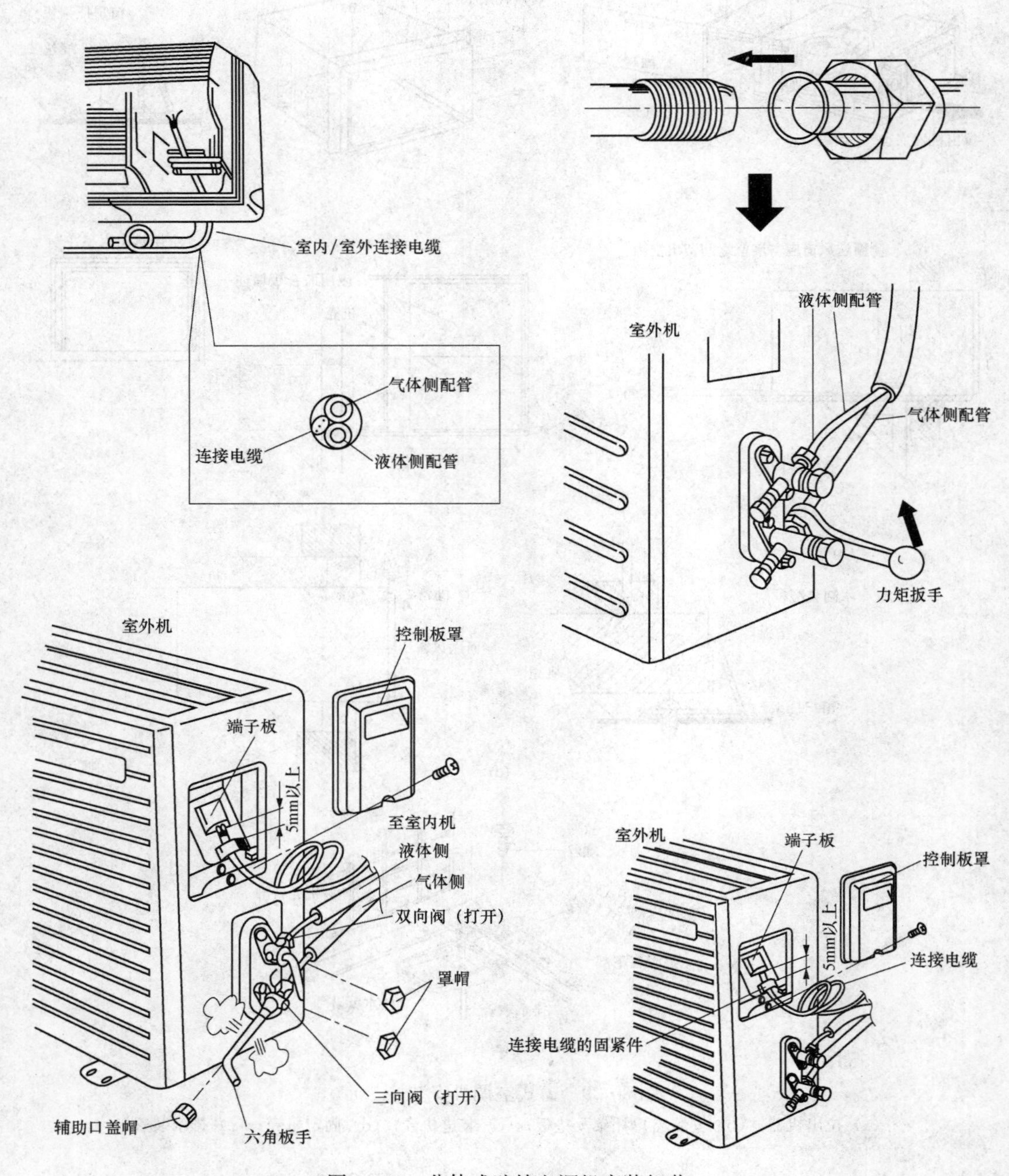

图 3-30　分体式壁挂空调机安装细节

壁挂空调机安装应选择最佳的安装位置。

1. 室内机

（1）在安装位置附近应没有任何热源和蒸汽源。

（2）在安装位置应没有妨碍空气循环的阻碍物。

（3）能够使室内空气保持良好的循环。

（4）能方便地进行排水。

（5）便于采取措施防止噪声。

（6）不要装在门道的附近。

（7）要确保图 3-31（a）中箭头方向所示的离墙壁、天花板、装潢和其他阻碍物之间的距离。

（8）距地板高度应高于眼平视线。

2. 室外机

（1）如果造一个天棚保护室外机以防止阳光直射或雨淋时，则应注意冷凝器的散热不受阻碍。

（2）安装场所不要饲养动物和种植花木因为排出的热气对他们有影响。

（3）要确保图 3-31（b）中箭头所示的离墙壁、天花板、装潢或其他阻碍物之间的距离。

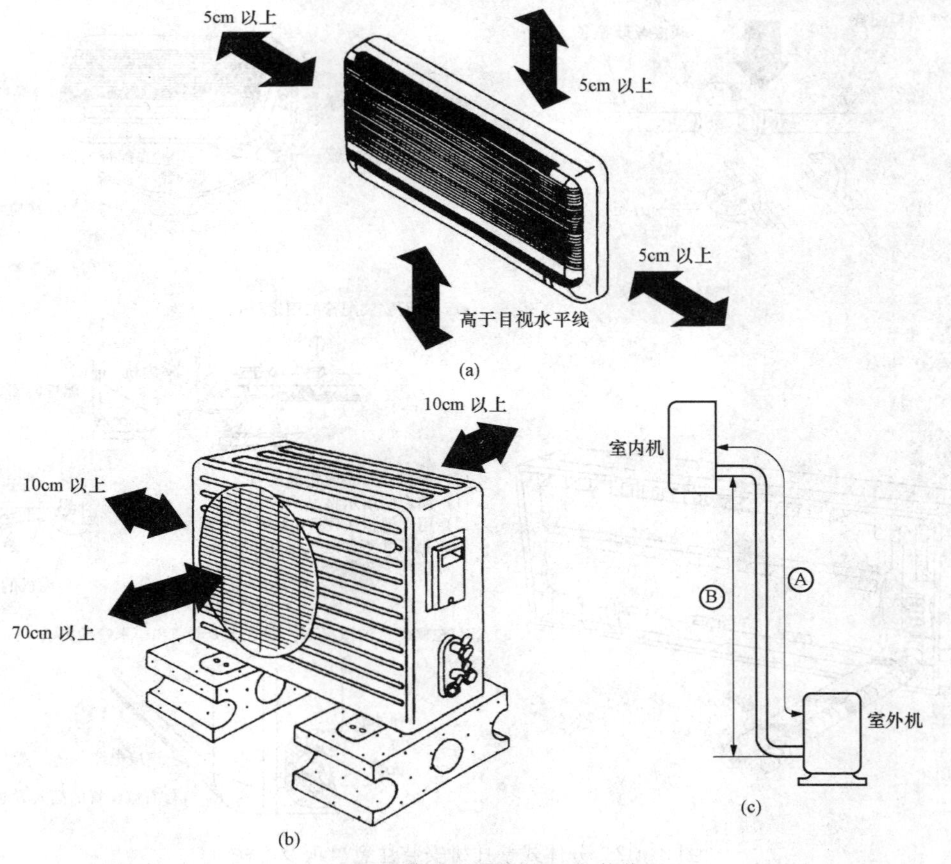

图 3-31　分体式壁挂空调机安装位置

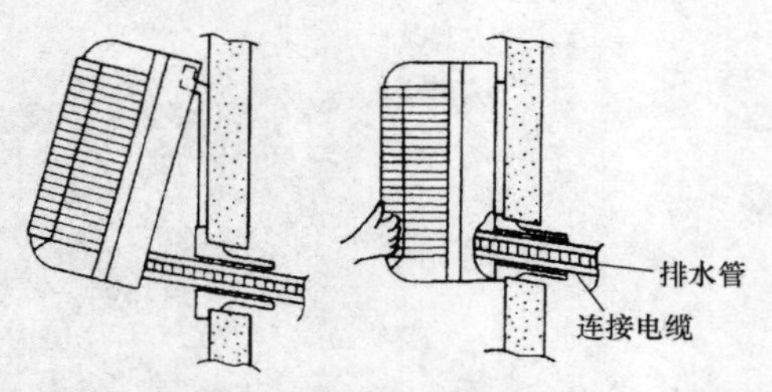

向着安装板推机的左下侧和右下侧，直到吊钩嵌入他们的槽中（听到卡搭声为止）

用油灰密封
95cm 以上
连接电缆
配管
30cm 以上
70cm 以上
用于配管和连接电缆的PVC管（VP-65）
用于排水管用PVC管（VP-30）
用于排水管的PVC管（VP-20）
用于排水管的PVC管
电缆
配管
PVC管
室内机
5.5cm

（确保排水管用PVC管的绝缘）

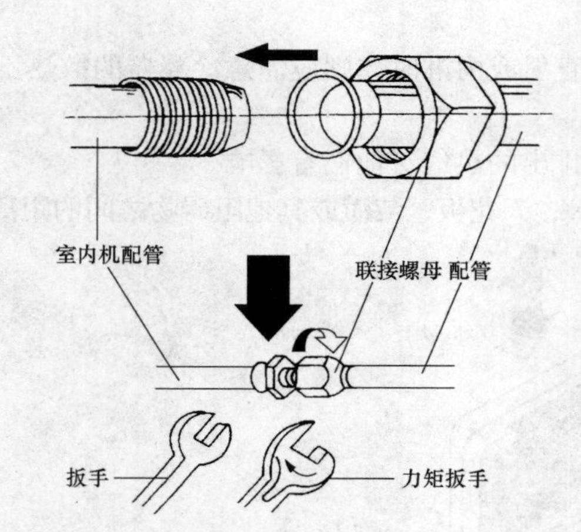

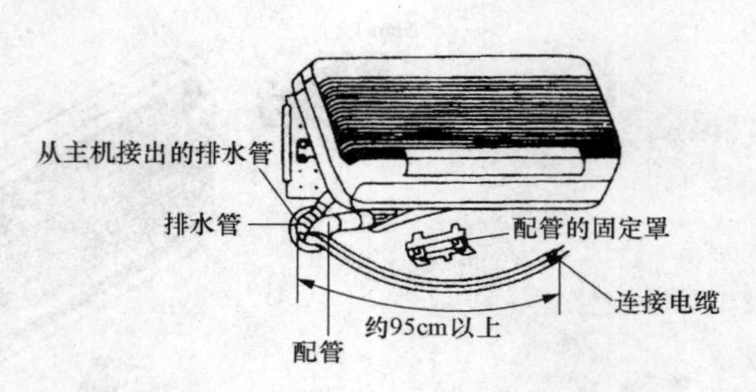

(1) 如何安装配管的固定罩。

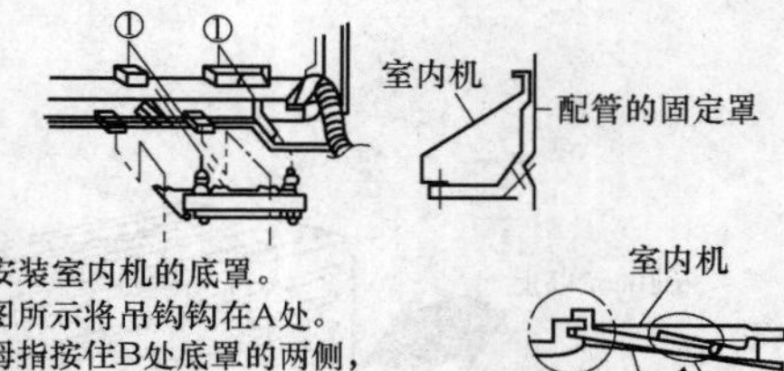

(2) 如何安装室内机的底罩。
1) 如右图所示将吊钩钩在A处。
2) 用大拇指按住B处底罩的两侧，把箭头方向逐次地向下压每一侧将它安装好

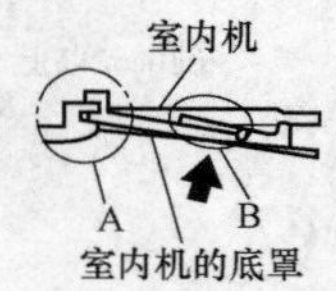

在左侧配管的情况下，插入连接电缆和排水管的方法

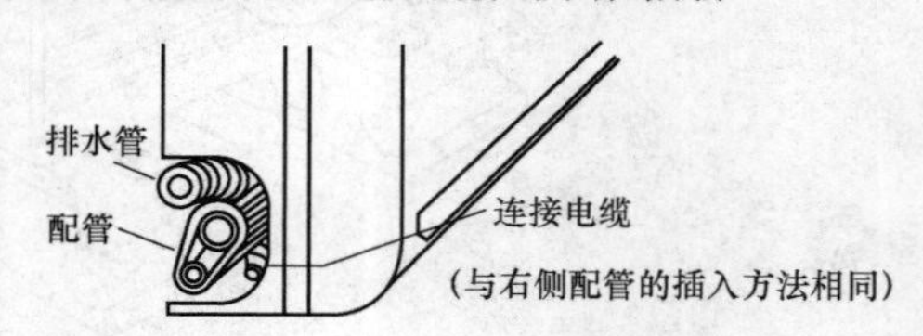

图 3-32　分体式壁挂机安装注意事项及方法

室内机包装内的附件见表3-1。

表3-1 分体式壁挂空调机室内机包装内附件表

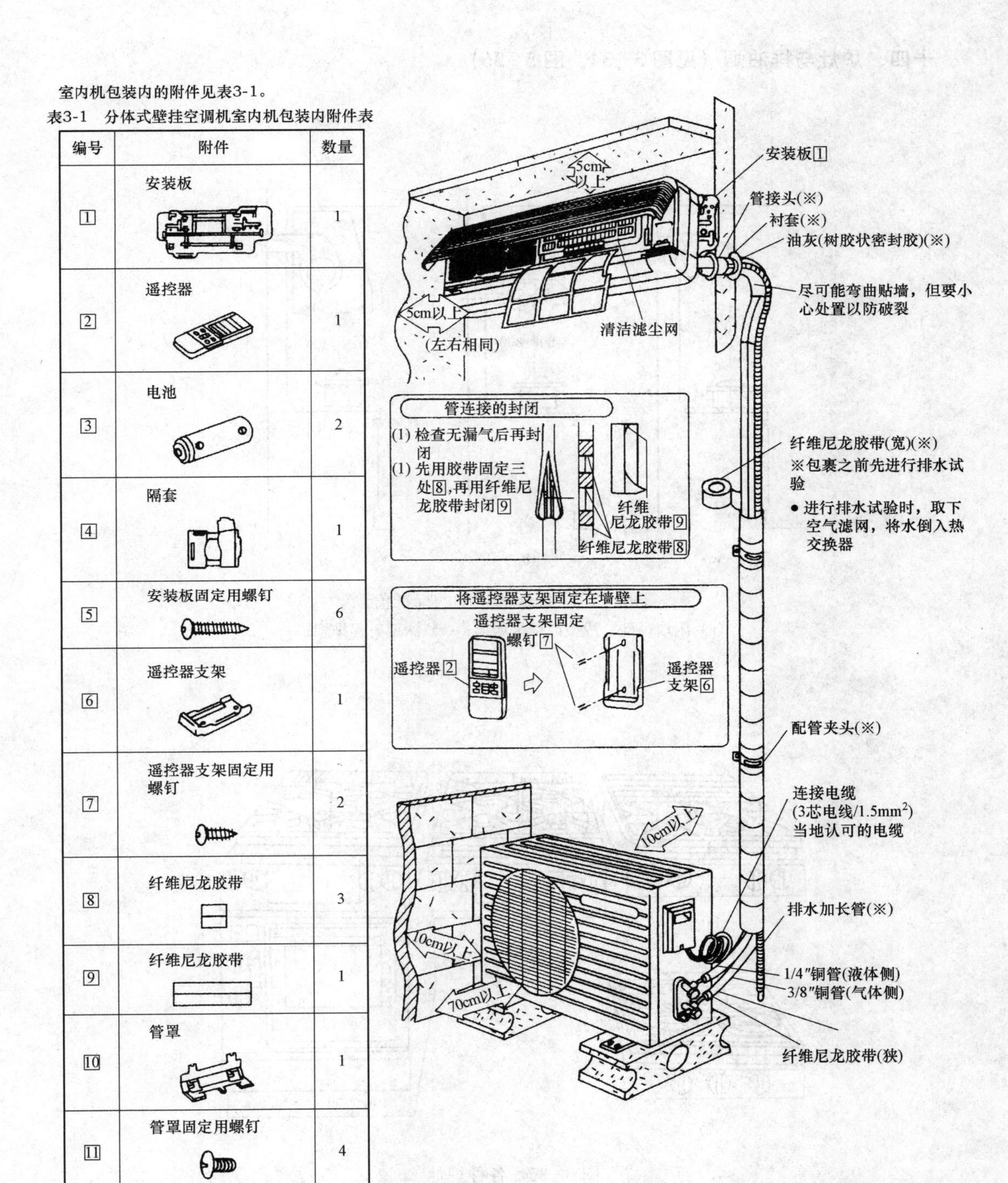

编号	附件	数量
1	安装板	1
2	遥控器	1
3	电池	2
4	隔套	1
5	安装板固定用螺钉	6
6	遥控器支架	1
7	遥控器支架固定用螺钉	2
8	纤维尼龙胶带	3
9	纤维尼龙胶带	1
10	管罩	1
11	管罩固定用螺钉	4
12	清净滤尘网	2

图3-33 分体式壁挂空调机整体安装做法

十四、炉灶与排油烟（见图 3 - 34、图 3 - 35）

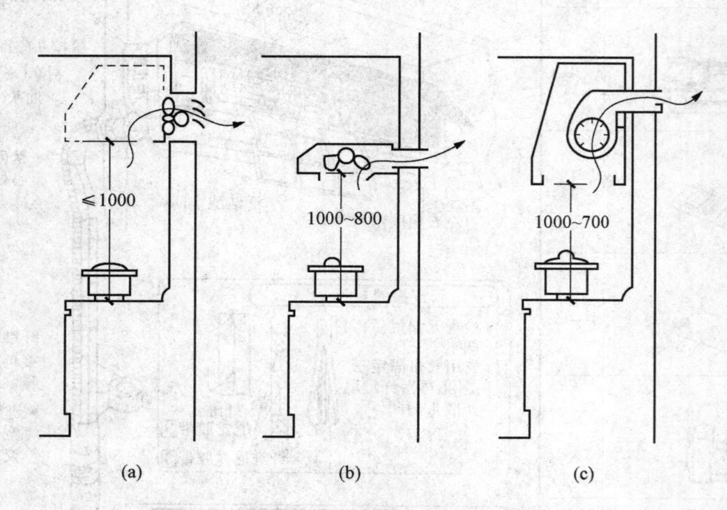

图 3 - 34　排烟罩高度的标准值

（a）附墙；（b）浅型射程排烟罩；（c）深型射程排烟罩

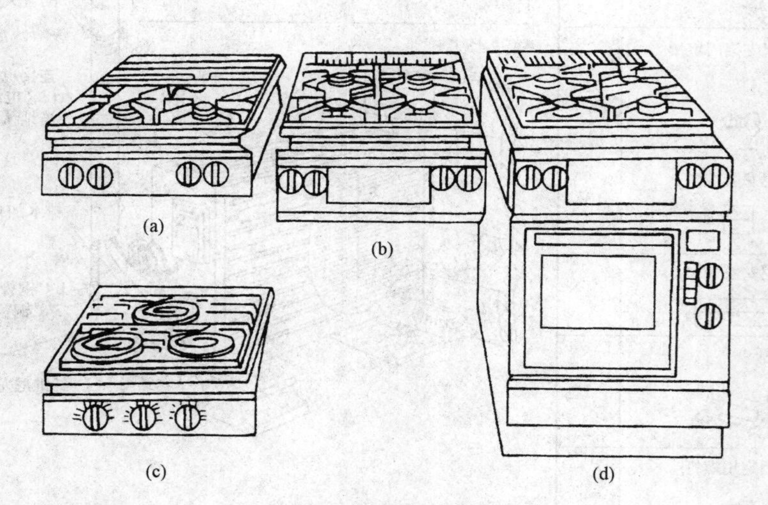

图 3 - 35　各种炉灶

（a）煤气炉；（b）带烤箱炉；（c）电气炉；（d）组合炉灶（带凸烤炉）

十五、抽油烟机的安装

抽油烟机的结构见图 3-36、图 3-37。

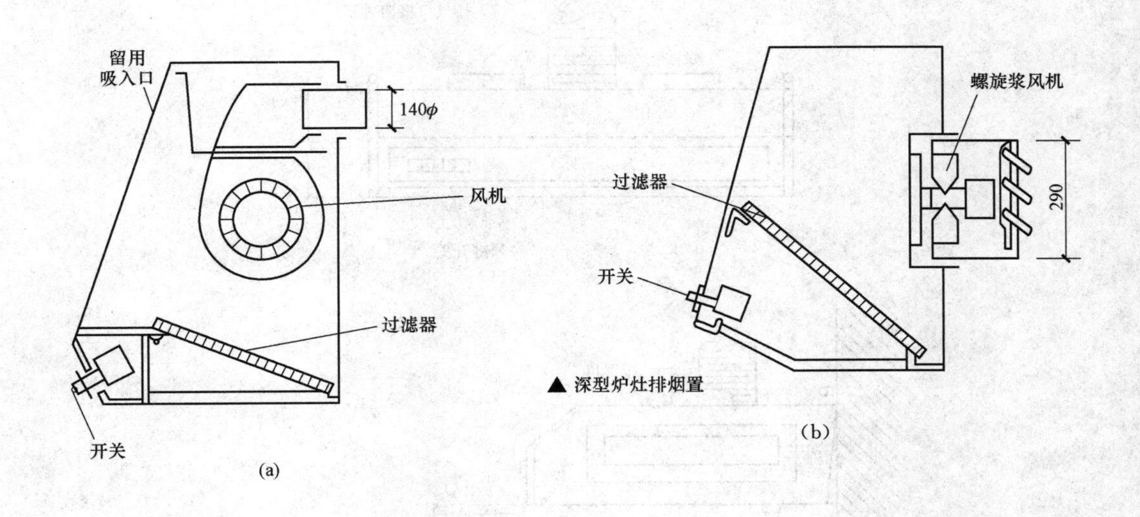

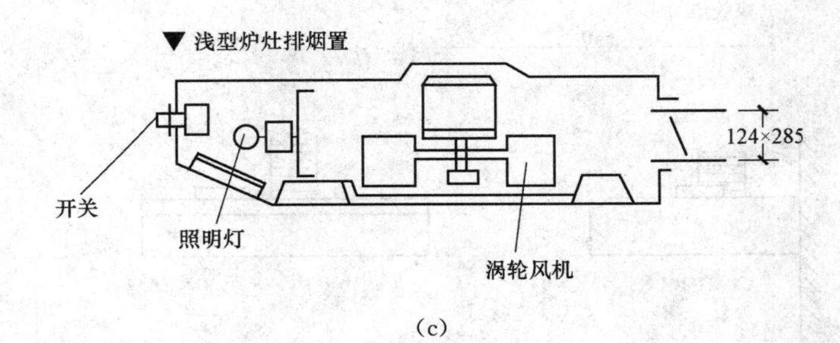

图 3-36　炉灶排烟罩的构造

(a) 风机型；(b) 螺旋桨风机型；(c) 涡轮风机型

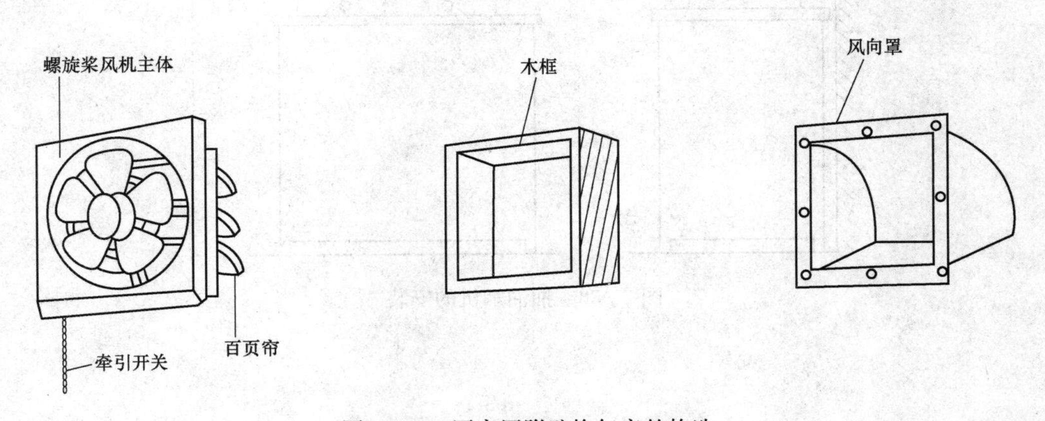

图 3-37　厨房用附壁换气扇的构造

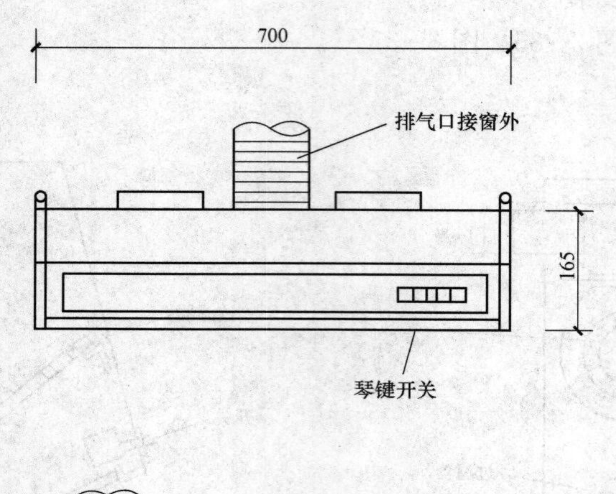

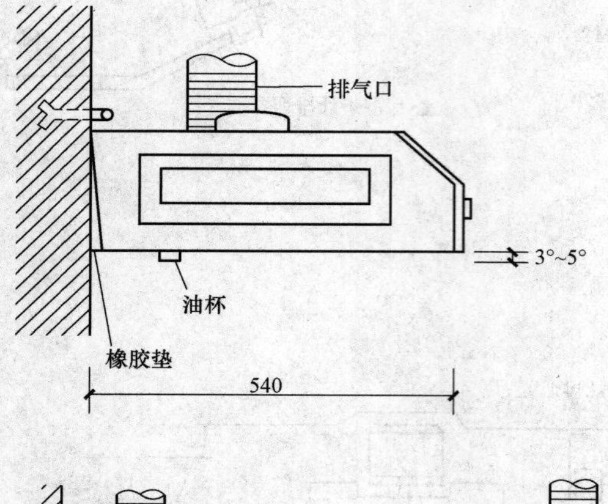

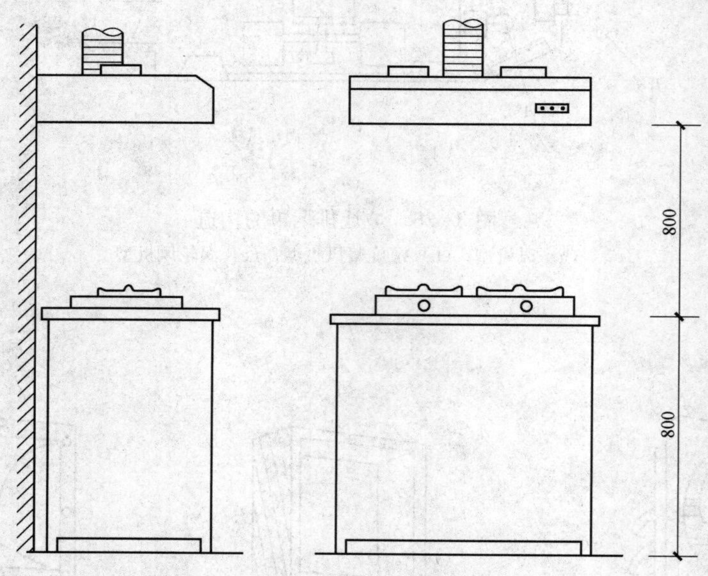

图 3 - 38　抽油烟机的安装

十六、通风排气装置安装

居室的通风排气可选用排风扇或抽油烟机，厨房宜采用抽油烟机，而卫生间则应选用排风扇，见图 3-39。

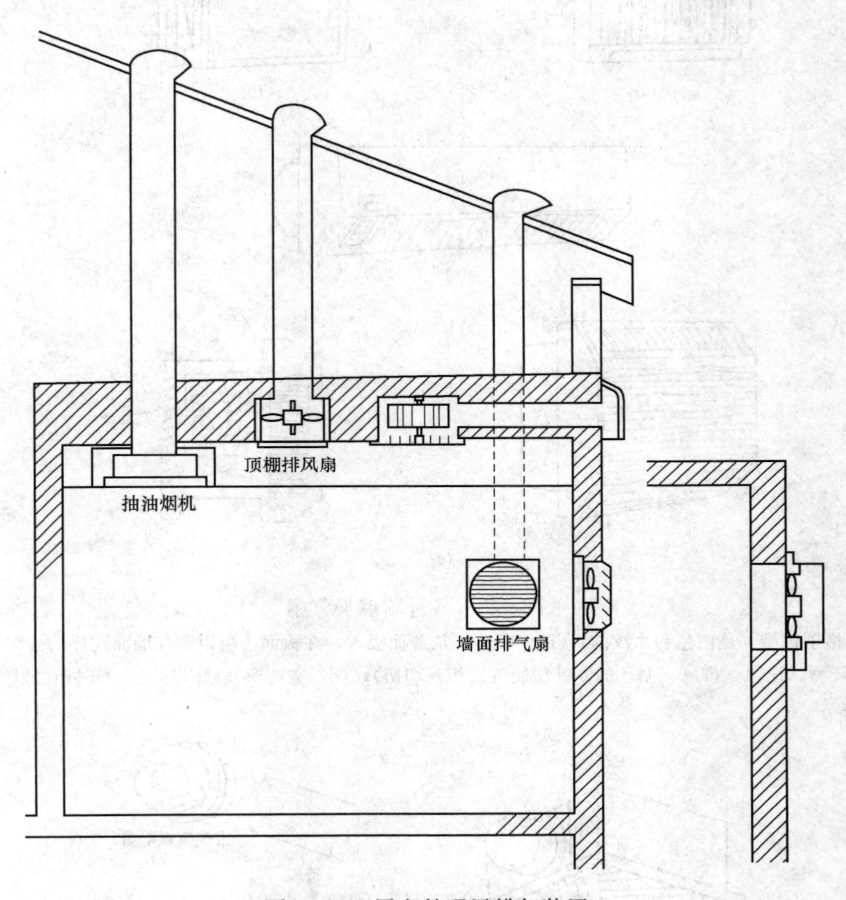

图 3-39　居室的通风排气装置

以下为常见的排风扇，见图 3-40、图 3-41。

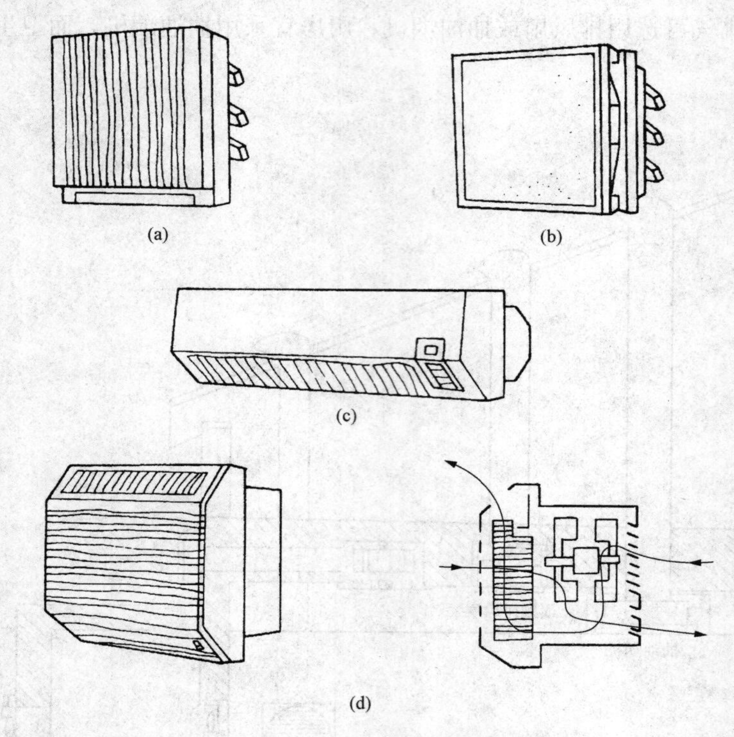

图 3-40　各种附墙换气扇

（a）格子板型（是白色和木纹的）；（b）板型（从侧面吸入，在板面上可以贴与墙面同样的裱糊布）；（c）送排循环型（送风、排风、循环的 3 种功能可以相互切换）；（d）空调换气扇（热交换同时还可以送、排风型）

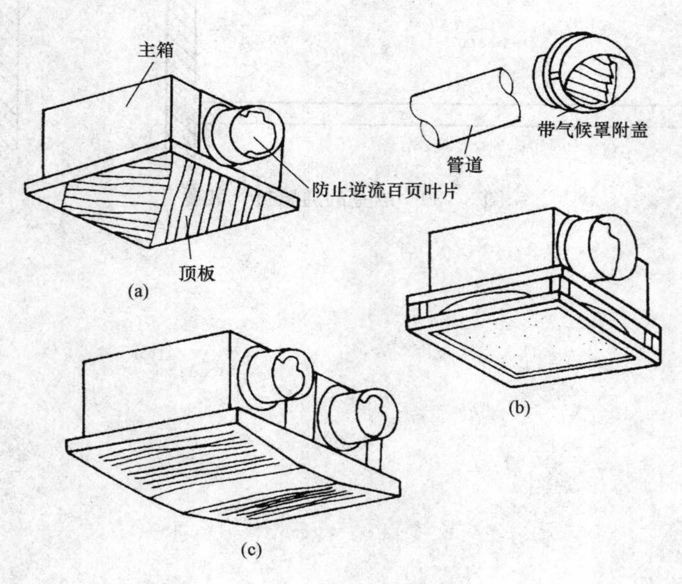

图 3-41　各种顶棚扇

（a）格子板型；（b）板型；（c）空调换气扇

排风扇安装见图 3-42～图 3-44。

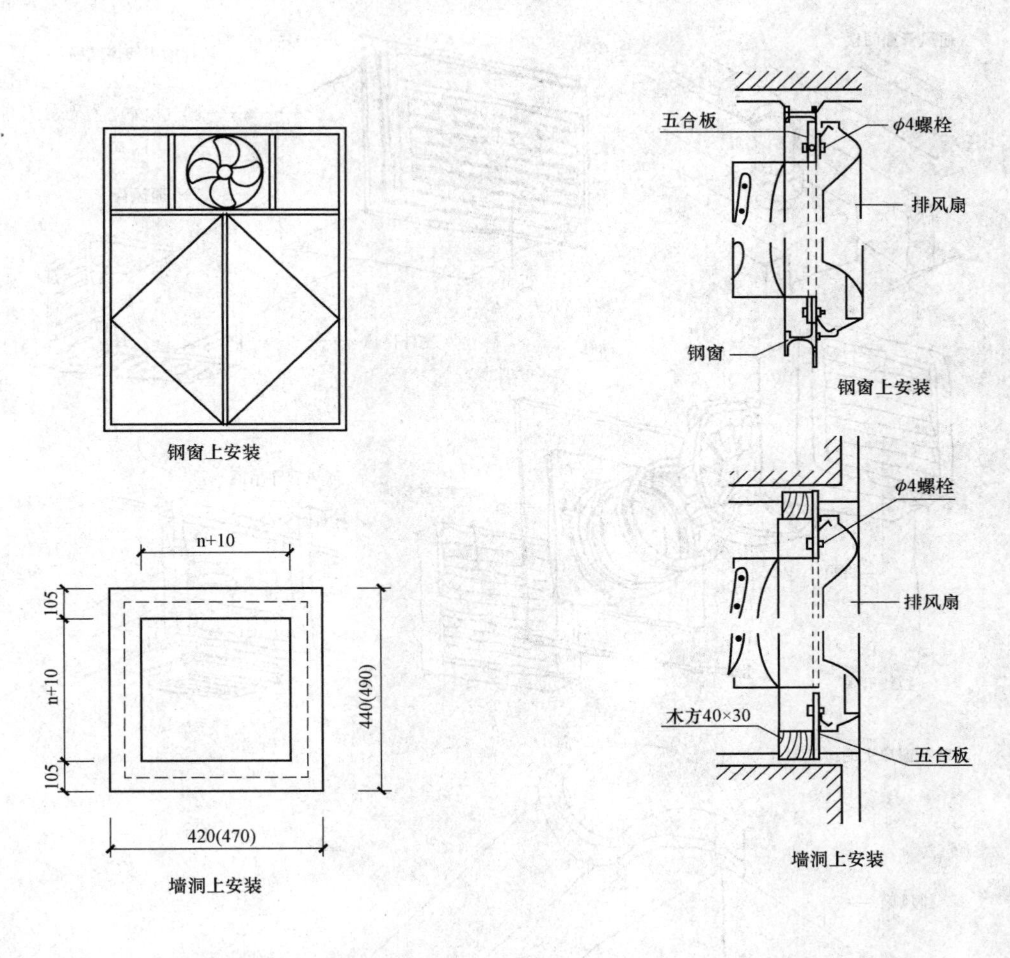

注：1. 420×440为φ250排风扇
2. 470×490为φ300排风扇

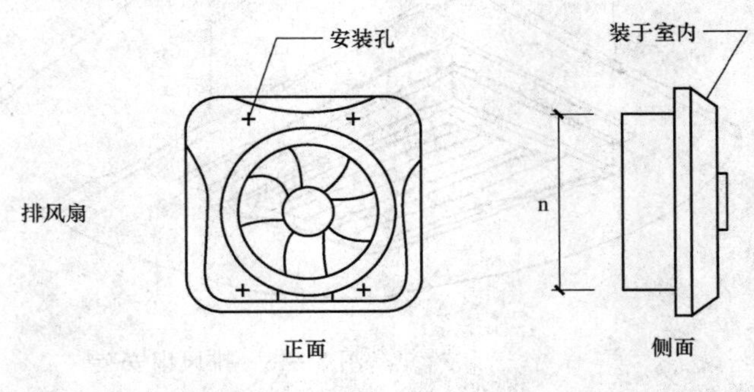

图 3-42 排风扇安装（一）

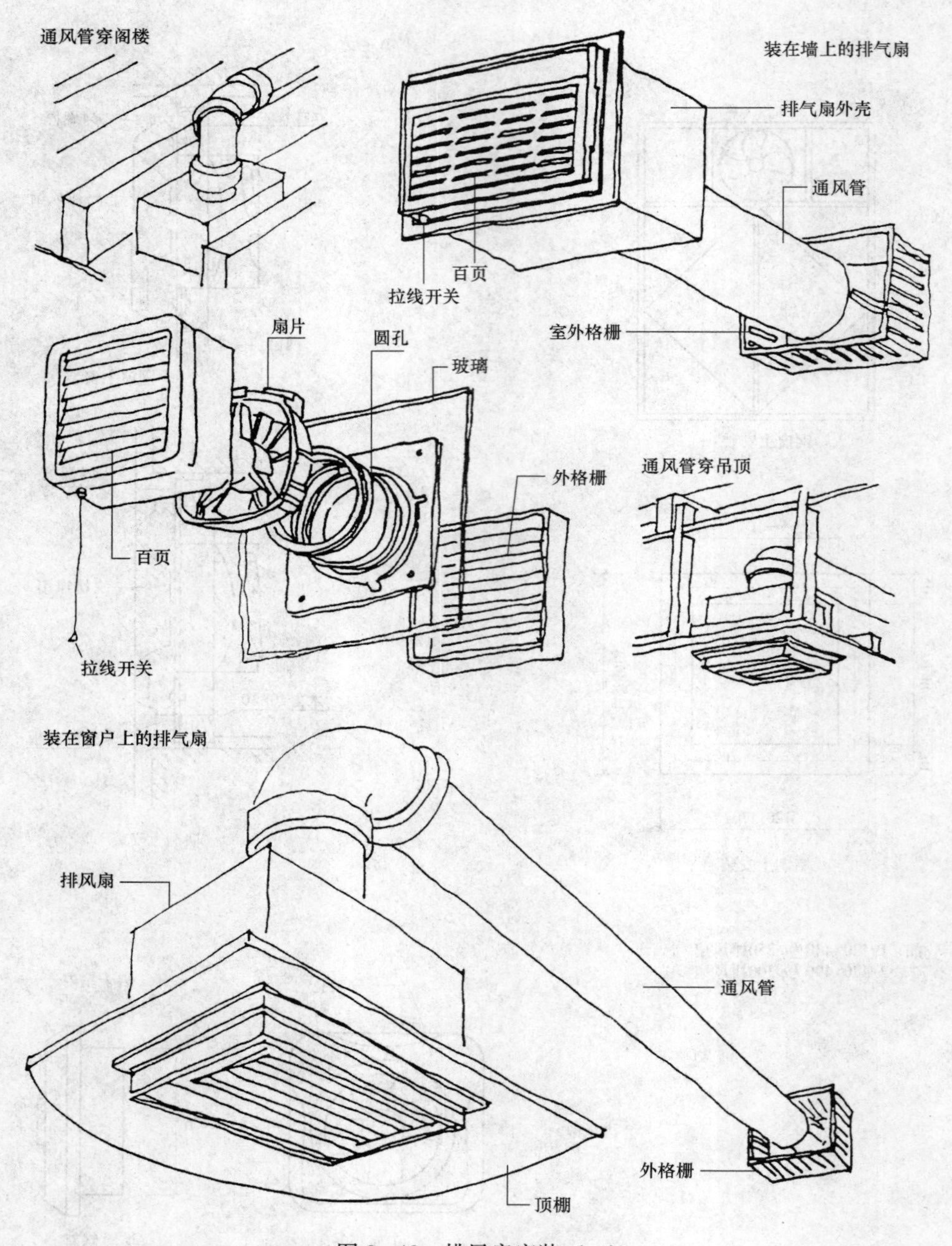
通风管穿阁楼
装在墙上的排气扇
排气扇外壳
通风管
百页
拉线开关
室外格栅
扇片
圆孔
玻璃
外格栅
通风管穿吊顶
百页
拉线开关
装在窗户上的排气扇
排风扇
通风管
外格栅
顶棚

图 3-43　排风扇安装（二）

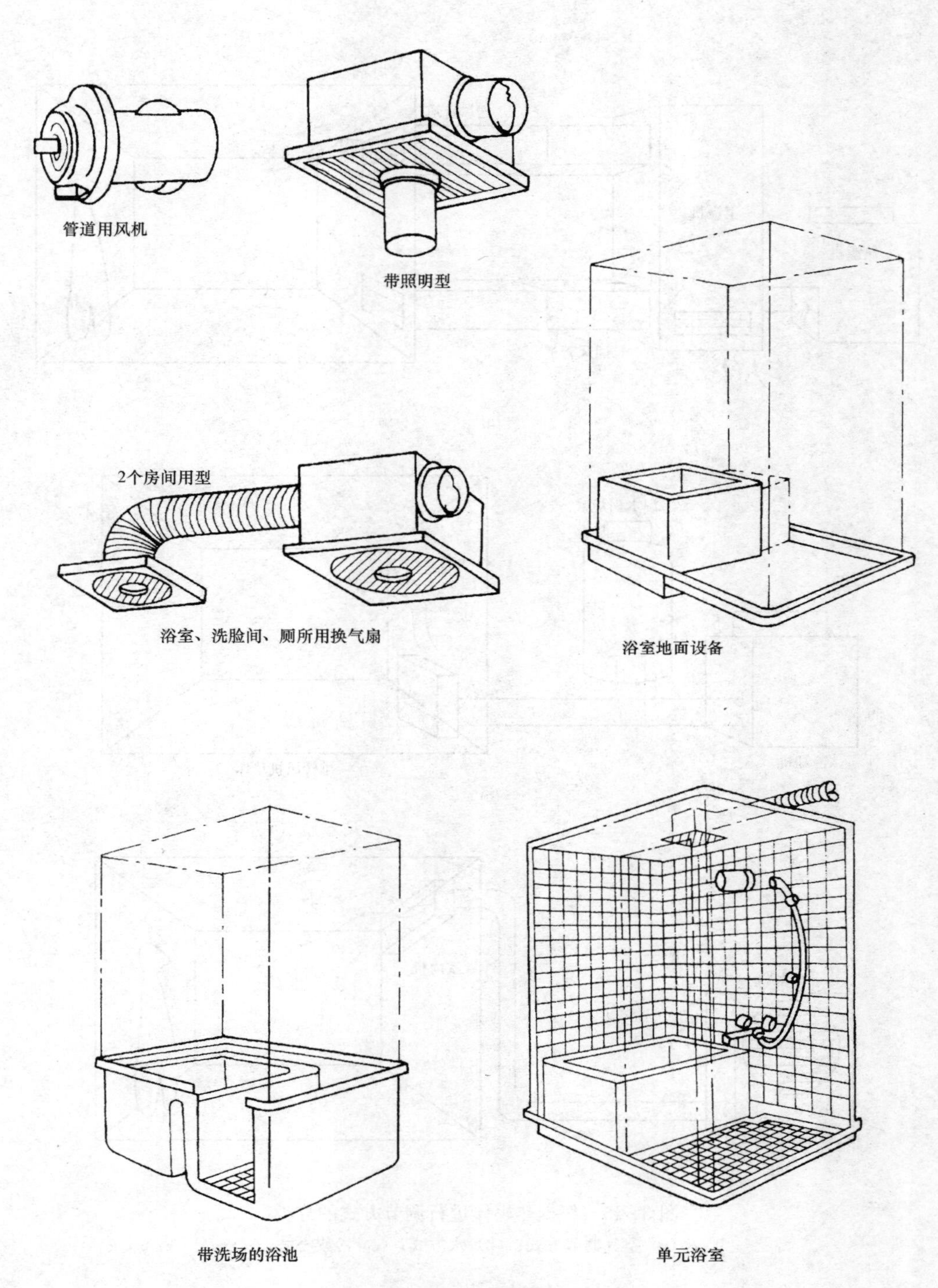

图 3-44　浴室排气通风安装

十七、空气调节、采暖方式（见图 3-45～图 3-49）

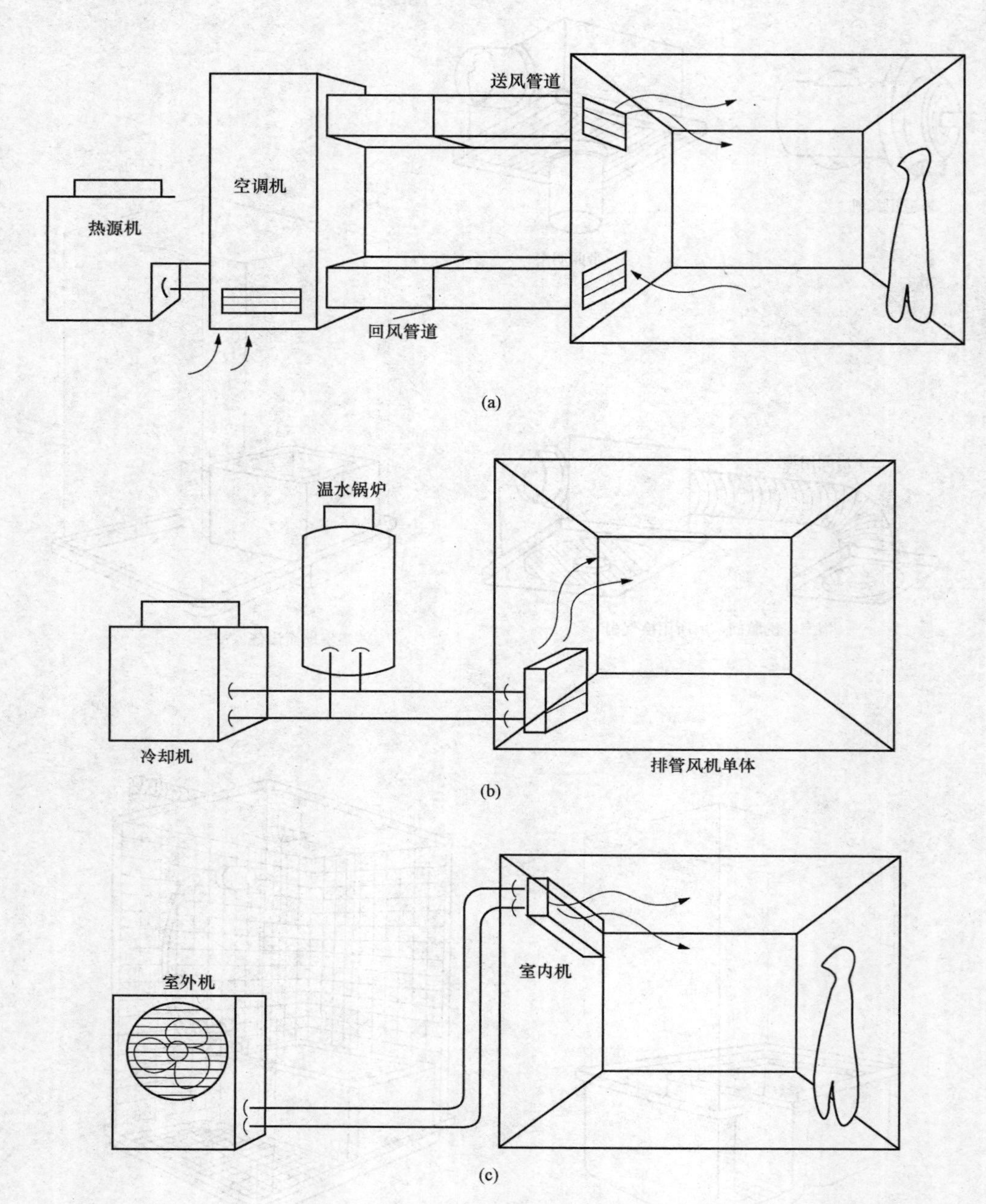

图 3-45　根据热媒体进行调节方式的分类

(a) 空气调节方式；(b) 水方式；(c) 冷媒方式

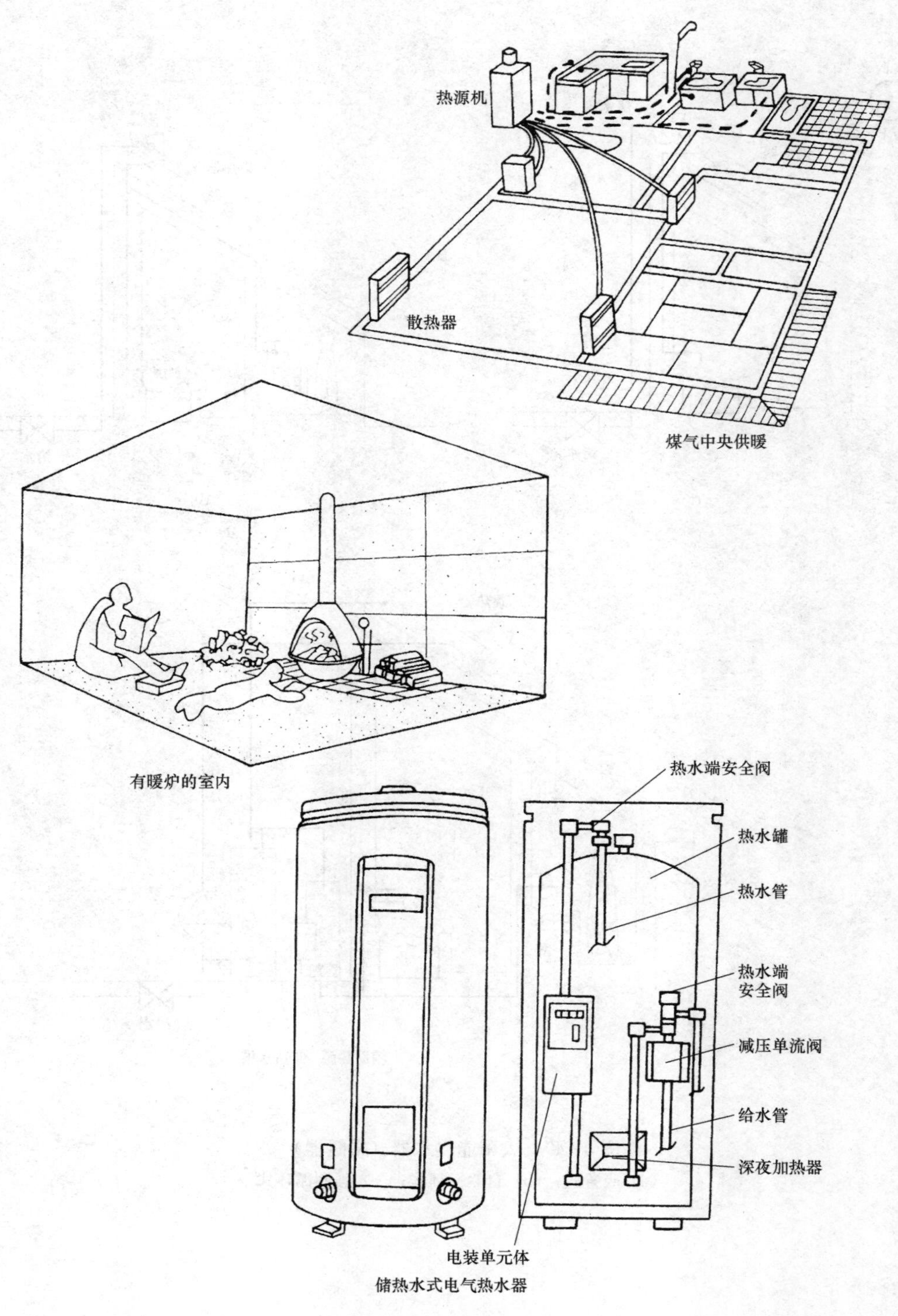
热源机
散热器
煤气中央供暖
有暖炉的室内
热水端安全阀
热水罐
热水管
热水端
安全阀
减压单流阀
给水管
深夜加热器
电装单元体
储热水式电气热水器

图 3-46　采暖的形式

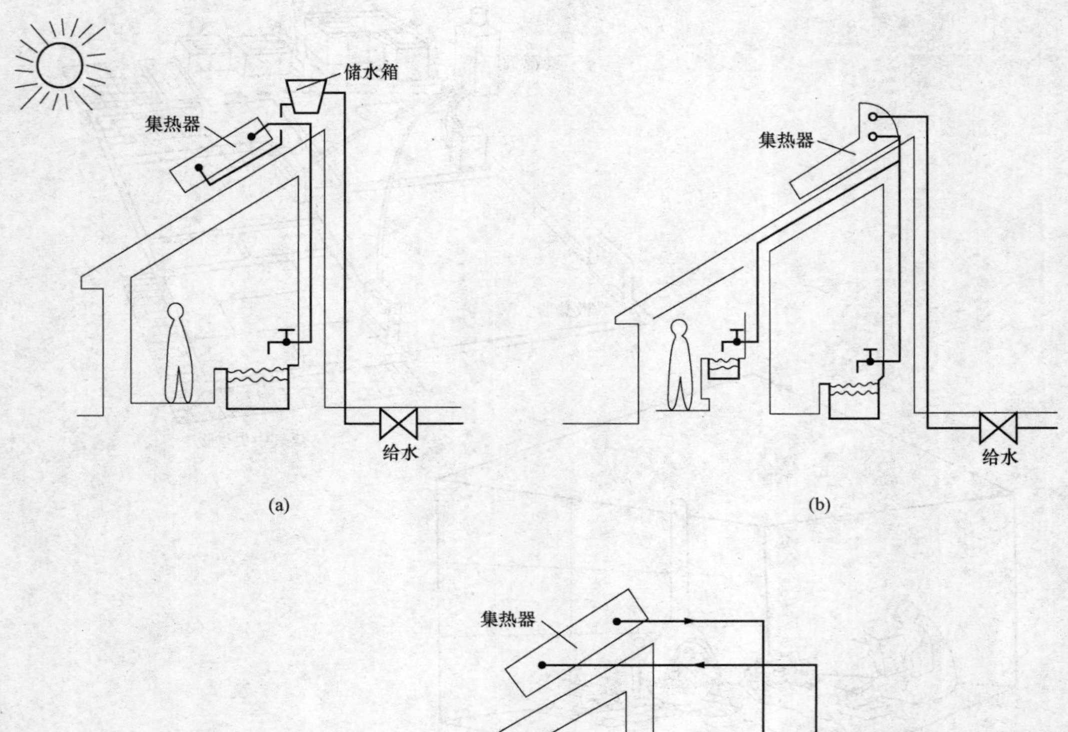

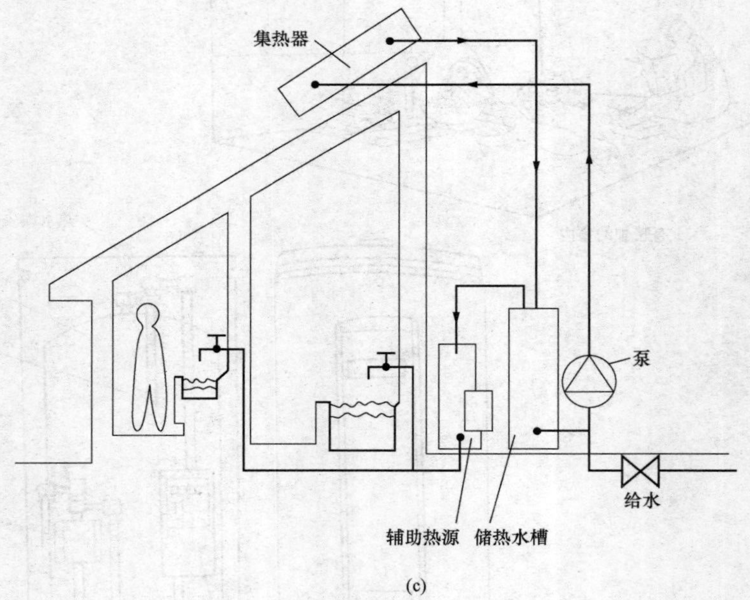

图 3-47　太阳能热水器（采暖器）

（a）吸置式；（b）自然循环式；（c）强制循环式

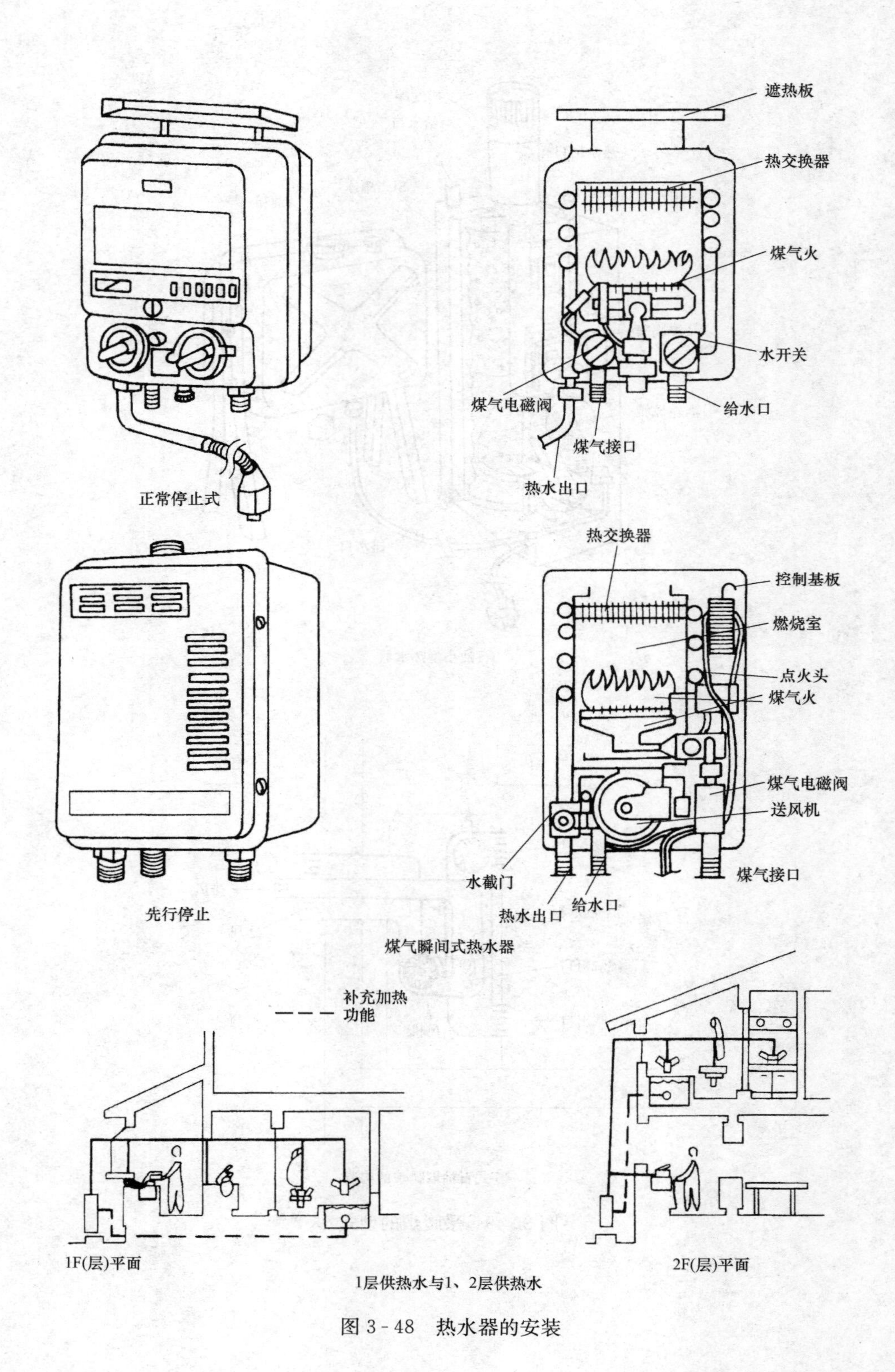
遮热板
热交换器
煤气火
水开关
煤气电磁阀
给水口
煤气接口
热水出口
正常停止式
热交换器
控制基板
燃烧室
点火头
煤气火
煤气电磁阀
送风机
水截门
煤气接口
给水口
热水出口
先行停止
煤气瞬间式热水器
补充加热
功能
1F(层)平面
2F(层)平面
1层供热水与1、2层供热水

图 3-48　热水器的安装

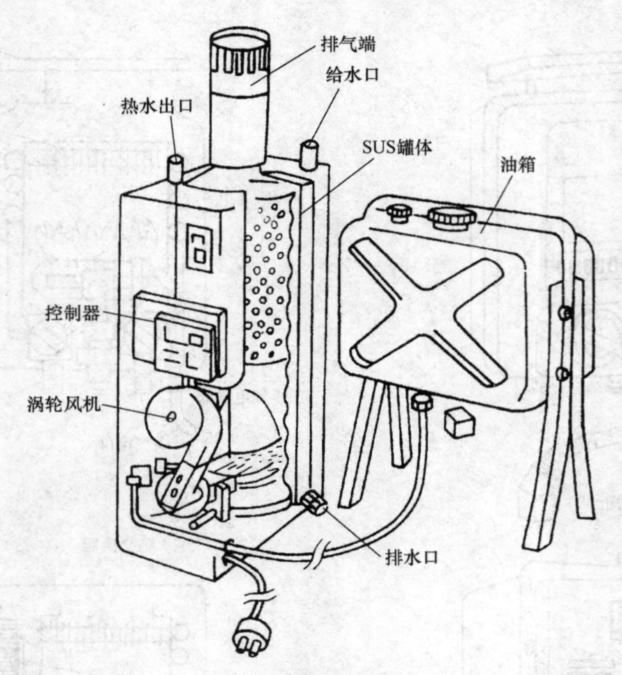

石油小型热水器

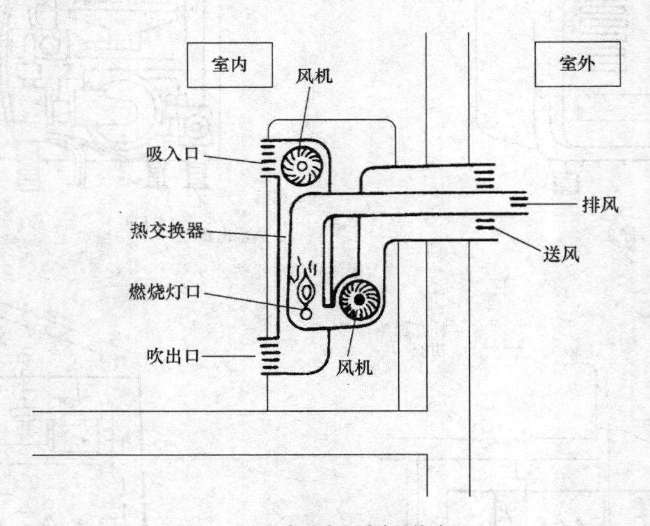

FF式石油取暖炉的构造

图 3-49 采暖炉的型式

十八、家庭桑拿浴室安装（见图 3-50）

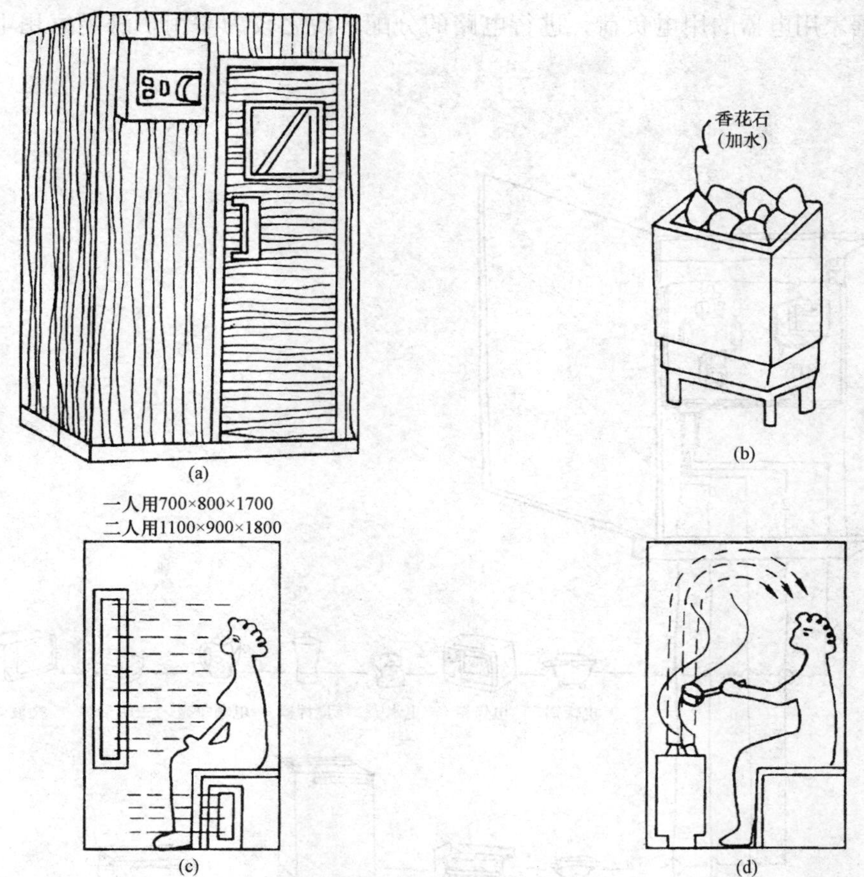

图 3-50　常见家庭桑拿浴室

（a）桑拿单元；（b）桑拿炉；（c）辐射式桑拿；（d）对流式桑拿

十九、盥洗池安装（见图 3-51）

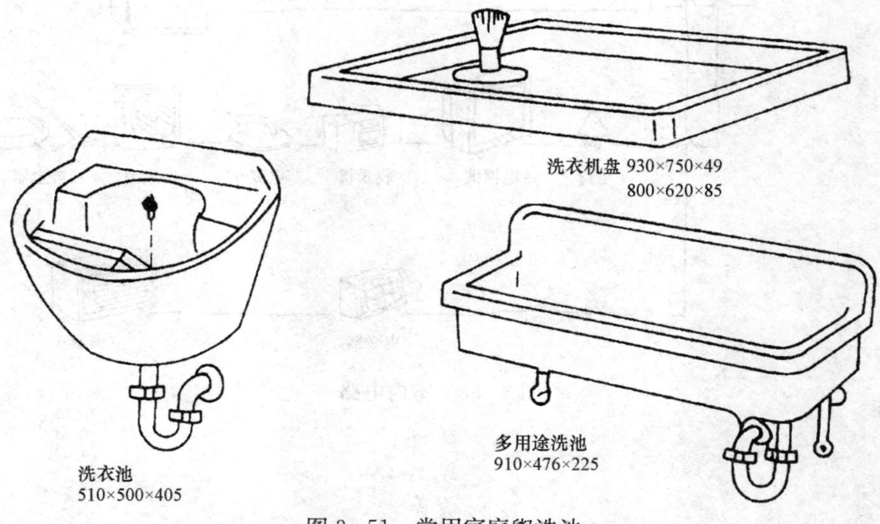

图 3-51　常用家庭盥洗池

二十、室内电路的分配（见图 3－52）

应根据家用电器的用电负荷，进行电路的分配，使之较为平衡，满足家用电器的使用要求。

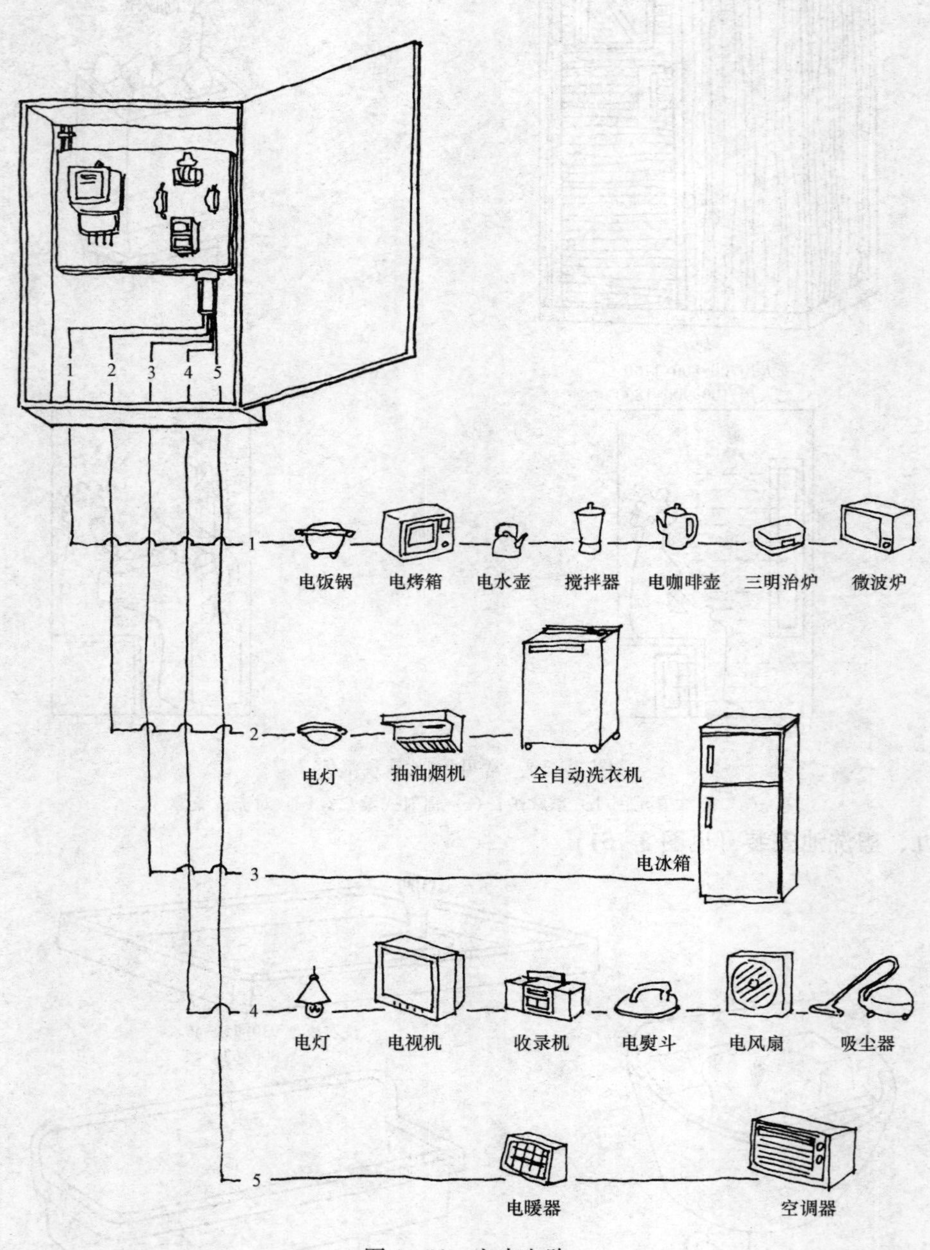

图 3－52　室内电路

二十一、插座安装（见图 3－53）

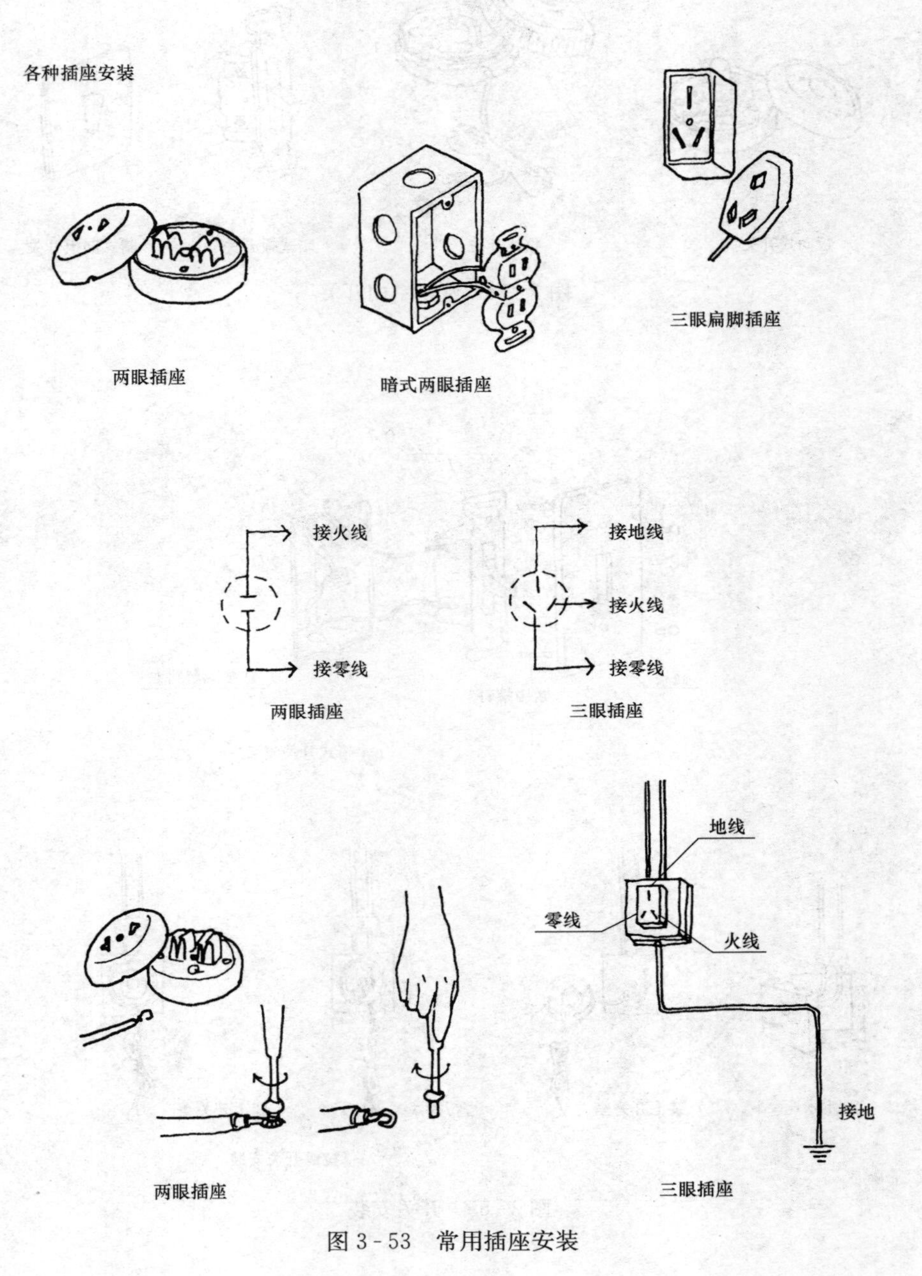

图 3－53 常用插座安装

二十二、开关安装（见图 3-54、图 3-55）

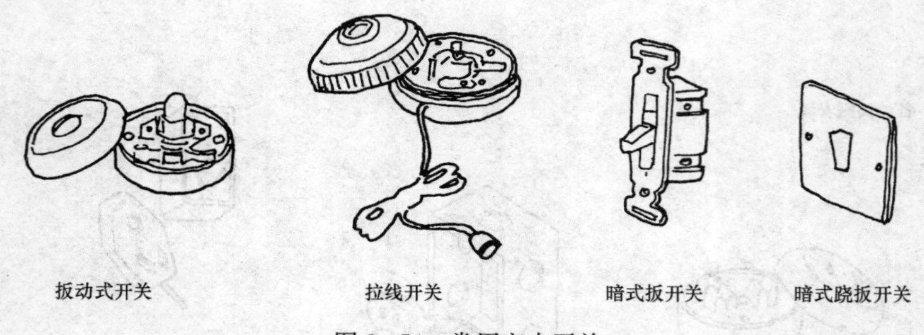

图 3-54 常用室内开关

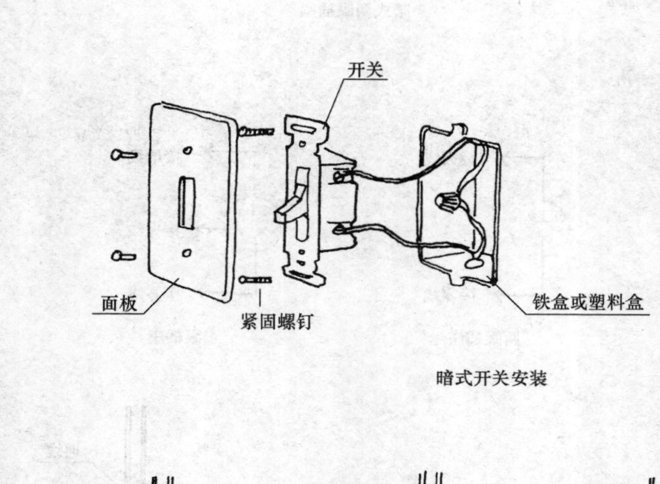

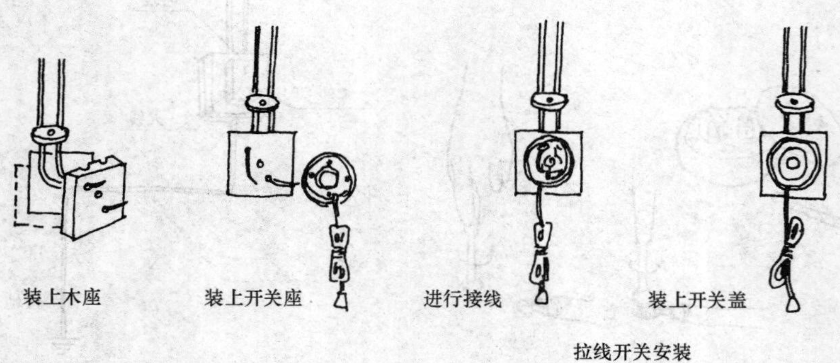

图 3-55 开关安装

二十三、灯头安装（见图 3-56、图 3-57）

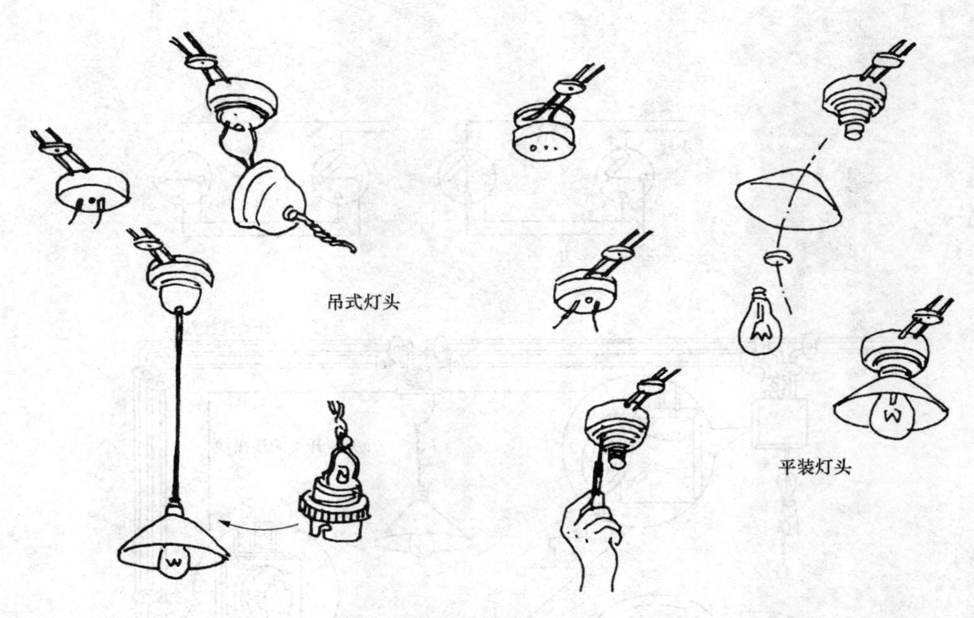

图 3-56　常见灯头

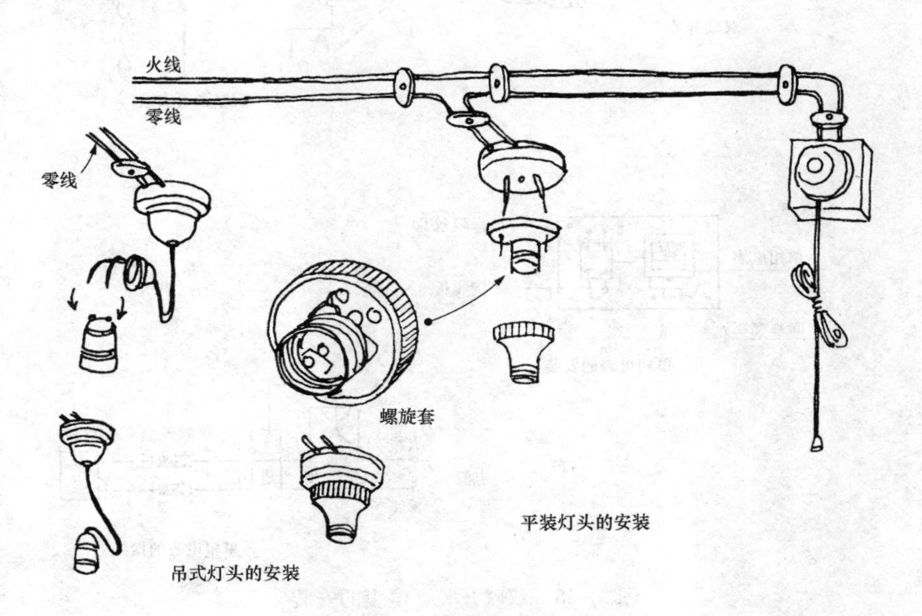

图 3-57　灯头的安装

二十四、双联开关与电表安装（图 3-58）

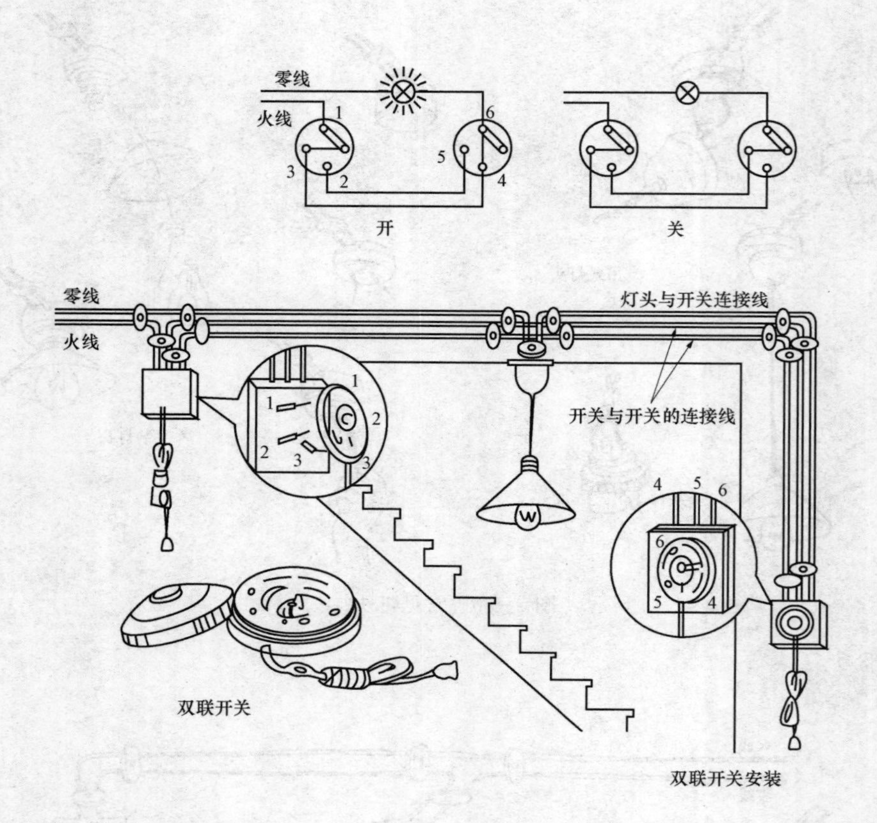

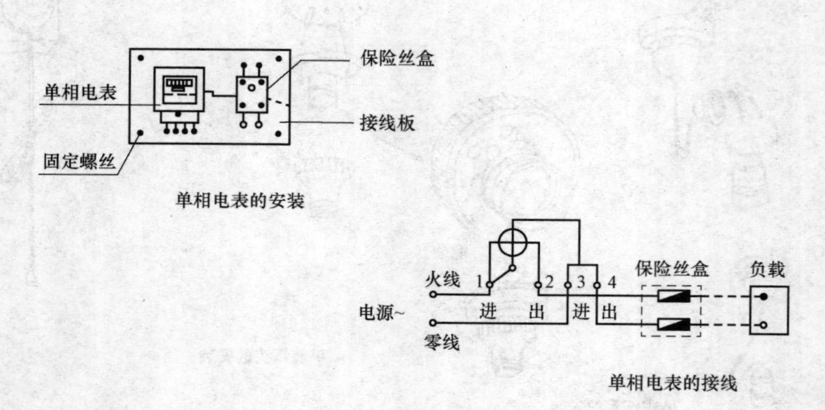

图 3-58　双联开关、电表的安装

二十五、室内敷设电线（见图 3-59）

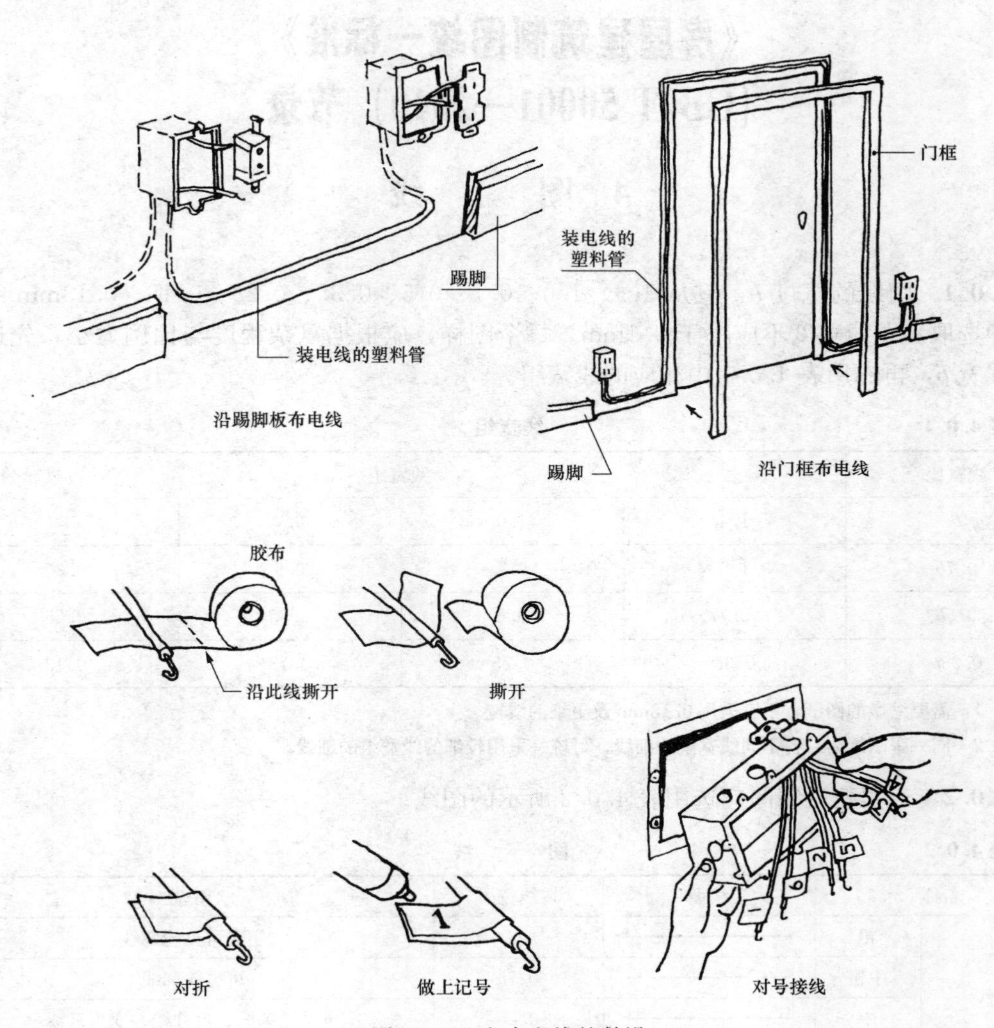

图 3-59　室内电线的敷设

《房屋建筑制图统一标准》(GB/T 50001—2010) 节录

4 图 线

4.0.1 图线的宽度 b，宜从 1.4、1.0、0.7、0.5、0.35、0.25、0.18、0.13mm 线宽系列中选取。图线宽度不应小于 0.1mm。每个图样，应根据复杂程度与比例大小，先选定基本线宽 b，再选用表 4.0.1 中相应的线宽组。

表 4.0.1 线宽组 mm

线宽比	线宽组			
b	1.4	1.0	0.7	0.5
$0.7b$	1.0	0.7	0.5	0.35
$0.5b$	0.7	0.5	0.35	0.25
$0.25b$	0.35	0.25	0.18	0.13

注 1 需要缩微的图纸，不宜采用 0.18mm 及更细的线宽。

2 同一张图纸内，各不同线宽中的细线，可统一采用较细的线宽组的细线。

4.0.2 工程建设制图应选用表 4.0.2 所示的图线。

表 4.0.2 图 线

名称		线型	线宽	用途
实线	粗		b	主要可见轮廓线
	中粗		$0.7b$	可见轮廓线
	中		$0.5b$	可见轮廓线、尺寸线、变更云线
	细		$0.25b$	图例填充线、家具线
虚线	粗		b	见各有关专业制图标准
	中粗		$0.7b$	不可见轮廓线
	中		$0.5b$	不可见轮廓线、图例线
	细		$0.25b$	图例填充线、家具线
单点长画线	粗		b	见各有关专业制图标准
	中		$0.5b$	见各有关专业制图标准
	细		$0.25b$	中心线、对称线、轴线等

续表

名称		线型	线宽	用途
双点长画线	粗		b	见各有关专业制图标准
	中		$0.5b$	见各有关专业制图标准
	细		$0.25b$	假想轮廓线、成型前原始轮廓线
折断线	细		$0.25b$	断开界线
波浪线	细		$0.25b$	断开界线

4.0.3 同一张图纸内，相同比例的各图样，应选用相同的线宽组。

4.0.4 图纸的图框和标题栏线可采用表4.0.4的线宽。

表4.0.4 **图框和标题栏线的宽度** mm

幅面代号	图框线	标题栏外框线	标题栏分格线
A0、A1	b	$0.5b$	$0.25b$
A2、A3、A4	b	$0.7b$	$0.35b$

4.0.5 相互平行的图例线，其净间隙或线中间隙不宜小于0.2mm。

4.0.6 虚线、单点长画线或双点长画线的线段长度和间隔，宜各自相等。

4.0.7 单点长画线或双点长画线，当在较小图形中绘制有困难时，可用实线代替。

4.0.8 单点长画线或双点长画线的两端，不应是点。点画线与点画线交接点或点画线与其他图线交接时，应是线段交接。

4.0.9 虚线与虚线交接或虚线与其他图线交接时，应是线段交接。虚线为实线的延长线时，不得与实线相接。

4.0.10 图线不得与文字、数字或符号重叠、混淆，不可避免时，应首先保证文字的清晰。

5 字 体

5.0.1 图纸上所需书写的文字、数字或符号等，均应笔画清晰、字体端正、排列整齐；标点符号应清楚正确。

5.0.2 文字的字高应从表5.0.2中选用。字高大于10mm的文字宜采用True type字体，当需书写更大的字时，其高度应按$\sqrt{2}$的倍数递增。

表5.0.2 **文字的字高** mm

字体种类	中文矢量字体	True type字体及非中文矢量字体
字高	3.5、5、7、10、14、20	3、4、6、8、10、14、20

5.0.3 图样及说明中的汉字，宜采用长仿宋体或黑体，同一图纸字体种类不应超过两种。长仿宋体的高宽关系应符合表5.0.3的规定，黑体字的宽度与高度应相同。大标题、图册封面、地形图等的汉字，也可书写成其他字体，但应易于辨认。

表 5.0.3　　长仿宋字高宽关系　　mm

字高	20	14	10	7	5	3.5
字宽	14	10	7	5	3.5	2.5

5.0.4　汉字的简化字书写应符合国家有关汉字简化方案的规定。

5.0.5　图样及说明中的拉丁字母、阿拉伯数字与罗马数字，宜采用单线简体或 ROMAN 字体。拉丁字母、阿拉伯数字与罗马数字的书写规则，应符合表 5.0.5 的规定。

表 5.0.5　　拉丁字母、阿拉伯数字与罗马数字的书写规则

书写格式	字体	窄字体
大写字母高度	h	h
小写字母高度（上下均无延伸）	$7/10h$	$10/14h$
小写字母伸出的头部或尾部	$3/10h$	$4/14h$
笔画宽度	$1/10h$	$1/14h$
字母间距	$2/10h$	$2/14h$
上下行基准线的最小间距	$15/10h$	$21/14h$
词间距	$6/10h$	$6/14h$

5.0.6　拉丁字母、阿拉伯数字与罗马数字，当需写成斜体字时，其斜度应是从字的底线逆时针向上倾斜 75°。斜体字的高度和宽度应与相应的直体字相等。

5.0.7　拉丁字母、阿拉伯数字与罗马数字的字高，不应小于 2.5mm。

5.0.8　数量的数值注写，应采用正体阿拉伯数字。各种计量单位凡前面有量值的，均应采用国家颁布的单位符号注写。单位符号应采用正体字母。

5.0.9　分数、百分数和比例数的注写，应采用阿拉伯数字和数学符号。

5.0.10　当注写的数字小于 1 时，应写出各位的“0”，小数点应采用圆点，齐基准线书写。

5.0.11　长仿宋汉字、拉丁字母、阿拉伯数字与罗马数字示例应符合现行国家标准《技术制图——字体》（GB/T 14691）的有关规定。

6　比　　例

6.0.1　图样的比例，应为图形与实物相对应的线性尺寸之比。

6.0.2　比例的符号应为“:”，比例应以阿拉伯数字表示。

6.0.3　比例宜注写在图名的右侧，字的基准线应取平；比例的字高宜比图名的字高小一号或二号（图 6.0.3）。

平面图 1:100　　⑥ 1:120

图 6.0.3　比例的注写

6.0.4　绘图所用的比例应根据图样的用途与被绘对象的复杂程度，从表 6.0.4 中选用，并应优先采用表中常用比例。

表 6.0.4　　绘图所用的比例

常用比例	1：1、1：2、1：5、1：10、1：20、1：30、1：50、1：100、1：150、1：200、1：500、1：1000、1：2000
可用比例	1：3、1：4、1：6、1：15、1：25、1：40、1：60、1：80、1：250、1：300、1：400、1：600、1：5000、1：10000、1：20000、1：50000、1：100000、1：200000

6.0.5　一般情况下，一个图样应选用一种比例。根据专业制图需要，同一图样可选用两种比例。

6.0.6　特殊情况下也可自选比例，这时除应注出绘图比例外，还应在适当位置绘制出相应的比例尺。

7　符　　号

7.1　剖　切　符　号

7.1.1　剖视的剖切符号应由剖切位置线及剖视方向线组成，均应以粗实线绘制。剖视的剖切符号应符合下列规定：

1　剖切位置线的长度宜为 6～10mm；剖视方向线应垂直于剖切位置线，长度应短于剖切位置线，宜为 4～6mm（图 7.1.1-1），也可采用国际统一和常用的剖视方法，如图 7.1.1-2。绘制时，剖视剖切符号不应与其他图线相接触；

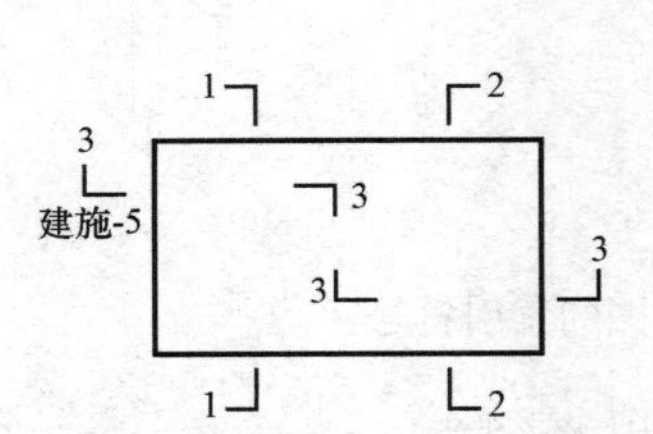

图 7.1.1-1　剖视的剖切符号（一）

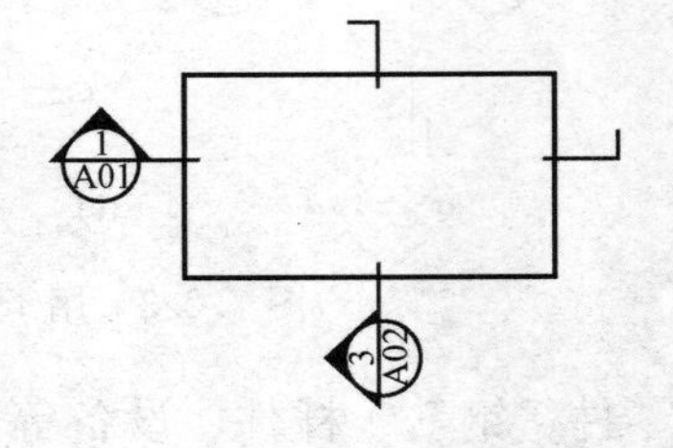

图 7.1.1-2　剖视的剖切符号（二）

2　剖视剖切符号的编号宜采用粗阿拉伯数字，按剖切顺序由左至右、由下向上连续编排，并应注写在剖视方向线的端部；

3　需要转折的剖切位置线，应在转角的外侧加注与该符号相同的编号；

4　建（构）筑物剖面图的剖切符号应注在±0.000 标高的平面图或首层平面图上；

5　局部剖面图（不含首层）的剖切符号应注在包含剖切部位的最下面一层的平面图上。

7.1.2　断面的剖切符号应符合下列规定：

1　断面的剖切符号应只用剖切位置线表示，并应以粗实线绘制，长度宜为 6～10mm；

2　断面剖切符号的编号宜采用阿拉伯数字，按顺序连续编排，并应注写在剖切位置线的一侧；编号所在的一侧应为该断面的剖视方向（图 7.1.2）。

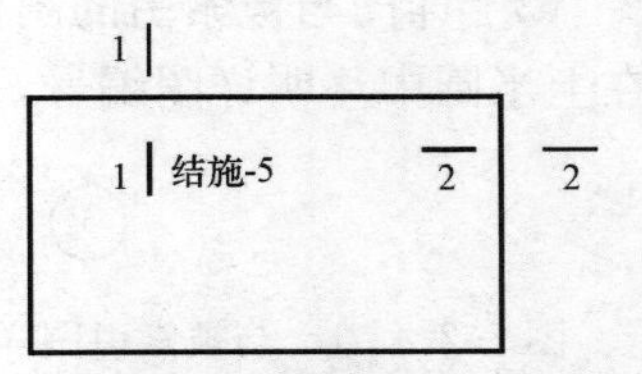

图 7.1.2　断面的剖切符号

7.1.3 剖面图或断面图，当与被剖切图样不在同一张图内，应在剖切位置线的另一侧注明其所在图纸的编号，也可以在图上集中说明。

7.2 索引符号与详图符号

7.2.1 图样中的某一局部或构件，如需另见详图，应以索引符号索引［图 7.2.1 (a)］。索引符号是由直径为 8～10mm 的圆和水平直径组成，圆及水平直径应以细实线绘制。索引符号应按下列规定编写：

1 索引出的详图，如与被索引的详图同在一张图纸内，应在索引符号的上半圆中用阿拉伯数字注明该详图的编号，并在下半圆中间画一段水平细实线［图 7.2.1 (b)］；

2 索引出的详图，如与被索引的详图不在同一张图纸内，应在索引符号的上半圆中用阿拉伯数字注明该详图的编号，在索引符号的下半圆用阿拉伯数字注明该详图所在图纸的编号［图 7.2.1 (c)］。数字较多时，可加文字标注；

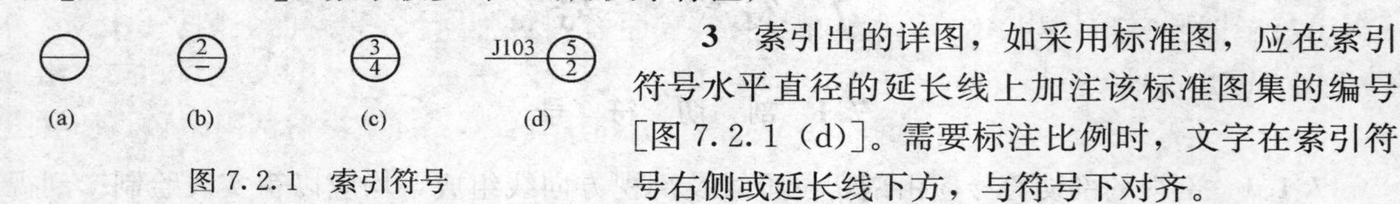

图 7.2.1 索引符号

3 索引出的详图，如采用标准图，应在索引符号水平直径的延长线上加注该标准图集的编号［图 7.2.1 (d)］。需要标注比例时，文字在索引符号右侧或延长线下方，与符号下对齐。

7.2.2 索引符号当用于索引剖视详图，应在被剖切的部位绘制剖切位置线，并以引出线引出索引符号，引出线所在的一侧应为剖视方向。索引符号的编写应符合本标准第 7.2.1 条的规定（图 7.2.2）。

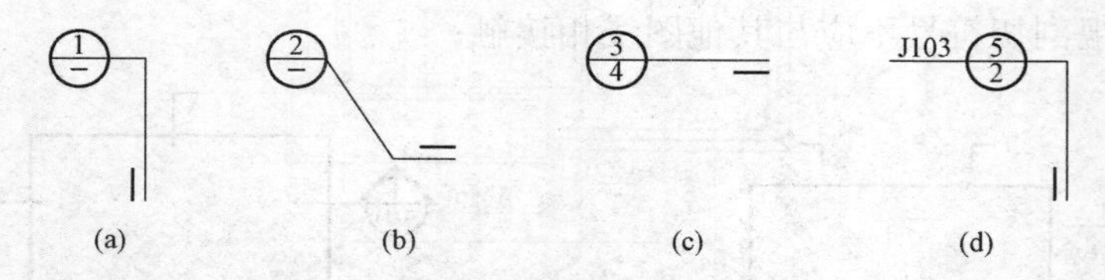

图 7.2.2 用于索引剖面详图的索引符号

7.2.3 零件、钢筋、杆件、设备等的编号宜以直径为 5～6mm 的细实线圆表示，同一图样应保持一致，其编号应用阿拉伯数字按顺序编写（图 7.2.3）。消火栓、配电箱、管井等的索引符号，直径宜为 4～6mm。

图 7.2.3 零件、钢筋等的编号

7.2.4 详图的位置和编号应以详图符号表示。详图符号的圆应以直径为 14mm 粗实线绘制。详图编号应符合下列规定：

1 详图与被索引的图样同在一张图纸内时，应在详图符号内用阿拉伯数字注明详图的编号（图 7.2.4－1）；

2 详图与被索引的图样不在同一张图纸内时，应用细实线在详图符号内画一水平直径，在上半圆中注明详图编号，在下半圆中注明被索引的图纸的编号（图 1.2.4－2）；

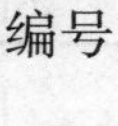

图 7.2.4－1 与被索引图样同在一张图纸内的详图符号

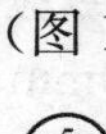

图 7.2.4－2 与被索引图样不在同一张图纸内的详图符号

7.3 引 出 线

7.3.1 引出线应以细实线绘制，宜采用水平方向的直线，与水平方向成 30°、45°、60°、90°的直线，或经上述角度再折为水平线。文字说明宜注写在水平线的上方［图 7.3.1（a)]，也可注写在水平线的端部［图 7.3.1（b)]。索引详图的引出线，应与水平直径线相连接［图 7.3.1（c)]。

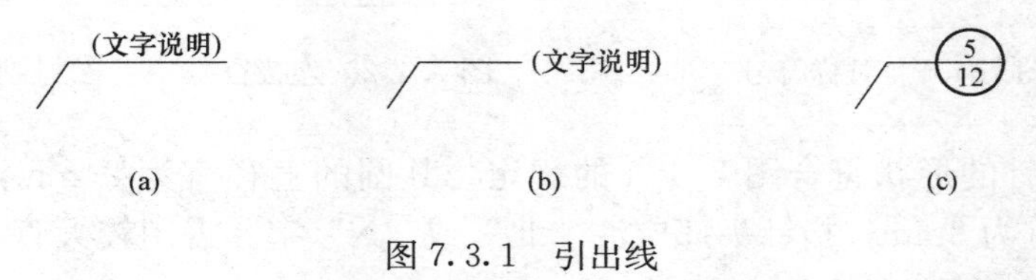

图 7.3.1 引出线

7.3.2 同时引出的几个相同部分的引出线，宜互相平行［图 7.3.2（a)]，也可画成集中于一点的放射线［图 7.3.2（b)]。

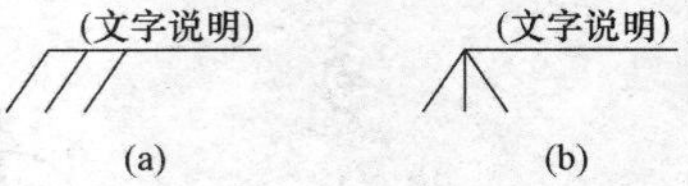

(文字说明)　(文字说明)

(a)　(b)

图 7.3.2 共用引出线

7.3.3 多层构造或多层管道共用引出线，应通过被引出的各层，并用圆点示意对应各层次。文字说明宜注写在水平线的上方，或注写在水平线的端部，说明的顺序应由上至下，并应与被说明的层次对应一致；如层次为横向排序，则由上至下的说明顺序应与由左至右的层次对应一致（图 7.3.3)。

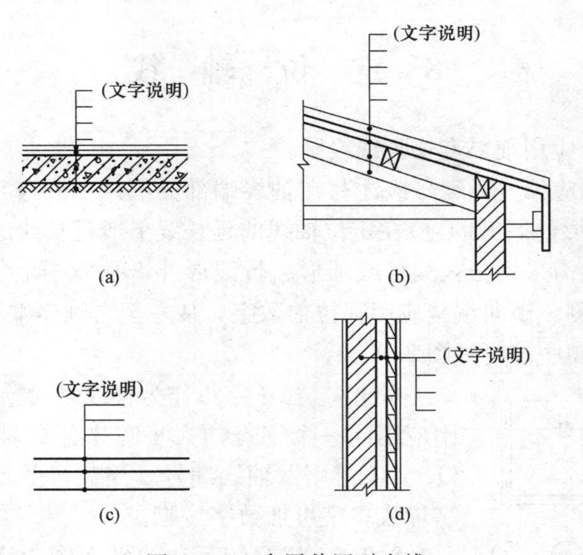

图 7.3.3 多层共用引出线

7.4 其 他 符 号

7.4.1 对称符号由对称线和两端的两对平行线组成。对称线用细单点长画线绘制；平行线用细实线绘制，其长度宜为 6～10mm，每对的间距宜为 2～3mm；对称线垂直平分于两对平行线，两端超出平行线宜为 2～3mm（图 7.4.1)。

7.4.2 连接符号应以折断线表示需连接的部位。两部位相距过远时，折断线两端靠图样一侧应标注大写拉丁字母表示连接编号。两个被连接的图样应用相同的字母编号（图7.4.2）。

图 7.4.1　对称符号　　图 7.4.2　连接符号

7.4.3　指北针的形状符合图 7.4.3 的规定，其圆的直径宜为 24mm，用细实线绘制；指针尾部的宽度宜为 3mm，指针头部应注“北”或“N”字。需用较大直径绘制指北针时，指针尾部的宽度宜为直径的 1/8。

7.4.4　对图纸中局部变更部分宜采用云线，并宜注明修改版次（图 7.4.4）。

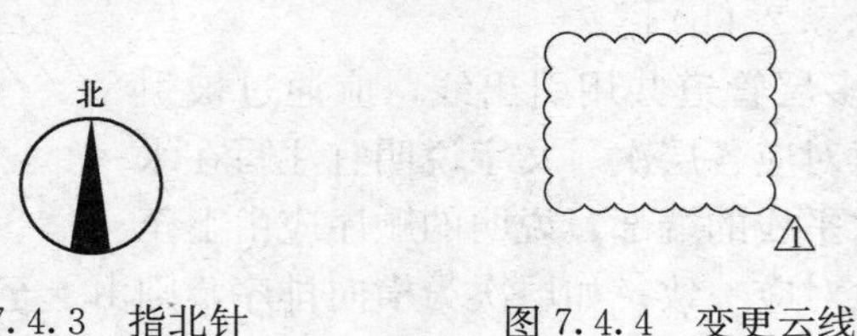

图 7.4.3　指北针　　图 7.4.4　变更云线

注：1 为修改次数

8　定　位　轴　线

8.0.1　定位轴线应用细单点长画线绘制。

8.0.2　定位轴线应编号，编号应注写在轴线端部的圆内。圆应用细实线绘制，直径为 8mm～10mm。定位轴线圆的圆心应在定位轴线的延长线上或延长线的折线上。

8.0.3　除较复杂需采用分区编号或圆形、折线形外，平面图上定位轴线的编号，宜标注在图样的下方或左侧。横向编号应用阿拉伯数字，从左至右顺序编写；竖向编号应用大写拉丁字母，从下至上顺序编写（图 8.0.3）。

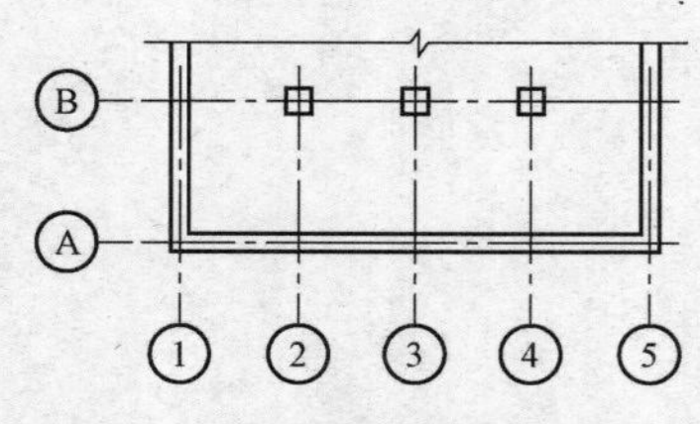

图 8.0.3　定位轴线的编号顺序

8.0.4　拉丁字母作为轴线号时，应全部采用大写字母，不应用同一个字母的大小写来区分轴线号。拉丁字母的 I、O、Z 不得用做轴线编号。当字母数量不够使用，可增用双字母或单字母加数字注脚。

8.0.5　组合较复杂的平面图中定位轴线也可采用分区编号（图 8.0.5）。编号的注写形式应为“分区号——该分区编号”。“分区号——该分区编号”采用阿拉伯数字或大写拉丁字母表示。

8.0.6　附加定位轴线的编号；应以分数形式表示，并应符合下列规定：

1　两根轴线的附加轴线，应以分母表示前一轴线的编号，分子表示附加轴线的编号。编号宜用阿拉伯数字顺序编写；

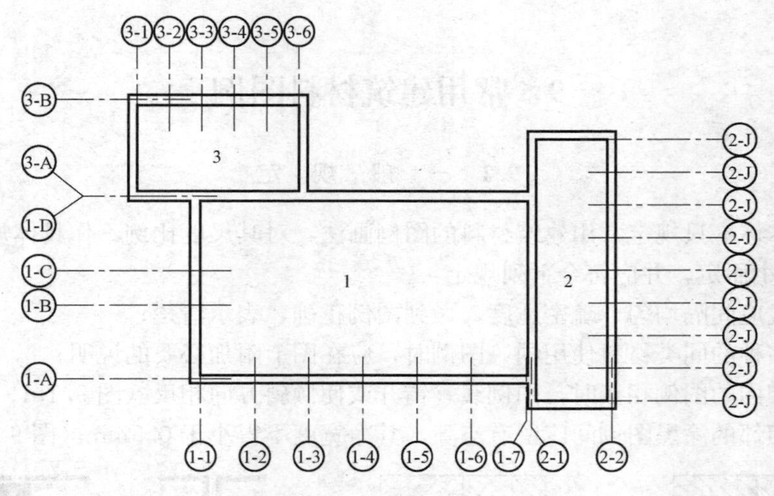

图 8.0.5　定位轴线的分区编号

2　1 号轴线或 A 号轴线之前的附加轴线的分母应以 01 或 0A 表示。

8.0.7　一个详图适用于几根轴线时，应同时注明各有关轴线的编号（图 8.0.7）。

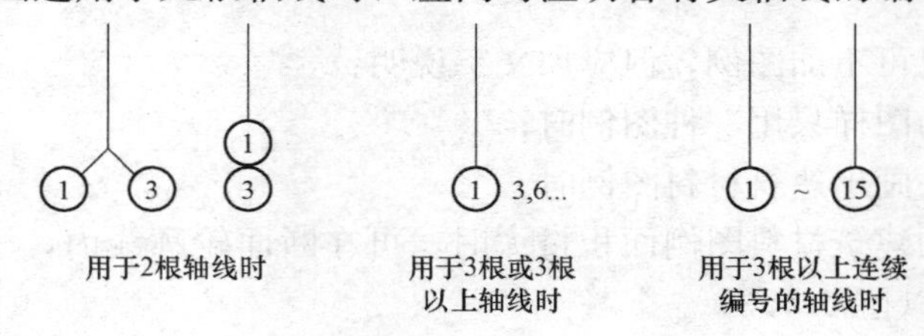

图 8.0.7　详图的轴线编号

8.0.8　通用详图中的定位轴线，应只画圆，不注写轴线编号。

8.0.9　圆形与弧形平面图中的定位轴线，其径向轴线应以角度进行定位，其编号宜用阿拉伯数字表示，从左下角或−90°（若径向轴线很密，角度间隔很小）开始，按逆时针顺序编写；其环向轴线宜用大写英文字母表示，从外向内顺序编写（见图 8.0.9-1、图 8.0.9-2）。

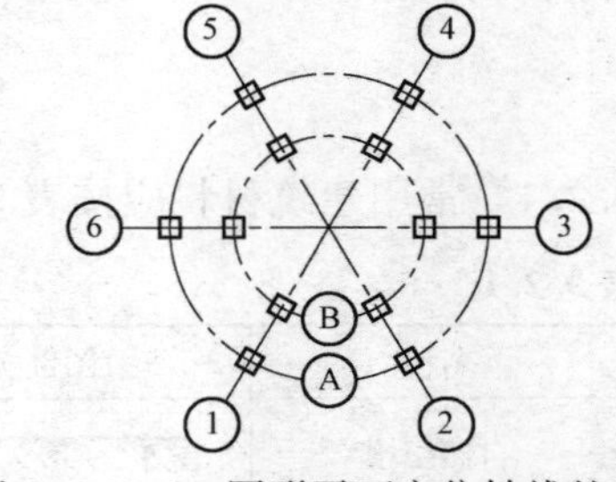

图 8.0.9-1　圆形平面定位轴线的编号

8.0.10　折线形平面图中定位轴线的编号可按图 8.0.10 的形式编写。

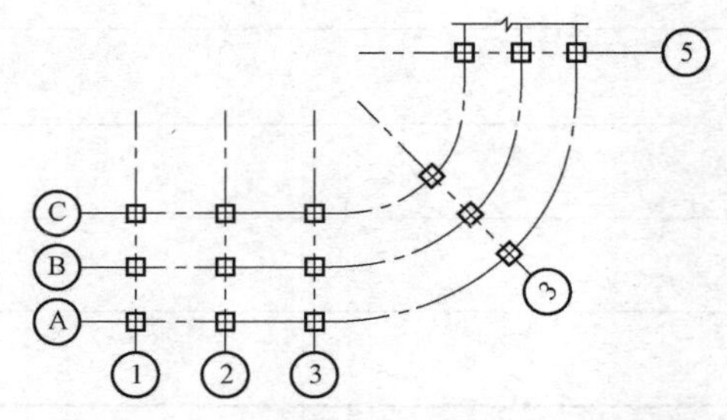

图 8.0.9-2　弧形平面定位轴线的编号

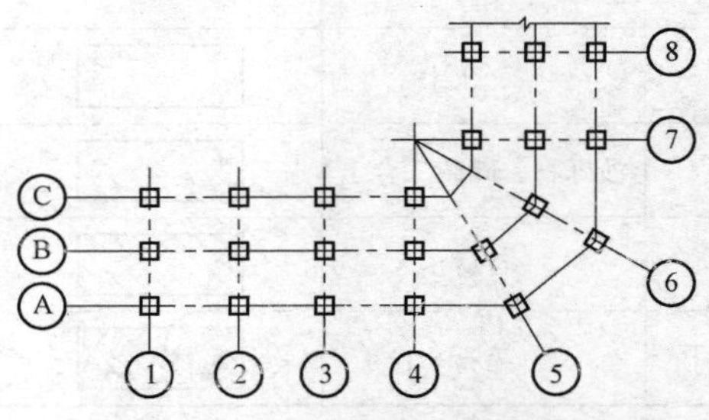

图 8.0.10　折线形平面定位轴线的编号

9 常用建筑材料图例

9.1 一 般 规 定

9.1.1 本标准只规定常用建筑材料的图例画法，对其尺度比例不作具体规定。使用时，应根据图样大小而定，并应符合下列规定：

1 图例线应间隔均匀、疏密适度，做到图例正确、表示清楚；

2 不同品种的同类材料使用同一图例时，应在图上附加必要的说明；

3 两个相同的图例相接时，图例线宜错开或使倾斜方向相反（图 9.1.1-1）；

4 两个相邻的涂黑图例间应留有空隙，其净宽度不得小于 0.5mm（图 9.1.1-2）。

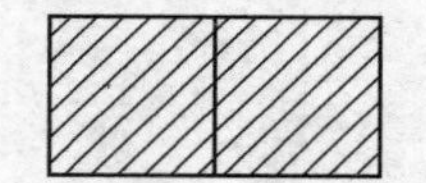

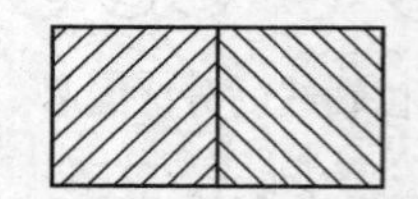

图 9.1.1-1 相同图例相接时的画法

图 9.1.1-2 相邻涂黑图例的画法

9.1.2 下列情况可不加图例，但应加文字说明：

1 一张图纸内的图样只用一种图例时；

2 图形较小无法画出建筑材料图例时。

9.1.3 需画出的建筑材料图例面积过大时，可在断面轮廓线内，沿轮廓线作局部表示（图 9.1.3）。

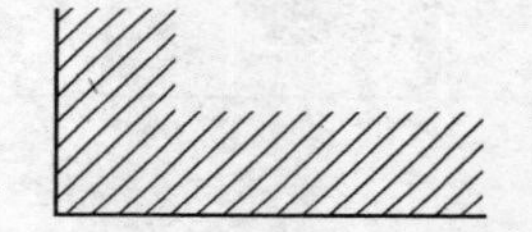

图 9.1.3 局部表示图例

9.1.4 当选用本标准中未包括的建筑材料时，可自编图例。但不得与本标准所列的图例重复。绘制时，应在适当位置画出该材料图例，并加以说明。

9.2 常用建筑材料图例

9.2.1 常用建筑材料应按表 9.2.1 所示图例画法绘制。

表 9.2.1 常用建筑材料图例

序号	名称	图例	备注
1	自然土壤		包括各种自然土壤
2	夯实土壤		—
3	砂、灰土	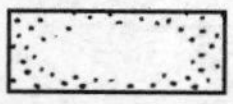	—
4	沙砾石、碎砖三合土	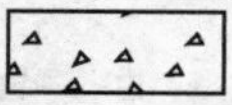	—
5	石材	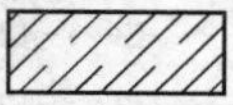	—
6	毛石		—

续表

序号	名称	图例	备注
7	普通砖	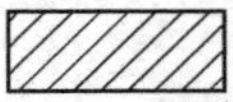	包括实心砖、多孔砖、砌块等砌体。断面较窄不易绘出图例线时，可涂红，并在图纸备注中加注说明，画出该材料图例
8	耐火砖		包括耐酸砖等砌体
9	空心砖		指非承重砖砌体
10	饰面砖		包括铺地砖、马赛克、陶瓷锦砖、人造大理石等
11	焦渣、矿渣	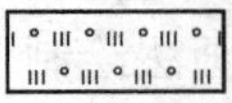	包括与水泥、石灰等混合而成的材料
12	混凝土	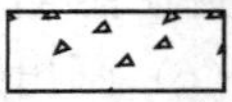	1 本图例指能承重的混凝土及钢筋混凝土 2 包括各种强度等级、骨料、添加剂的混凝土 3 在剖面图上画出钢筋时，不画图例线 4 断面图形小，不易副出图例线时，可涂黑
13	钢筋混凝土	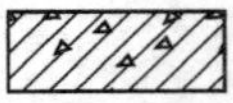	
14	多孔材料		包括水泥珍珠岩、沥青珍珠岩、泡沫混凝土、非承重加气混凝土、软木、蛭石制品等
15	纤维材料	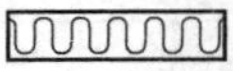	包括矿棉、岩棉、玻璃棉、麻丝、木丝板、纤维板等
16	泡沫塑料材料	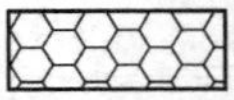	包括聚苯乙烯、聚乙烯、聚氨酯等多孔聚合物类材料
17	木材		1 上图为横断面，左上图为垫木、木砖或木龙骨 2 下图为纵断面
18	胶合板	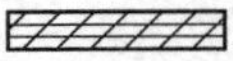	应注明为×层胶合板
19	石膏板	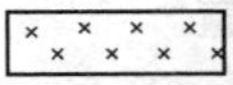	包括圆孔、方孔石膏板、防水石膏板、硅钙板、防火板等
20	金属		1 包括各种金属 2 图形小时，可涂黑
21	网状材料		1 包括金属、塑料网状材料 2 应注明具体材料名称
22	液体	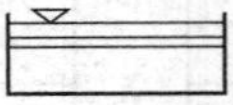	应注明具体液体名称
23	玻璃		包括平板玻璃、磨砂玻璃、夹丝玻璃、钢化玻璃、中空玻璃、夹层玻璃、镀膜玻璃等
24	橡胶		
25	塑料		包括各种软、硬塑料及有机玻璃等
26	防水材料		构造层次多或比例大时，采用上图例
27	粉刷	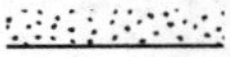	本图例采用较稀的点

注 序号1、2、5、7、8、13、14、16、17、18图例中的斜线、短斜线、交叉斜线等均为45°。

10 图样画法

10.1 投影法

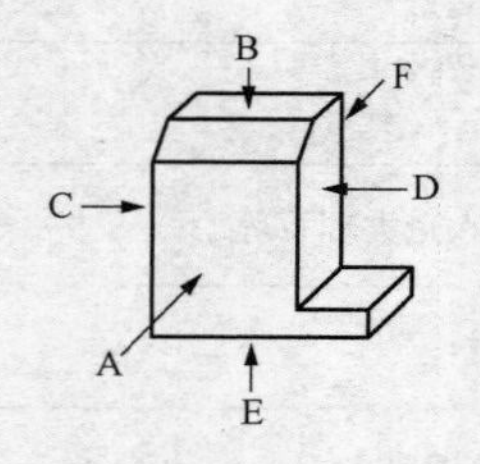

图 10.1.1 第一角画法

10.1.1 房屋建筑的视图应按正投影法并用第一角画法绘制。自前方 A 投影应为正立面图，自上方 B 投影应为平面图，自左方 C 投影应为左侧立面图，自右方 D 投影应为右侧立面图，自下方 E 投影应为底面图，自后方 F 投影应为背立面图（图 10.1.1）。

10.1.2 当视图用第一角画法绘制不易表达时，可用镜像投影法绘制［图 10.1.2（a)］。但应在图名后注写“镜像”二字［图 10.1.2（b)］，或按图 10.1.2（c）画出镜像投影识别符号。

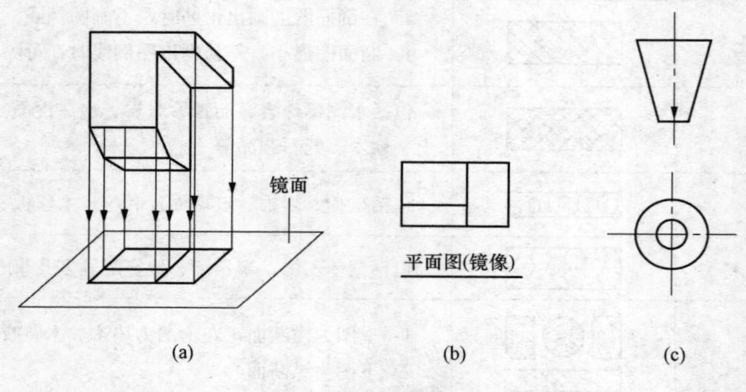

图 10.1.2 镜像投影法

10.2 视图布置

10.2.1 当在同一张图纸上绘制若干个视图时，各视图的位置宜按图 10.2.1 的顺序进行布置。

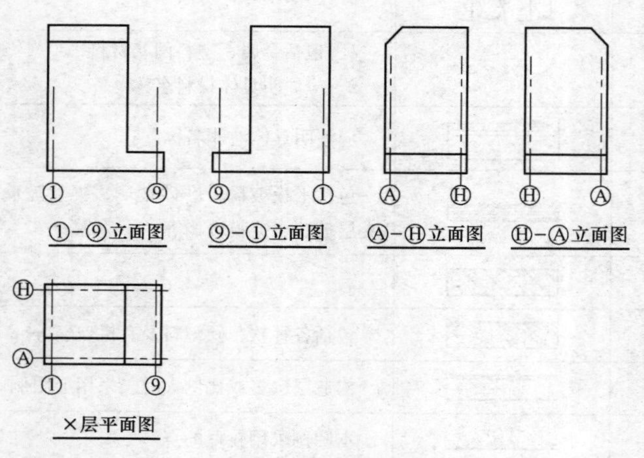

图 10.2.1 视图布置

10.2.2 每个视图均应标注图名。各视图图名的命名，主要应包括平面图、立面图、剖面图或断面图、详图。同一种视图多个图的图名前加编号以示区分。平面图，以楼层编号，包括地下二层平面图、地下一层平面图、首层平面图、二层平面图。立面图以该图两端头的轴线号编号，剖面图或断面图以剖切号编号，详图以索引号编号。图名宜标注在视图的下方或一侧，并在图名下用粗实线绘一条横线，其长度应以图名所占长度为准（图 10.2.1）。使用详图符号作图名时，符号下不再画线。

10.2.3 分区绘制的建筑平面图，应绘制组合示意图，指出该区在建筑平面图中的位置。各分区视图的分区部位及编号均应一致，并应与组合示意图一致（图 10.2.3）。

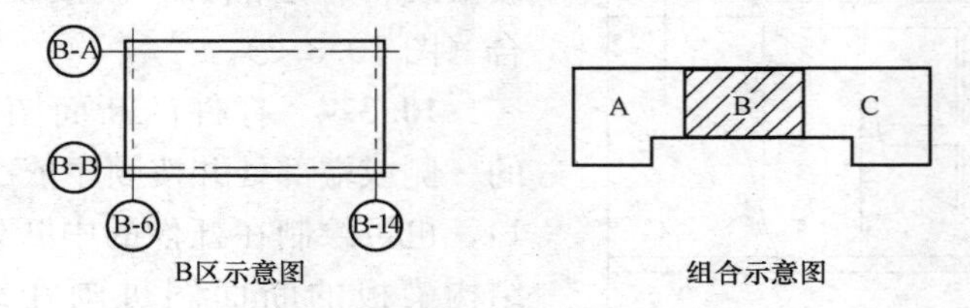

图 10.2.3　分区绘制建筑平面图

10.2.4 总平面图应反映建筑物在室外地坪上的墙基外包线，不应画屋顶平面投影图。同一工程不同专业的总平面图，在图纸上的布图方向均应一致；单体建（构）筑物平面图在图纸上的布图方向，必要时可与其在总平面图上的布图方向不一致，但必须标明方位；不同专业的单体建（构）筑物平面图，在图纸上的布图方向均应一致。

10.2.5 建（构）筑物的某些部分，如与投影面不平行，在画立面图时，可将该部分展至与投影面平行，再以正投影法绘制，并应在图名后注写“展开”字样。

10.2.6 建筑吊顶（顶棚）灯具、风口等设计绘制布置图，应是反映在地面上的镜面图，不是仰视图。

10.3　剖面图和断面图

10.3.1 剖面图除应画出剖切面切到部分的图形外，还应画出沿投射方向看到的部分，被剖切面切到部分的轮廓线用粗实线绘制，剖切面没有切到、但沿投射方向可以看到的部分，用中实线绘制；断面图则只需（用粗实线）画出剖切面切到部分的图形（图 10.3.1）。

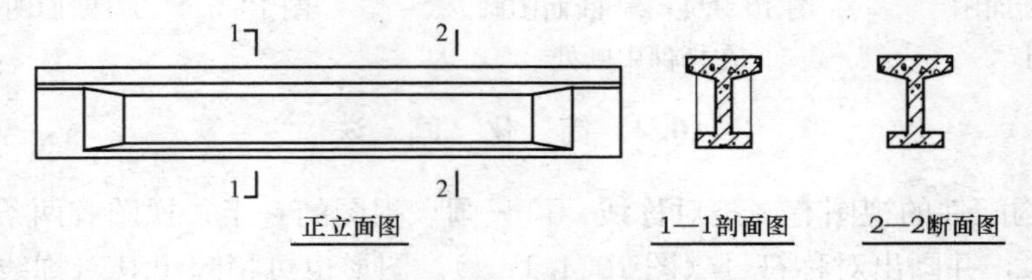

图 10.3.1　剖面图与断面图的区别

10.3.2 剖面图和断面图应按下列方法剖切后绘制：

1　用一个剖切面剖切（图 10.3.2-1）；

2　用两个或两个以上平行的剖切面剖切（图 10.3.2-2）；

3　用两个相交的剖切面剖切（图 10.3.2-3）。用此法剖切时，应在图名后注明“展开”字样。

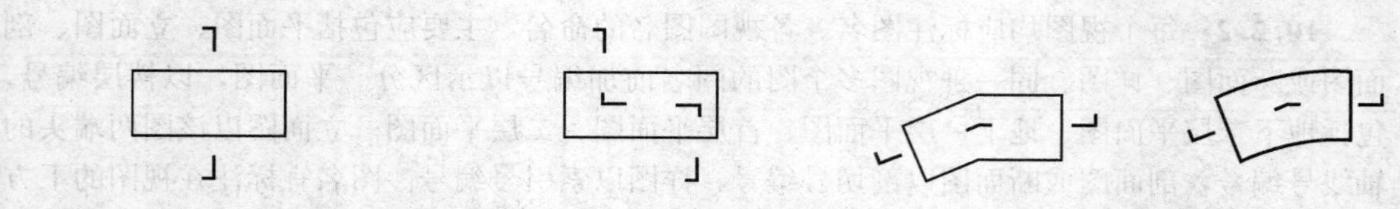

图 10.3.2-1　一个剖切面剖切　图 10.3.2-2　两个平行的剖切面剖切　图 10.3.2-3　两个相交的剖切面剖切

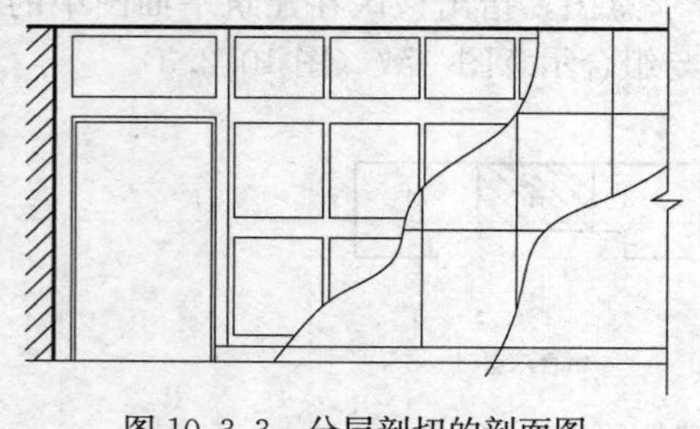

图 10.3.3　分层剖切的剖面图

10.3.3　分层剖切的剖面图，应按层次以波浪线将各层隔开，波浪线不应与任何图线重合（图 10.3.3）。

10.3.4　杆件的断面图可绘制在靠近杆件的一侧或端部处并按顺序依次排列（图 10.3.4-1），也可绘制在杆件的中断处（图 10.3.4-2）；结构梁板的断面图可画在结构布置图上（图 10.3.4-3）。

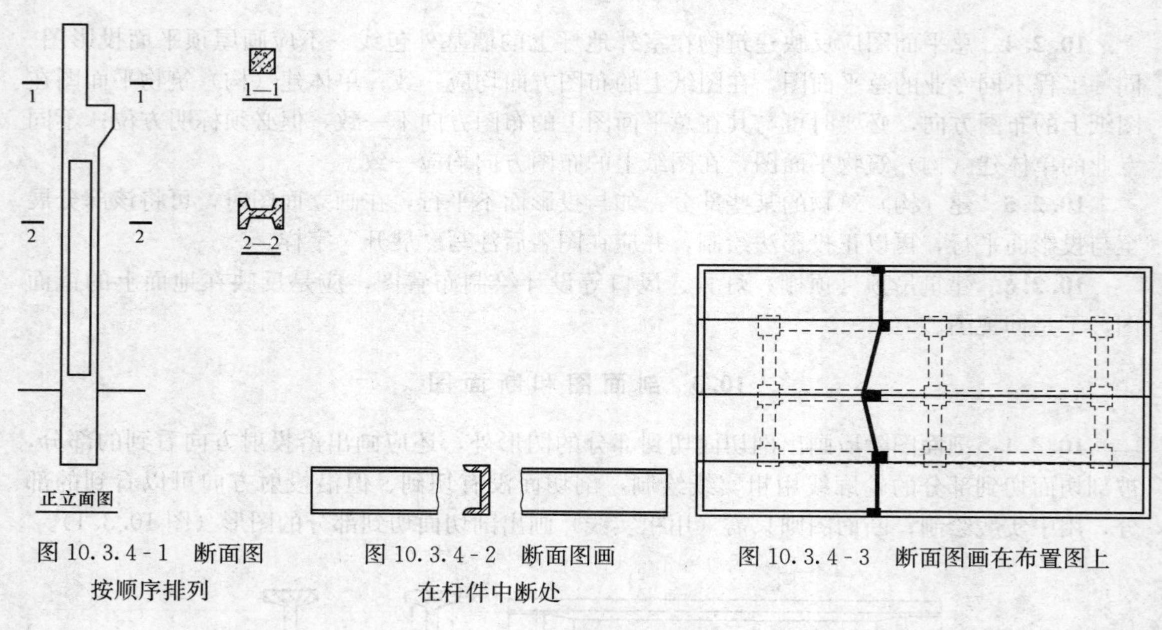

图 10.3.4-1　断面图按顺序排列　图 10.3.4-2　断面图画在杆件中断处　图 10.3.4-3　断面图画在布置图上

10.4 简 化 画 法

10.4.1　构配件的视图有一条对称线，可只画该视图的一半；视图有两条对称线，可只画该视图的 1/4，并画出对称符号（图 10.4.1-1）。图形也可稍超出其对称线，此时可不画对称符号（图 10.4.1-2）。对称的形体需画剖面图或断面图时，可以对称符号为界，一半画视图（外形图），一半画剖面图或断面图（图 10.4.1-3）。

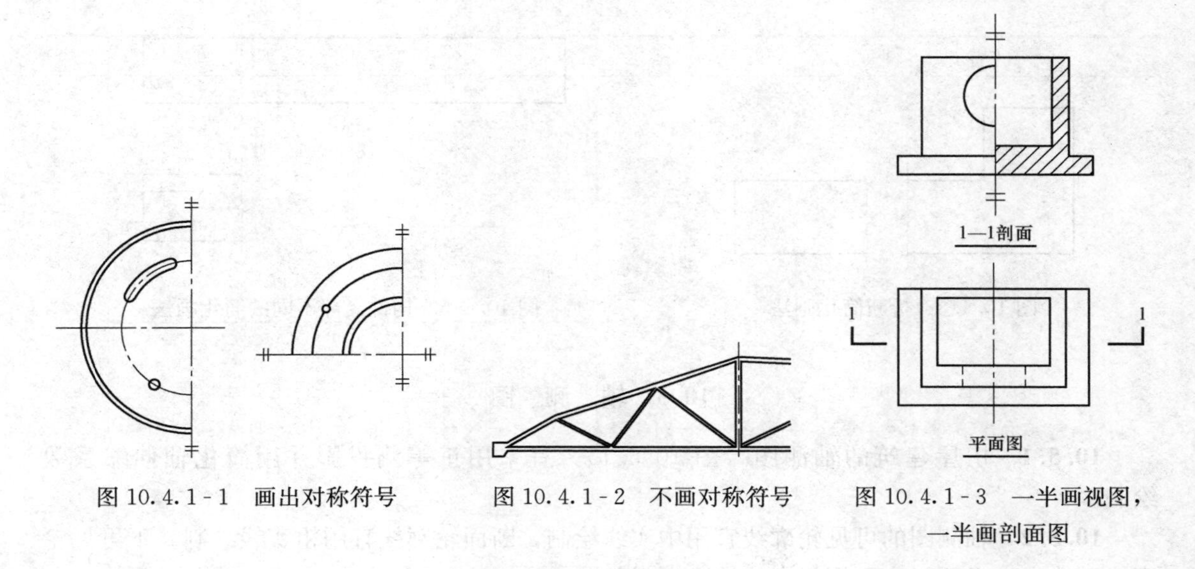

图 10.4.1-1　画出对称符号　　图 10.4.1-2　不画对称符号　　图 10.4.1-3　一半画视图，一半画剖面图

10.4.2　构配件内多个完全相同而连续排列的构造要素，可仅在两端或适当位置画出其完整形状，其余部分以中心线或中心线交点表示（图 10.4.2a）。当相同构造要素少于中心线交点，则其余部分应在相同构造要素位置的中心线交点处用小圆点表示（图 10.4.2b）。

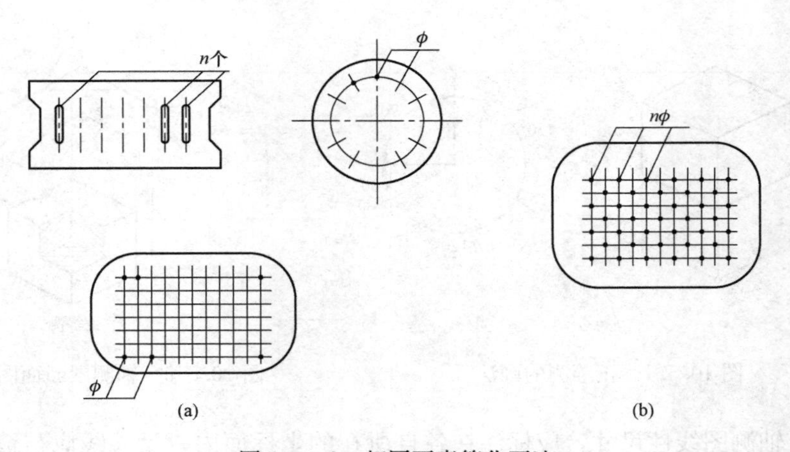

图 10.4.2　相同要素简化画法

10.4.3　较长的构件，当沿长度方向的形状相同或按一定规律变化，可断开省略绘制，断开处应以折断线表示（图 10.4.3）。

10.4.4　一个构配件，如绘制位置不够，可分成几个部分绘制，并应以连接符号表示相连（图 10.4.2）。

10.4.5　一个构配件如与另一构配件仅部分不相同，该构配件可只画不同部分，但应在两个构配件的相同部分与不同部分的分界线处，分别绘制连接符号（图 10.4.5）。

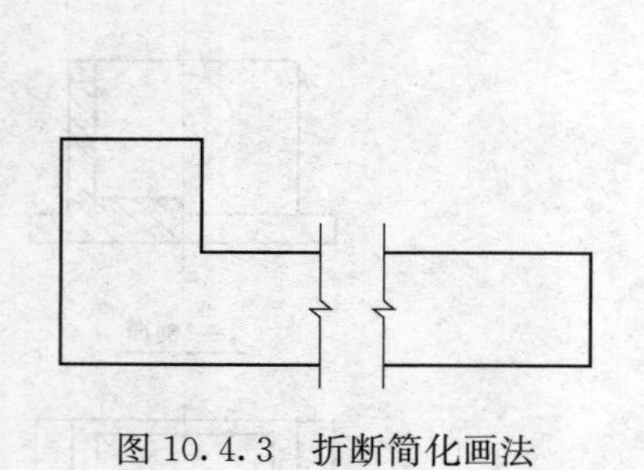

图 10.4.3　折断简化画法

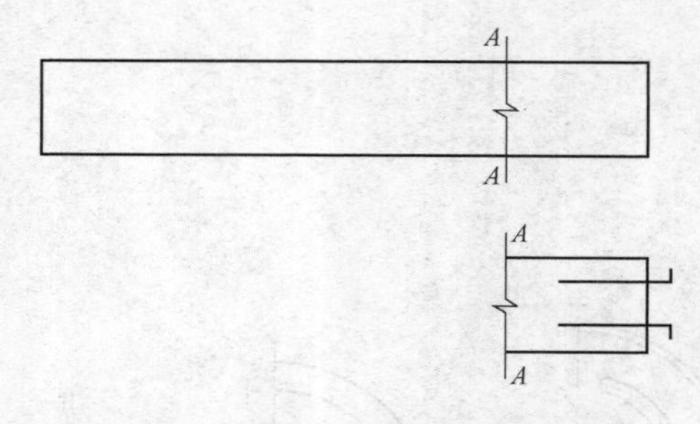

图 10.4.5　构件局部不同的简化画法

10.5 轴 测 图

10.5.1　房屋建筑的轴测图（图 10.5.1），宜采用正等测投影并用简化轴伸缩系数绘制。

10.5.2　轴测图的可见轮廓线宜用中实线绘制，断面轮廓线宜用粗实线绘制。不可见轮廓线不绘出，必要时，可用细虚线绘出所需部分。

10.5.3　轴测图的断面上应画出其材料图例线，图例线应按其断面所在坐标面的轴测方向绘制。如以 45°斜线为材料图例线时，应按图 10.5.3 的规定绘制。

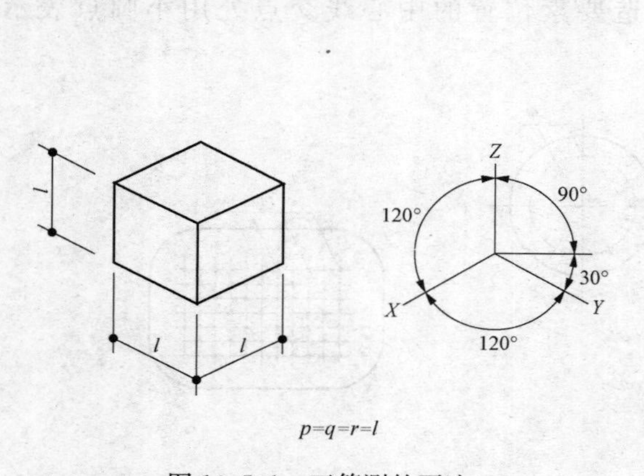

图 10.5.1　正等测的画法

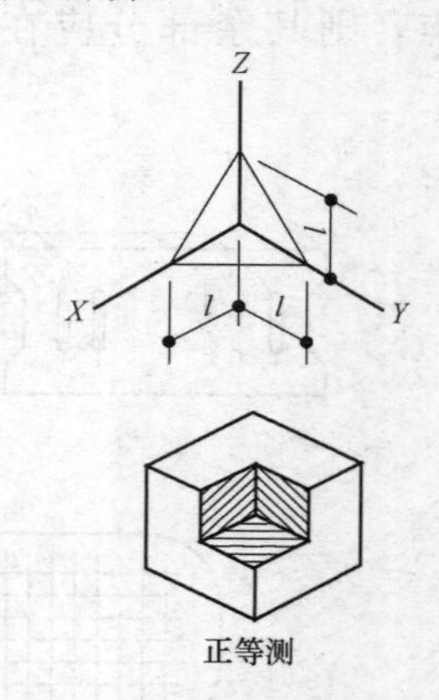

图 10.5.3　轴测图断面图例线画法

10.5.4　轴测图线性尺寸，应标注在各自所在的坐标面内，尺寸线应与被注长度平行，尺寸界线应平行于相应的轴测轴，尺寸数字的方向应平行于尺寸线，如出现字头向下倾斜时，应将尺寸线断开，在尺寸线断开处水平方向注写尺寸数字。轴测图的尺寸起止符号宜用小圆点（图 10.5.4）。

10.5.5　轴测图中的圆径尺寸，应标注在圆所在的坐标面内；尺寸线与尺寸界线应分别平行于各自的轴测轴。圆弧半径和小圆直径尺寸也可引出标注，但尺寸数字应注写在平行于轴测轴的引出线上（图 10.5.5）。

10.5.6　轴测图的角度尺寸，应标注在该角所在的坐标面内，尺寸线应画成相应的椭圆弧或圆弧。尺寸数字应水平方向注写（图 10.5.6）。

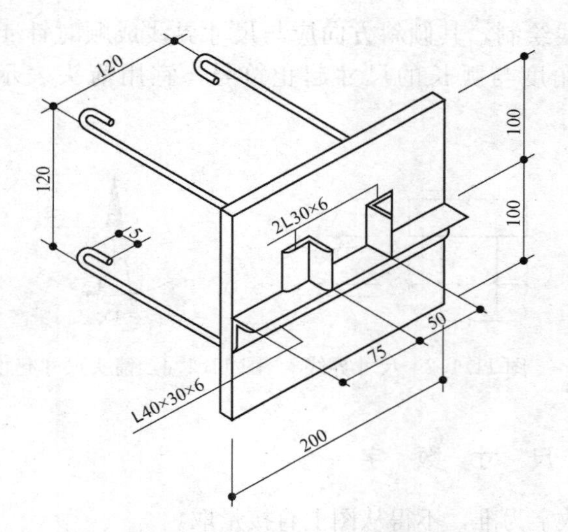

图 10.5.4　轴测图线性尺寸的标注方法

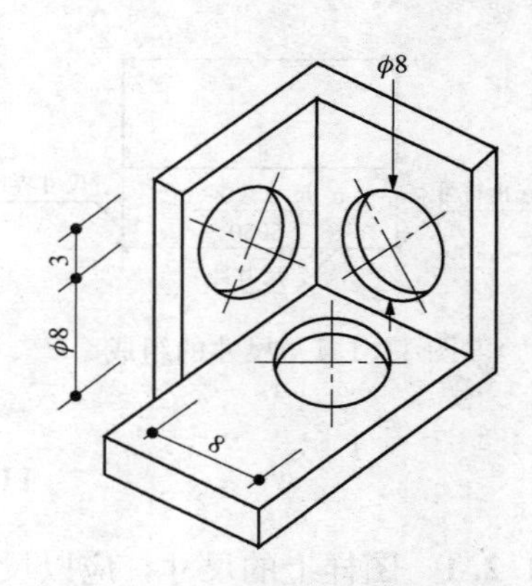

图 10.5.5　轴测图圆直径标注方法

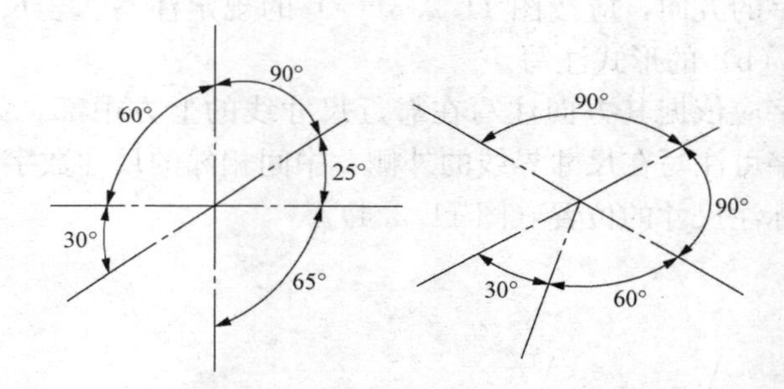

图 10.5.6　轴测图角度的标注方法

10.6　透　视　图

10.6.1　房屋建筑设计中的效果图，宜采用透视图。

10.6.2　透视图中的可见轮廓线，宜用中实线绘制。不可见轮廓线不绘出，必要时，可用细虚线绘出所需部分。

11 尺　寸　标　注

11.1　尺寸界线、尺寸线及尺寸起止符号

11.1.1　图样上的尺寸，应包括尺寸界线、尺寸线、尺寸起止符号和尺寸数字（图 11.1.1）。

11.1.2　尺寸界线应用细实线绘制，应与被注长度垂直，其一端应离开图样轮廓线不应小于 2mm，另一端宜超出尺寸线 2～3mm。图样轮廓线可用作尺寸界线（图 11.1.2）。

11.1.3　尺寸线应用细实线绘制，应与被注长度平行。图样本身的任何图线均不得用作尺寸线。

11.1.4 尺寸起止符号用中粗斜短线绘制，其倾斜方向应与尺寸界线成顺时针 45°角，长度宜为 2mm～3mm。半径、直径、角度与弧长的尺寸起止符号，宜用箭头表示（图 11.1.4）。

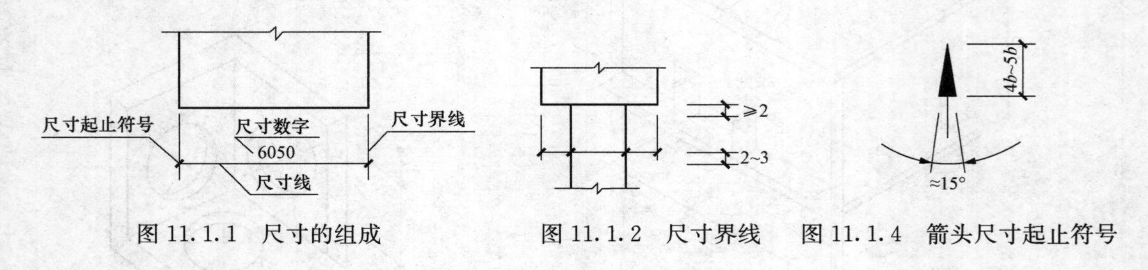

图 11.1.1 尺寸的组成　　图 11.1.2 尺寸界线　　图 11.1.4 箭头尺寸起止符号

11.2 尺 寸 数 字

11.2.1 图样上的尺寸，应以尺寸数字为准，不得从图上直接量取。

11.2.2 图样上的尺寸单位，除标高及总平面以米为单位外，其他必须以毫米为单位。

11.2.3 尺寸数字的方向，应按图 11.2.3（a）的规定注写。若尺寸数字在 30°斜线区内，也可按图 11.2.3（b）的形式注写。

11.2.4 尺寸数字应依据其方向注写在靠近尺寸线的上方中部。如没有足够的注写位置，最外边的尺寸数字可注写在尺寸界线的外侧，中间相邻的尺寸数字可上下错开注写，引出线端部用圆点表示标注尺寸的位置（图 11.2.4）。

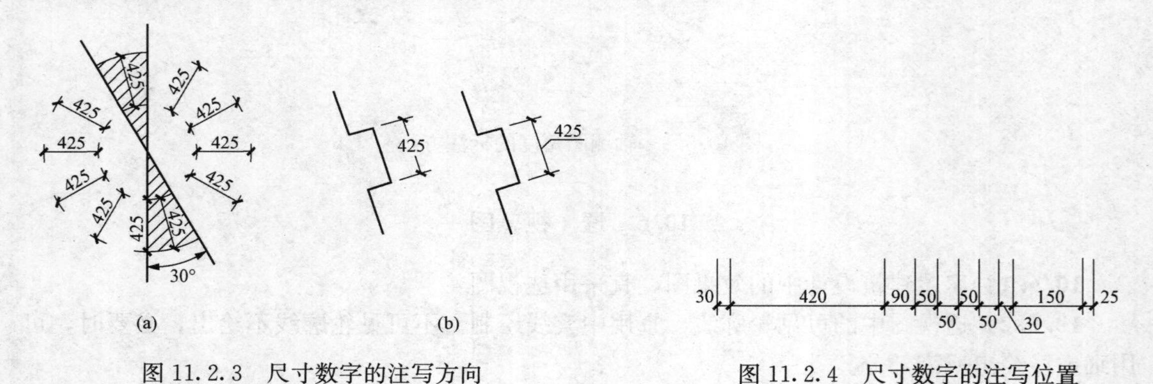

图 11.2.3 尺寸数字的注写方向　　图 11.2.4 尺寸数字的注写位置

11.3 尺寸的排列与布置

11.3.1 尺寸宜标注在图样轮廓以外，不宜与图线、文字及符号等相交（图 11.3.1）。

11.3.2 互相平行的尺寸线，应从被注写的图样轮廓线由近向远整齐排列，较小尺寸应离轮廓线较近，较大尺寸应离轮廓线较远（图 11.3.2）。

11.3.3 图样轮廓线以外的尺寸界线，距图样最外轮廓之间的距离，不宜小于 10mm。平行排列的尺寸线的间距，宜为 7～10mm，并应保持一致（图 11.3.2）。

11.3.4 总尺寸的尺寸界线应靠近所指部位，中间的分尺寸的尺寸界线可稍短，但其长度应相等（图 11.3.2）。

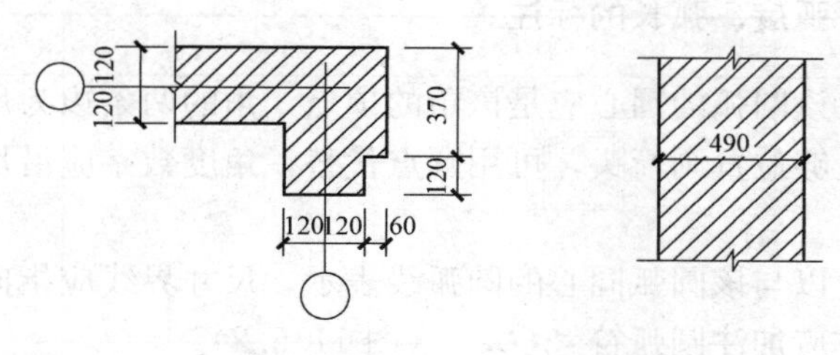

图 11.3.1　尺寸数字的注写

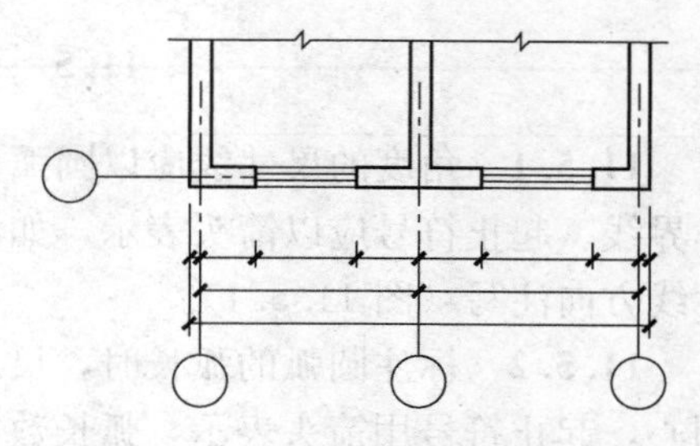

图 11.3.2　尺寸的排列

11.4　半径、直径、球的尺寸标注

11.4.1　半径的尺寸线应一端从圆心开始，另一端画箭头指向圆弧。半径数字前应加注半径符号“*R*”（图 11.4.1）。

11.4.2　较小圆弧的半径，可按图 11.4.2 形式标注。

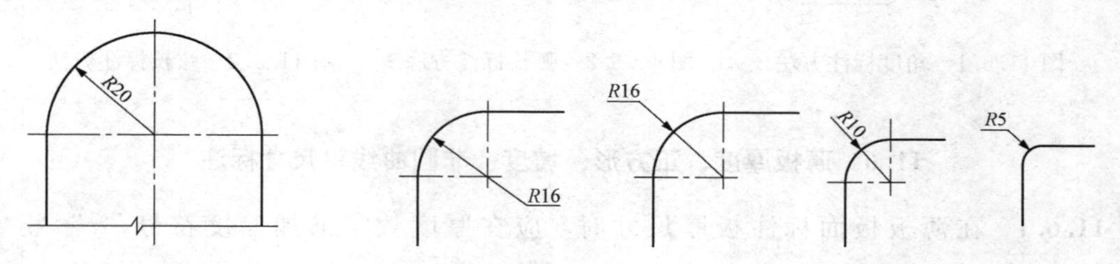

图 11.4.1　半径标注方法　　　　图 11.4.2　小圆弧半径的标注方法

11.4.3　较大圆弧的半径，可按图 11.4.3 形式标注。

11.4.4　标注圆的直径尺寸时，直径数字前应加直径符号“ϕ”。在圆内标注的尺寸线应通过圆心，两端画箭头指至圆弧（图 11.4.4）。

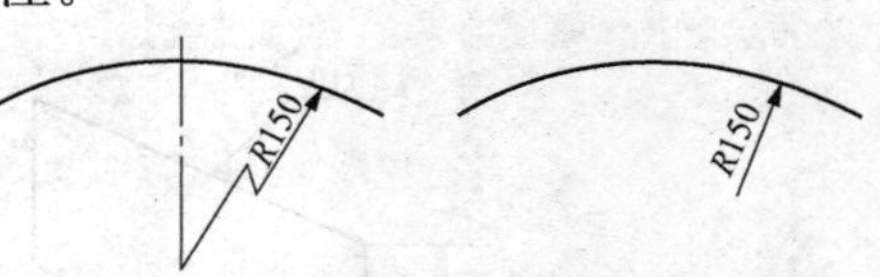

图 11.4.3　大圆弧半径的标注方法

11.4.5　较小圆的直径尺寸，可标注在圆外（图 11.4.5）。

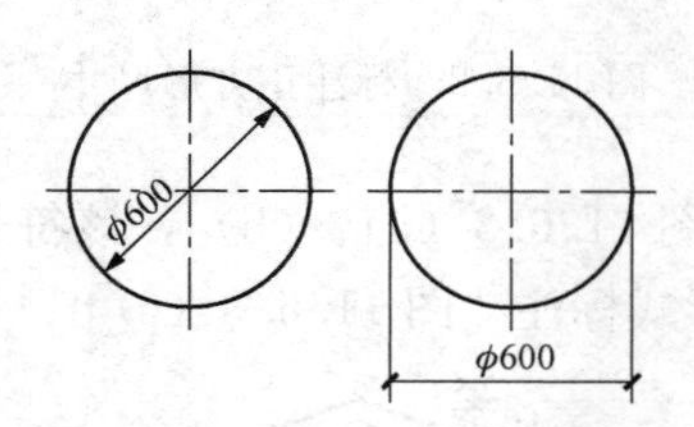

图 11.4.4　圆直径的标注方法

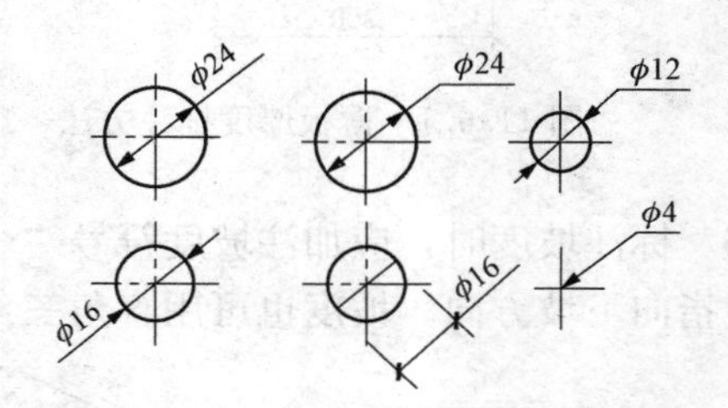

图 11.4.5　小圆直径的标注方法

11.4.6　标注球的半径尺寸时，应在尺寸前加注符号“*SR*”。标注球的直径尺寸时，应在尺寸数字前加注符号“$S\phi$”。注写方法与圆弧半径和圆直径的尺寸标注方法相同。

11.5 角度、弧度、弧长的标注

11.5.1 角度的尺寸线应以圆弧表示。该圆弧的圆心应是该角的顶点，角的两条边为尺寸界线。起止符号应以箭头表示，如没有足够位置画箭头，可用圆点代替，角度数字应沿尺寸线方向注写（图 11.5.1）。

11.5.2 标注圆弧的弧长时，尺寸线应以与该圆弧同心的圆弧线表示，尺寸界线应指向圆心，起止符号用箭头表示，弧长数字上方应加注圆弧符号“⌒”（图 11.5.2）。

11.5.3 标注圆弧的弦长时，尺寸线应以平行于该弦的直线表示，尺寸界线应垂直于该弦，起止符号用中粗斜短线表示（图 11.5.3）。

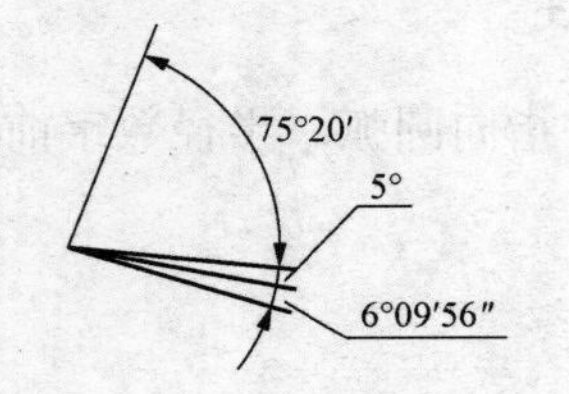

图 11.5.1 角度标注方法

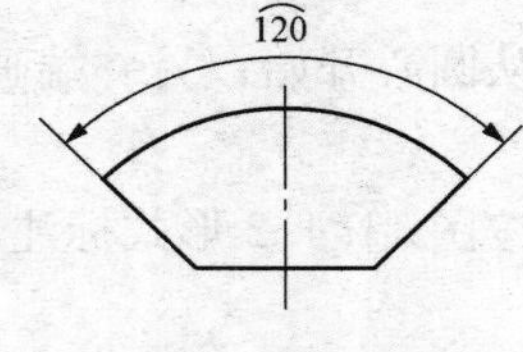

图 11.5.2 弧长标注方法

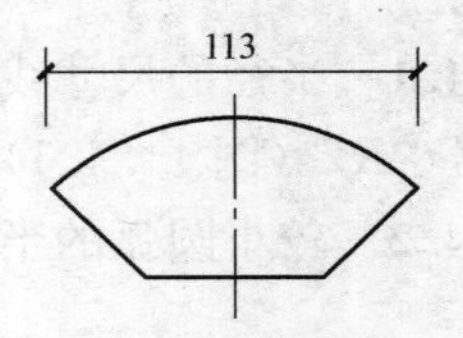

图 11.5.3 弦长标注方法

11.6 薄板厚度、正方形、坡度、非圆曲线等尺寸标注

11.6.1 在薄板板面标注板厚尺寸时，应在厚度数字前加厚度符号“t”号（图 11.6.1）。

11.6.2 标注正方形的尺寸，可用“边长 X 边长”的形式，也可在边长数字前加正方形符号“□”（图 11.6.2）。

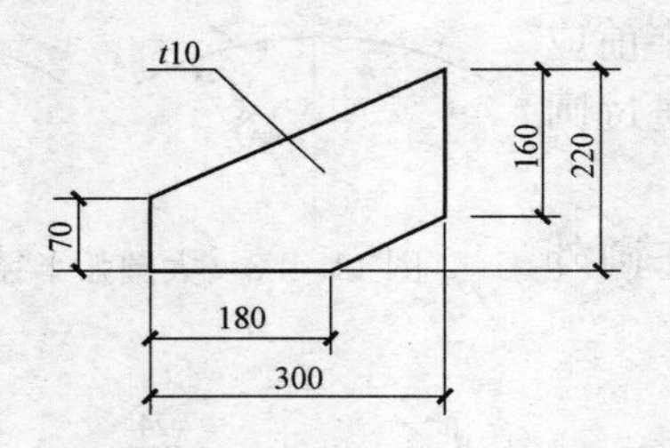

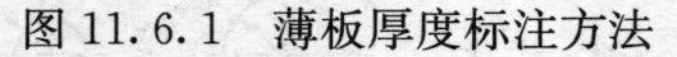

图 11.6.1 薄板厚度标注方法

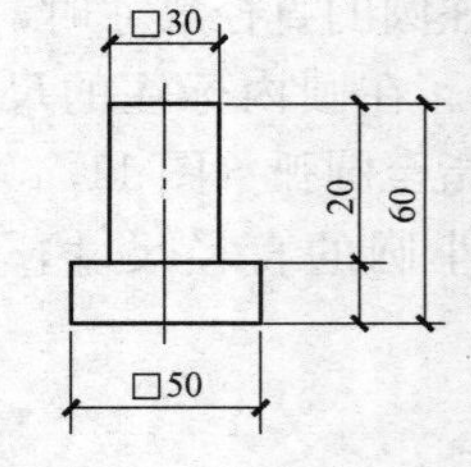

图 11.6.2 标注正方形尺寸

11.6.3 标注坡度时，应加注坡度符号“←”[图 11.6.3 (a)、(b)]，该符号为单面箭头，箭头应指向下坡方向。坡度也可用直角三角形形式标注 [图 11.6.3 (c)]。

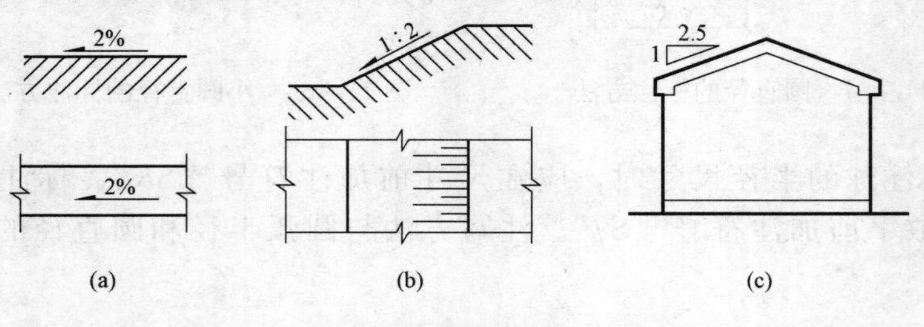

图 11.6.3 坡度标注方法

11.6.4 外形为非圆曲线的构件，可用坐标形式标注尺寸（图 11.6.4）。

11.6.5 复杂的图形，可用网格形式标注尺寸（图 11.6.5）。

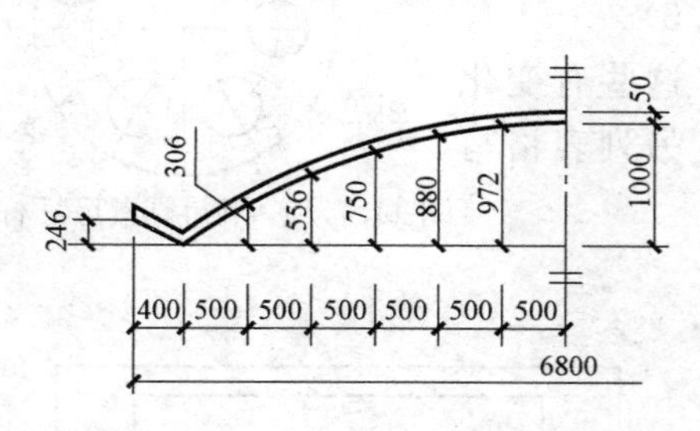

图 11.6.4　坐标法标注曲线尺寸

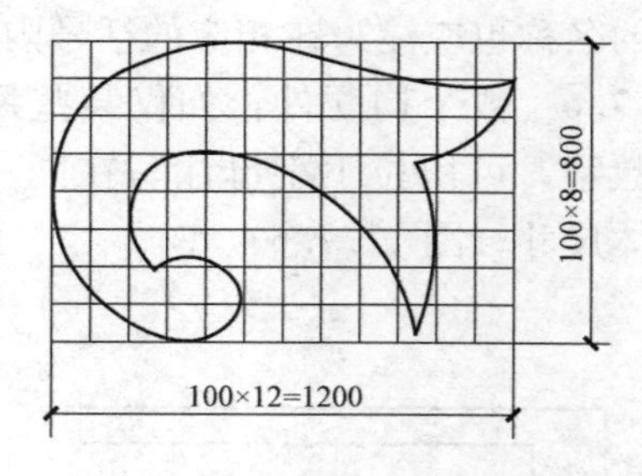

图 11.6.5　网格法标注曲线尺寸

11.7　尺寸的简化标注

11.7.1 杆件或管线的长度，在单线图（桁架简图、钢筋简图、管线简图）上，可直接将尺寸数字沿杆件或管线的一侧注写（图 11.7.1）。

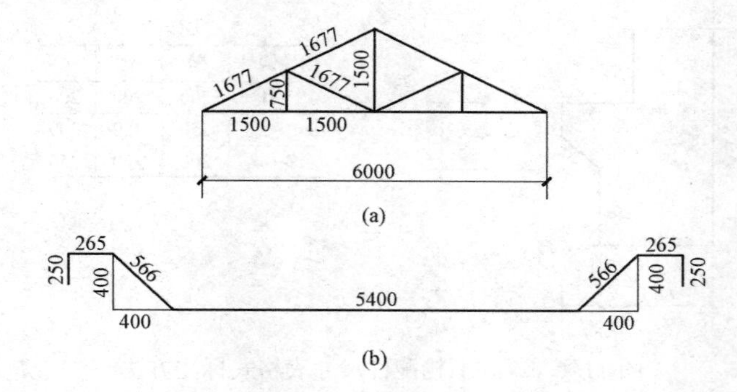

图 11.7.1　单线图尺寸标注方法

11.7.2 连续排列的等长尺寸，可用“等长尺寸×个数=总长”［图 11.7.2（a）］或“等分×个数=总长”［图 11.7.2（b）］的形式标注。

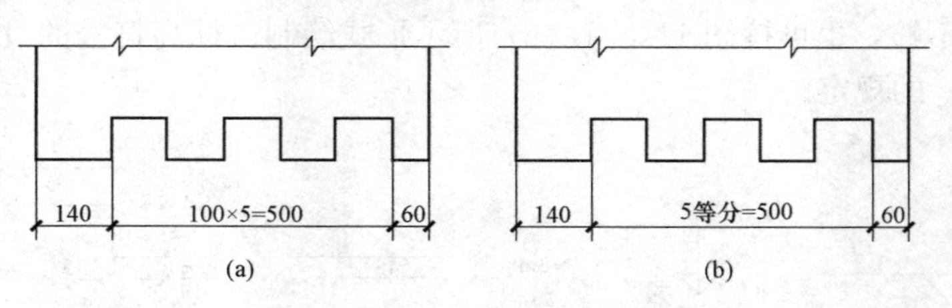

图 11.7.2　等长尺寸简化标注方法

11.7.3 构配件内的构造因素（如孔、槽等）如相同，可仅标注其中一个要素的尺寸（图 11.7.3）。

11.7.4 对称构配件采用对称省略画法时，该对称构配件的尺寸线应略超过对称符号，仅在尺寸线的一端画尺寸起止符号，尺寸数字应按整体全尺寸注写，其注写位置宜与对称符号对齐（图 11.7.4）。

11.7.5 两个构配件，如个别尺寸数字不同，可在同一图样中将其中一个构配件的不同尺寸数字注写在括号内，该构配件的名称也应注写在相应的括号内（图 11.7.5）。

11.7.6 数个构配件，如仅某些尺寸不同，这些有变化的尺寸数字，可用拉丁字母注写在同一图样中，另列表格写明其具体尺寸（图 11.7.6）。

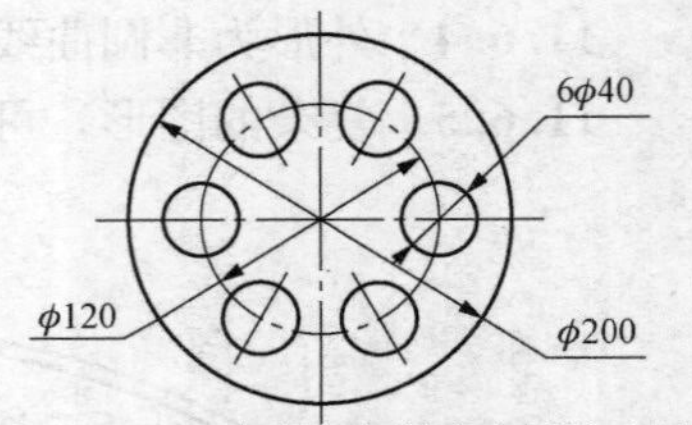

图 11.7.3 相同要素尺寸标注方法

图 11.7.4 对称构件尺寸标注方法

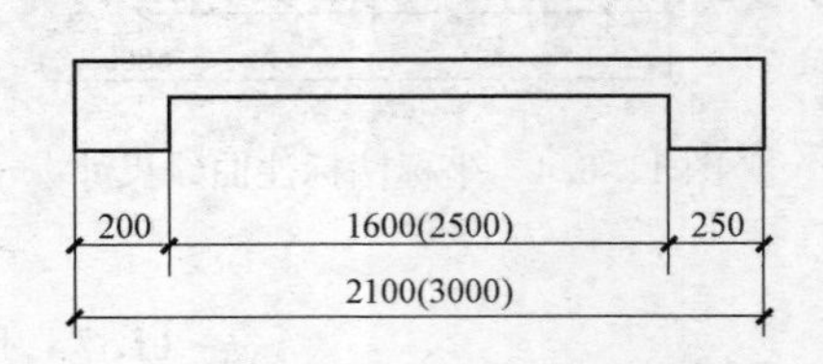

图 11.7.5 相似构件尺寸标注方法

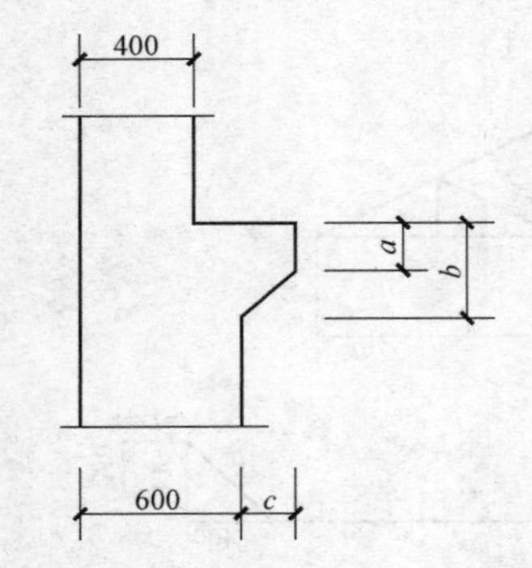

构件编号	*a*	*b*	*c*
Z-1	200	200	200
Z-2	250	450	200
Z-3	200	450	250

图 11.7.6 相似构配件尺寸表格式标注方法

11.8 标 高

11.8.1 标高符号应以直角等腰三角形表示，按图 11.8.1（a）所示形式用细实线绘制，当标注位置不够，也可按图 11.8.1（b）所示形式绘制。标高符号的具体画法应符合图 11.8.1（c）、（d）的规定。

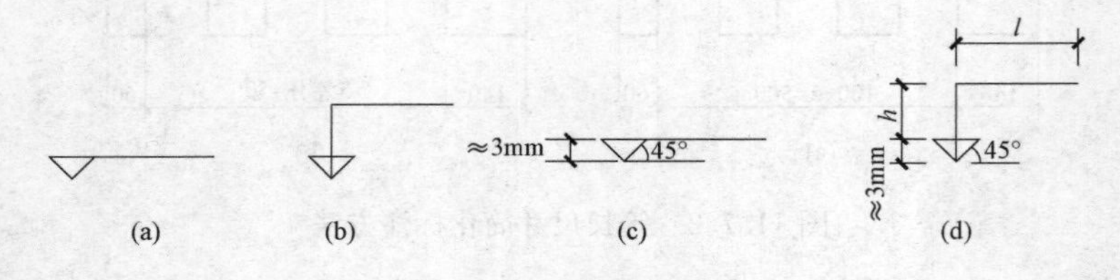

图 11.8.1 标高符号

l—取适当长度注写标高数字；*h*—根据需要取适当高度

11.8.2 总平面图室外地坪标高符号，宜用涂黑的三角形表示，具体画法应符合图 11.8.2 的规定。

11.8.3 标高符号的尖端应指至被注高度的位置。尖端宜向下，也可向上。标高数字应注写在标高符号的上侧或下侧（图 11.8.3）。

11.8.4 标高数字应以米为单位，注写到小数点以后第三位。在总平面图中，可注写到小数字点以后第二位。

11.8.5 零点标高应注写成±0.000，正数标高不注“＋”，负数标高应注“－”，例如3.000、－0.600。

11.8.6 在图样的同一位置需表示几个不同标高时，标高数字可按图 11.8.6 的形式注写。

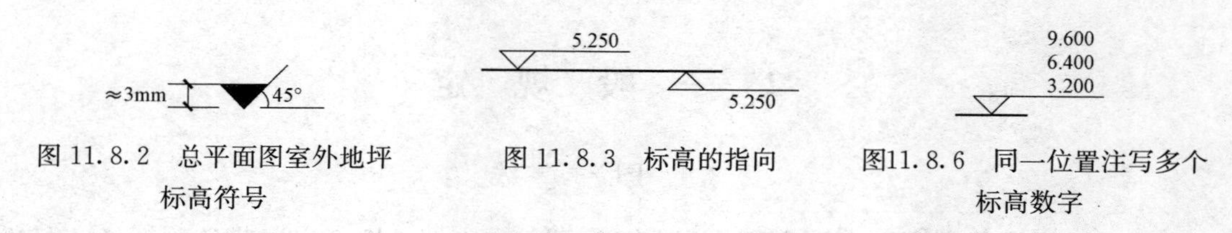

图 11.8.2 总平面图室外地坪标高符号

图 11.8.3 标高的指向

图11.8.6 同一位置注写多个标高数字

《建筑制图标准》(GB/T 50104—2010) 节录

2 一 般 规 定

2.1 图 线

2.1.1 图线的宽度 b，应根据图样的复杂程度和比例，按《房屋建筑制图统一标准》(GB/ T 50001—2001) 中（图线）的规定选用（图 2.1.1-1 至图 2.1.1-3）。绘制较简单的图样时，可采用两种线宽的线宽组，其线宽比宜为 b : 0.25b。

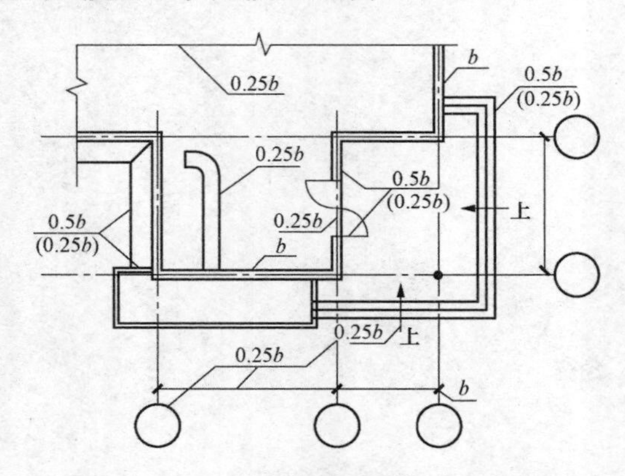

图 2.1.1-1 平面图图线宽度选用示例

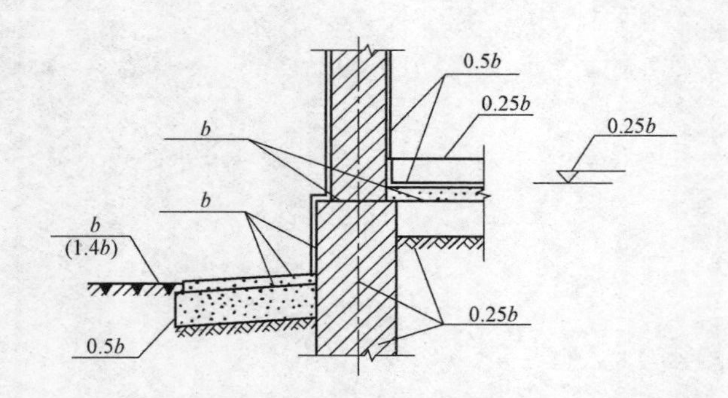

图 2.1.1-2 墙身剖面图图线宽度选用示例

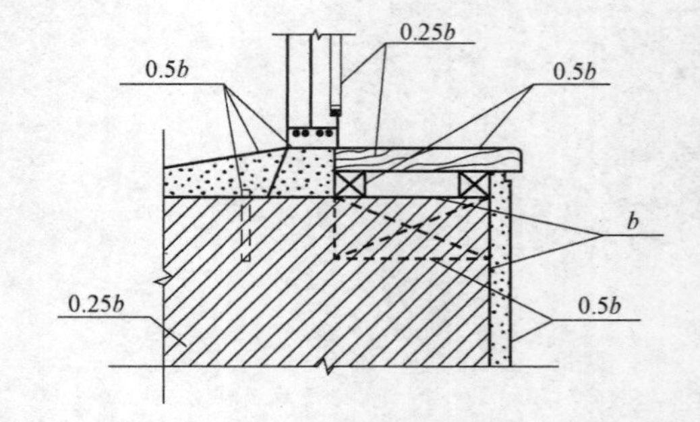

图 2.1.1-3 详图图线宽度选用示例

2.1.2 建筑专业、室内设计专业制图采用的各种图线，应符合表 2.1.2 的规定。

表 2.1.2　　图　线

名称	线型	线宽	用途
粗实线	————	b	1. 平面图、剖面图中被剖切的主要建筑构造（包括构配件）的轮廓线 2. 建筑立面图或室内立面图的外轮廓线 3. 建筑构造详图中被剖切的主要部分轮廓线 4. 建筑构配件详图中的外轮廓线 5. 建筑平、立、剖面图的剖切符号
中实线	————	$0.5b$	1. 平、剖面图中被剖切的次要建筑构造（包括构配件）轮廓线 2. 建筑平、立、剖面图中建筑构配件的轮廓线 3. 建筑构造详图及建筑构配件详图中的一般轮廓线
细实线	————	$0.25b$	小于 $0.5b$ 的图形线、尺寸线、尺寸界线、图例线、索引符号、标高符号、详图材料做法引出线等
中虚线	— — — —	$0.5b$	1. 建筑构造详图及建筑构配件不可见的轮廓线 2. 平面图中的起重机（吊车）轮廓线 3. 拟扩建的建筑物轮廓线
细虚线	— — — —	$0.25b$	图例线、小于 $0.5b$ 的不可见轮廓线
粗单点长画线	—·—·—	b	起重机（吊车）轨道线
细单点长画线	—·—·—	$0.25b$	中心线、对称线、定位轴线
折断线	——\/——	$0.25b$	不需画全的断开界线
波浪线	～～～	$0.25b$	不需画全的断开界线构造层次的断开界线

注　地平线的线宽可用 $1.46b$

2.2　比　　例

2.2.1　建筑专业、室内设计专业制图选用的比例，宜符合表 2.2.1 的规定。

表 2.2.1　　比　　例

图名	比例
建筑物或构筑物的平面图、立面图、剖面图	1：50、1：100、1：150、1：200、1：300
建筑物或构筑物的局部放大图	1：10、1：20、1：25、1：30、1：50
配件及构造详图	1：1、1：2、1：5、1：10、1：15、1：20、1：25、1：30、1：50

3　图　　例

3.1　构造及配件

3.1.1　构造及配件图例应符合表 3.1.1 的规定。

表 3.1.1　　构造及配件图例

序号	名称	图例	说明
1	墙体		1. 上图为外墙，下图为内墙 2. 外墙细线表示有保温层或有幕墙 3. 应加注文字或涂色、图案填充表示各种材料的墙体 4. 在各层平面图中防火墙宜着重以特殊图案填充表示
2	隔断		1. 应加注文字或涂色、图案填充表示各种材料的轻质隔断 2. 适于到顶与不到顶隔断
3	玻璃幕墙		幕墙龙骨是否表示由项目设计决定
4	栏杆		—
5	楼梯	下 下 上 上	1. 上图为顶层楼梯平面，中图为中间层楼梯平面，下图为底层楼梯平面 2. 需设置靠墙扶手或中间扶手时，应在图中表示
6	坡道	下	长坡道
		下 下 下	上图为两侧垂直的门口坡道，中图为有挡墙的门口坡道，下图为两侧找坡的门口坡道
7	台阶	下	—
8	平面高差	×× ×× ×× ××	用于高差小的地面或楼面交接处，并应与门的开启方向协调

续表

序号	名称	图例	说明
9	检查口		左图为可见检查口，右图为不可见检查口
10	孔洞		阴影部分可填充灰度或涂色代替
11	坑槽		—
12	墙预留洞、槽	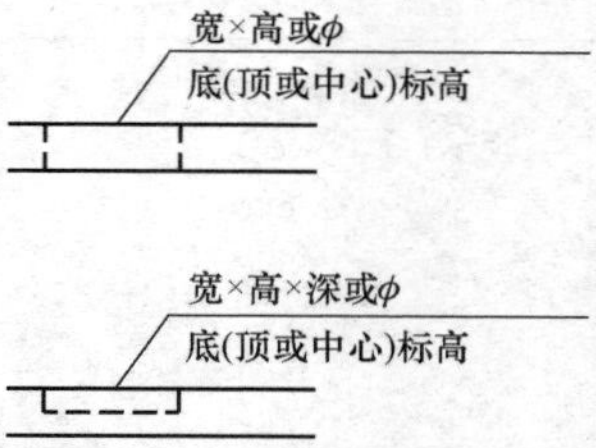 宽×高或ϕ 底(顶或中心)标高 宽×高×深或ϕ 底(顶或中心)标高	1. 上图为预留洞，下图为预留槽 2. 平面以洞（槽）中心定位 3. 标高以洞（槽）底或中心定位 4. 宜以涂色区别墙体和预留洞（槽）
13	地沟	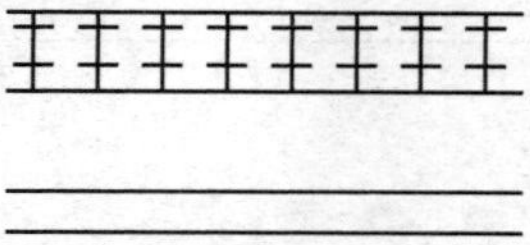	上图为有盖板地沟，下图为无盖板明沟
14	烟道	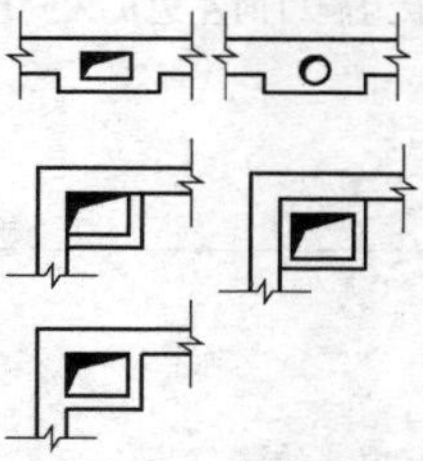	1. 阴影部分亦可填充灰度或涂色代替 2. 烟道、风道与墙体为相同材料，其相接处墙身线应连通 3. 烟道、风道可根据需要增加不同材料的内衬
15	风道	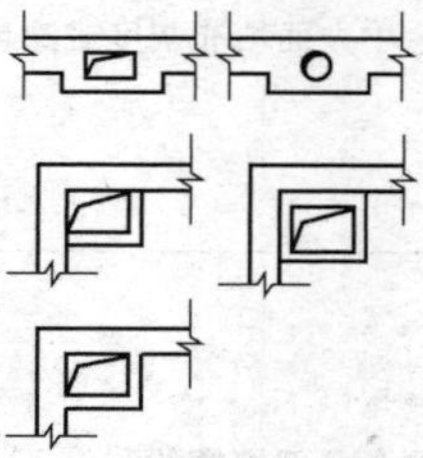	
16	新建的墙和窗	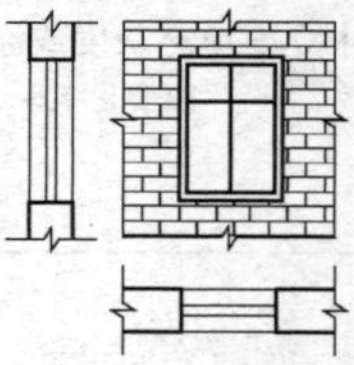	1. 本图以小型砌块为图例，绘图时应按所用材料的图例绘制。不宜以图例绘制的，可在墙面上以文字或代号注明 2. 小比例绘图时，平面、剖面窗线可用单粗实线表示
17	改建时保留的原有墙和窗	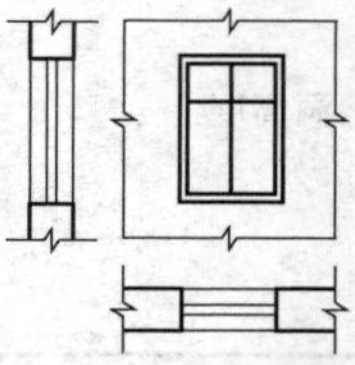	只更换窗，应加粗窗的轮廓线

续表

序号	名称	图例	说明
18	拆除的墙	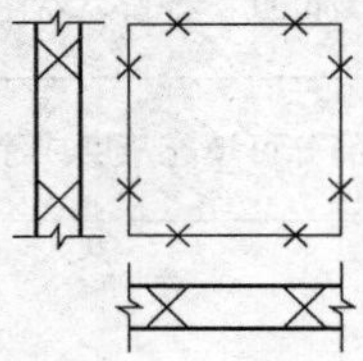	—
19	改建时在原有墙或楼板新开的洞	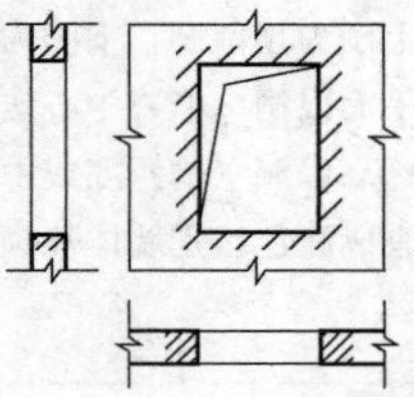	—
20	在原有洞旁扩大的洞	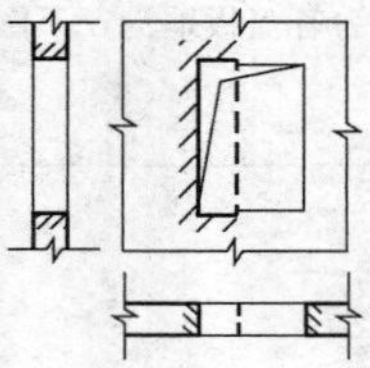	图示为洞口向左边扩大
21	在原有墙或楼板上全部填塞的洞	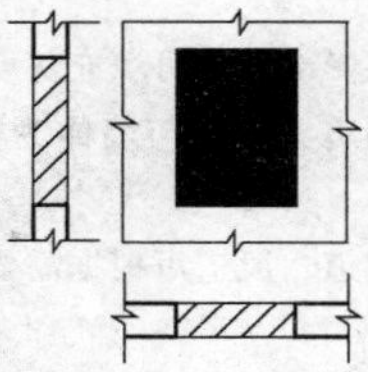	全部填塞的洞 图示中立面填充灰度或涂色
22	在原有墙或楼板上局部填塞的洞	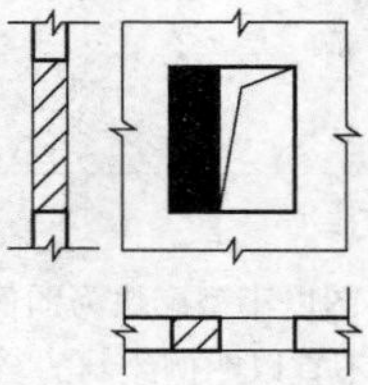	左侧为局部填塞的洞 图示中立面填充灰度或涂色
23	空门洞	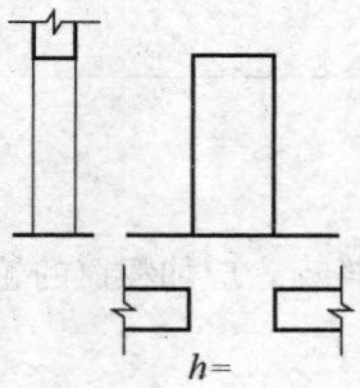 $h=$	h 为门洞高度

续表

序号	名称	图例	说明
24	单面开启单扇门（包括平开或单面弹簧）	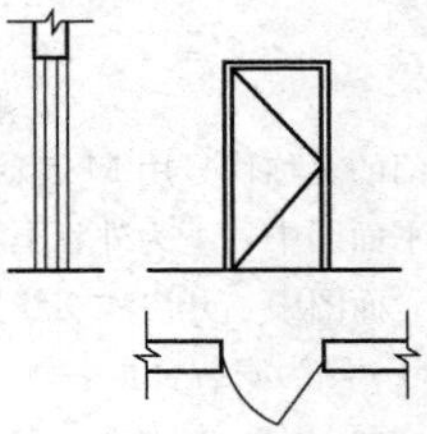	1. 门的名称代号用M表示 2. 平面图中，下为外、上为内，门开启线为90°、60°或45°，开启弧线宜绘出 3. 立面图中，开启线实线为外开、虚线为内开；开启线交角的一侧为安装合页一侧；开启线在建筑立面图中可不表示，在立面大样图中可根据需要绘出 4. 剖面图中，左为外、右为内 5. 附加纱扇应以文字说明，在平面图、立面图、剖面图中均不表示 6. 立面形式应按实际情况绘制
	双面开启单扇门（包括双面平开或双面弹簧）	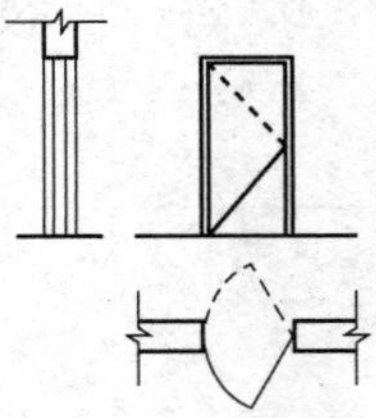	
	双层单扇平开门	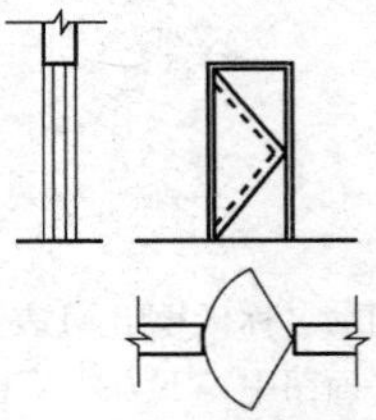	
25	单面开启双扇门（包括平开或单面弹簧）	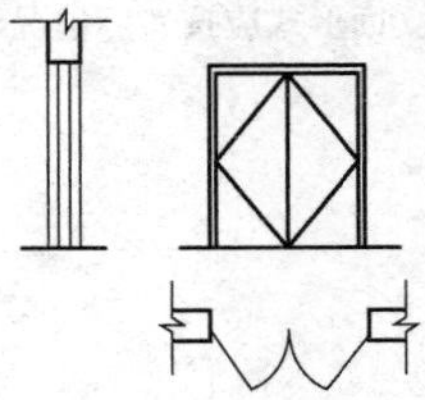	1. 门的名称代号用M表示 2. 平面图中，下为外、上为内，门开启线为90°、60°或45°，开启弧线宜绘出 3. 立面图中，开启线实线为外开、虚线为内开；开启线交角的一侧为安装合页一侧；开启线在建筑立面图中可不表示，在立面大样图中可根据需要绘出 4. 剖面图中，左为外、右为内 5. 附加纱扇应以文字说明，在平面图、立面图、剖面图中均不表示 6. 立面形式应按实际情况绘制
	双面开启双扇门（包括双面平开或双面弹簧）	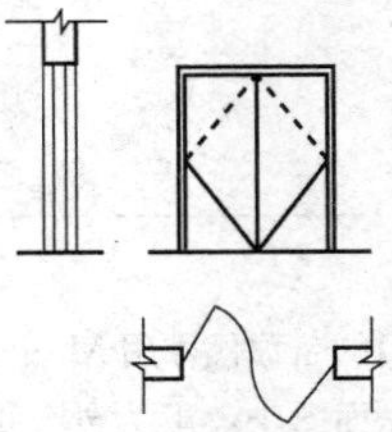	
	双层双扇平开门	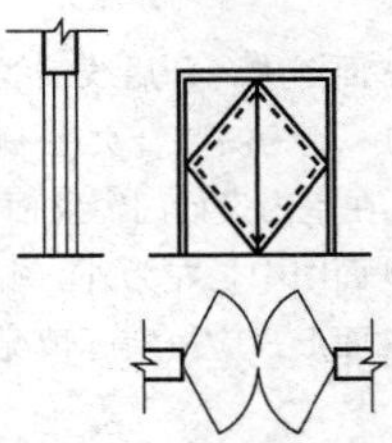	

续表

序号	名称	图例	说明
26	折叠门	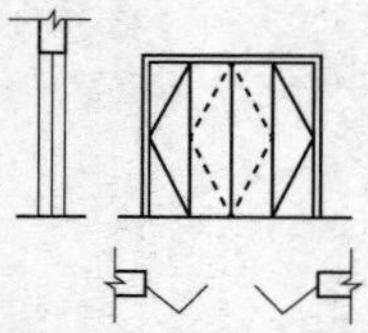	1. 门的名称代号用M表示 2. 平面图中，下为外、上为内 3. 立面图中，开启线实线为外开、虚线为内开；开启线交角的一侧为安装合页一侧 4. 剖面图中，左为外、右为内 5. 立面形式应按实际情况绘制
	推拉折叠门	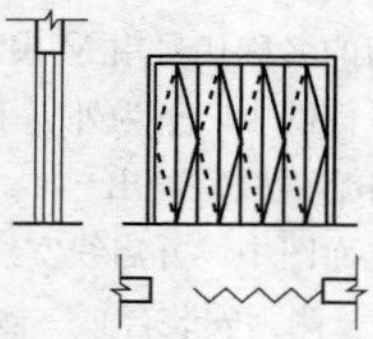	
27	墙洞外单扇推拉门	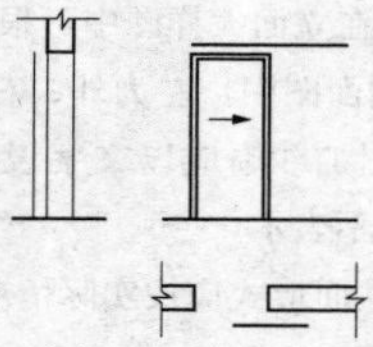	1. 门的名称代号用M表示 2. 平面图中，下为外、上为内 3. 剖面图中，左为外、右为内 4. 立面形式应按实际情况绘制
	墙洞外双扇推拉门	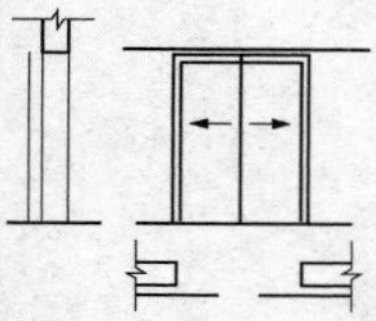	
	墙中单扇推拉门	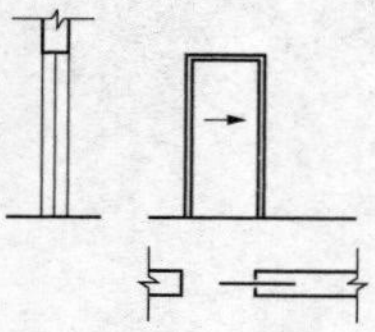	
	墙中双扇推拉门	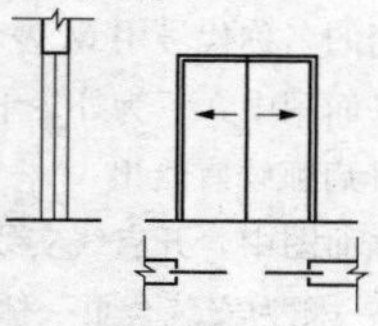	
28	推拉门	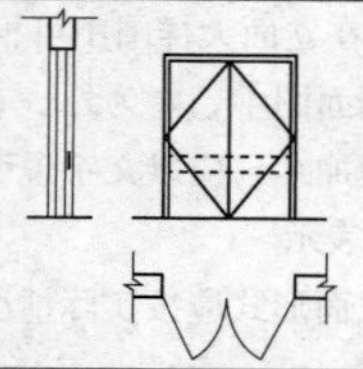	1. 门的名称代号用M表示 2. 平面图中，下为外、上为内，门开启线为90。、60°或45° 3. 立面图中，开启线实线为外开、虚线为内开；开启线交角的一侧为安装合页一 侧；开启线在建筑立面图中可不表示，在室内设计门窗立面大样图中需绘出 4. 剖面图中，左为外、右为内 5. 立面形式应按实际情况绘制
29	门连窗	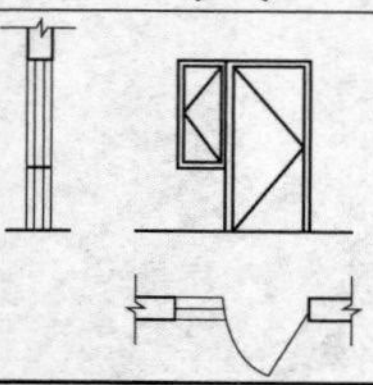	

序号	名称	图例	说明
30	旋转门	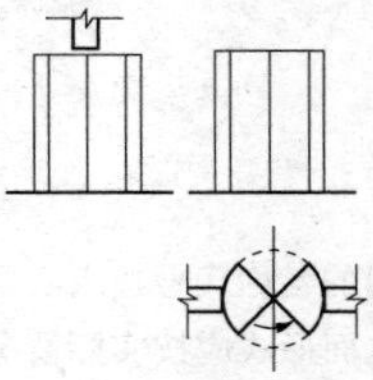	1. 门的名称代号用 M 表示 2. 立面形式应按实际情况绘制
	两翼智能旋转门	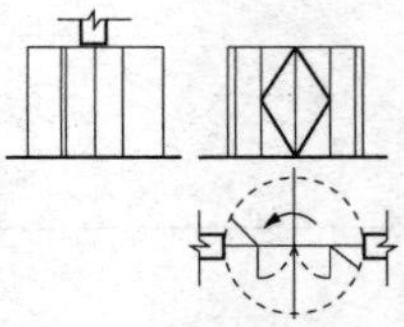	
31	自动门	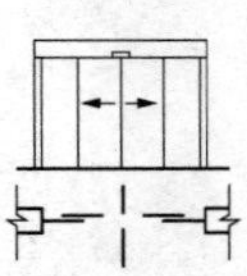	1. 门的名称代号用 M 表示 2. 平面图中，下为外、上为内 3. 剖面图中，左为外、右为内 4. 立面形式应按实际情况绘制
32	折叠上翻门	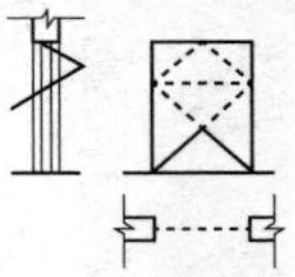	
33	提升门	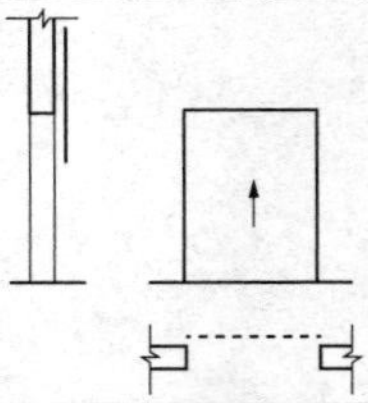	
34	分节提升门	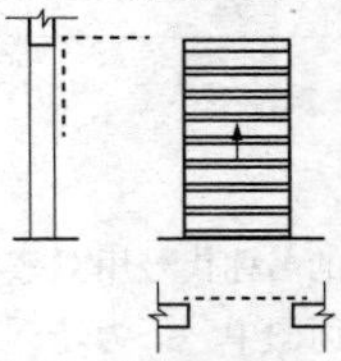	
35	人防单扇防护密闭门	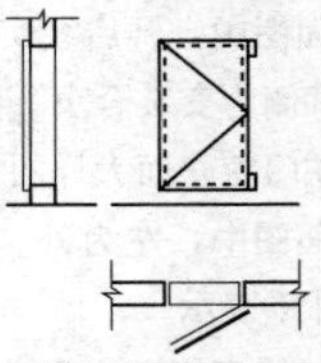	1. 门的名称代号按人防要求表示 2. 立面形式应按实际情况绘制
	人防单扇密闭门	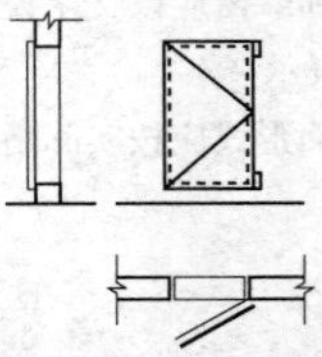	

续表

序号	名称	图例	说明
36	人防双扇防护密闭门	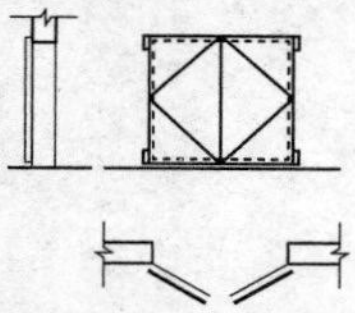	1. 门的名称代号按人防要求表示 2. 立面形式应按实际情况绘制
	人防双扇密闭门	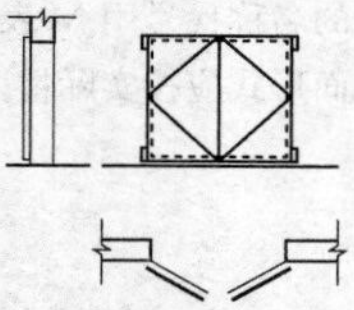	
37	横向卷帘门	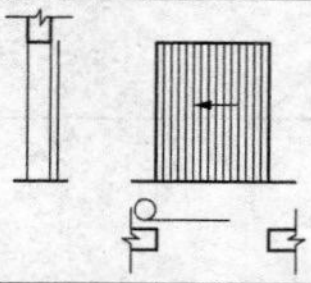	—
	竖向卷帘门	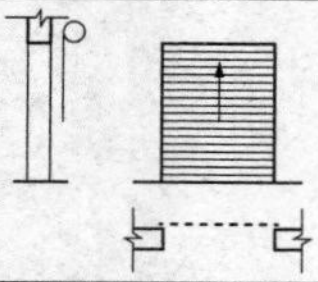	
	单侧双层卷帘门	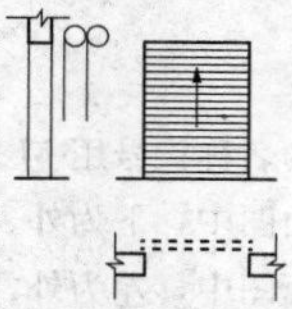	
	双侧单层卷帘门	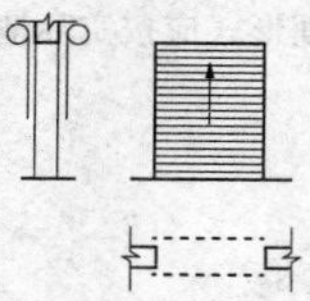	
38	固定窗	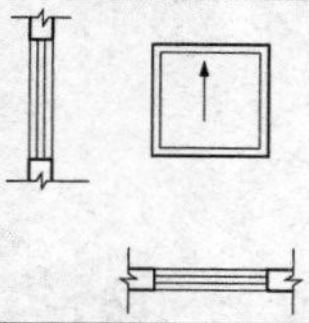	1. 窗的名称代号用C表示 2. 平面图中，下为外、上为内 3. 立面图中，开启线实线为外开、虚线为内开；开启线交角的一侧为安装合页一侧；开启线在建筑立面图中可不表示，在门窗立面大样图中需绘出 4. 剖面图中，左为外、右为内；虚线仅表示开启方向，项目设计不表示 5. 附加纱窗应以文字说明，在平面图、立面图、剖面图中均不表示 6. 立面形式应按实际情况绘制
39	上悬窗	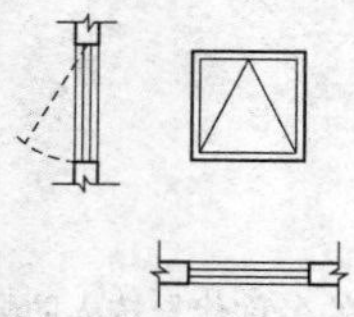	
	中悬窗	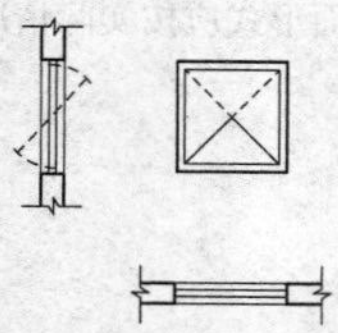	

续表

序号	名称	图例	说明
40	下悬窗		1. 窗的名称代号用C表示 2. 平面图中，下为外、上为内 3. 立面图中，开启线实线为外开、虚线为内开；开启线交角的一侧为安装合页一侧；开启线在建筑立面图中可不表示，在门窗立面大样图中需绘出 4. 剖面图中，左为外、右为内；虚线仅表示开启方向，项目设计不表示 5. 附加纱窗应以文字说明，在平面图、立面图、剖面图中均不表示 6. 立面形式应按实际情况绘制
41	立转窗		
42	内开平开内倾窗		
43	单层外开平开窗		
	单层内开平开窗		
	双层内外开平开窗		
44	单层推拉窗		
	双层推拉窗		

续表

序号	名称	图例	说明
45	上推窗	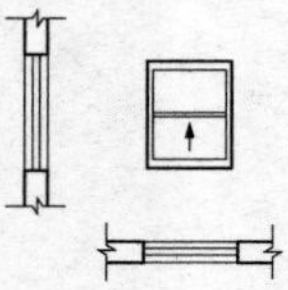	1. 窗的名称代号用C表示 2. 平面图中，下为外、上为内 3. 立面图中，开启线实线为外开、虚线为内开；开启线交角的一侧为安装合页一侧；开启线在建筑立面图中可不表示，在门窗立面大样图中需绘出 4. 剖面图中，左为外、右为内；虚线仅表示开启方向，项目设计不表示 5. 附加纱窗应以文字说明，在平面图、立面图、剖面图中均不表示 6. 立面形式应按实际情况绘制
46	百叶窗	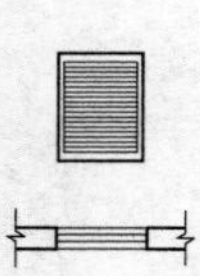	
47	高窗	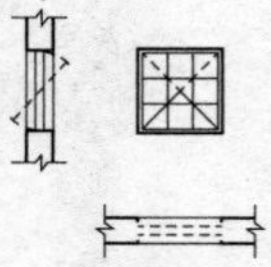	
48	平推窗	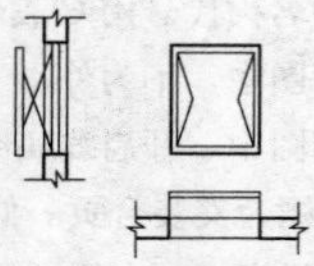	

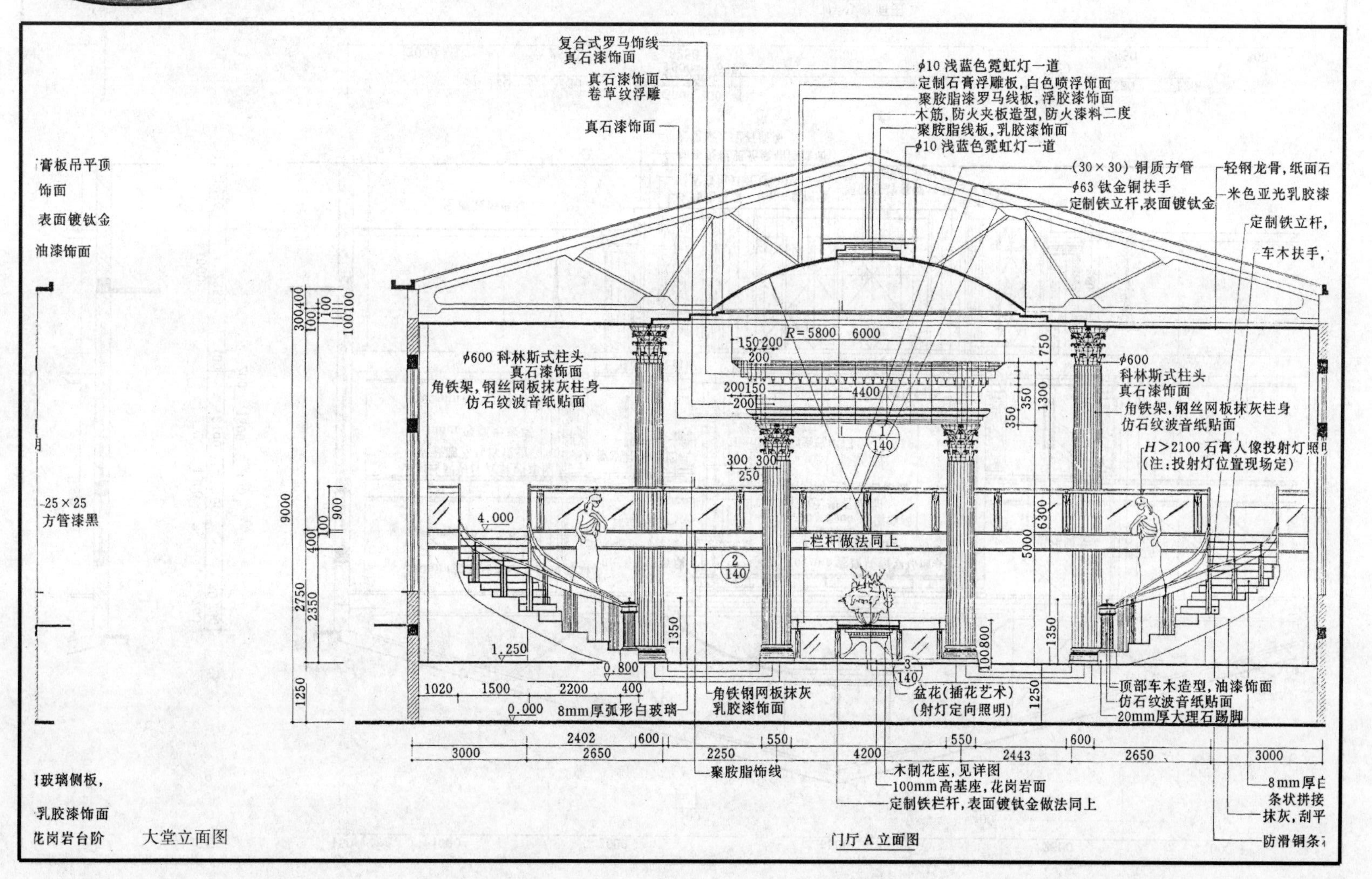

大堂立面图

门厅A立面图

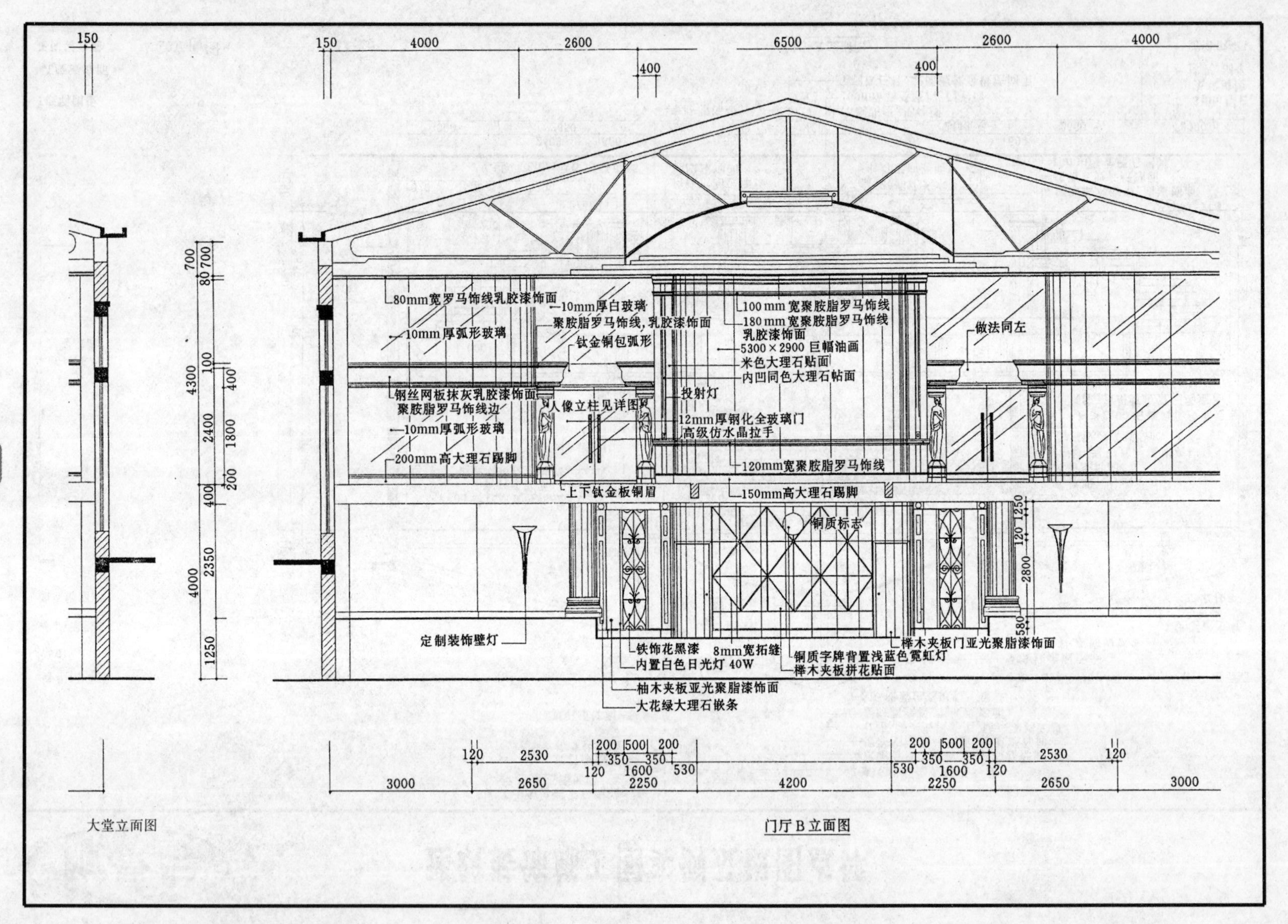
80mm宽罗马饰线乳胶漆饰面
10mm厚白玻璃
聚胶脂罗马饰线，乳胶漆饰面
10mm厚弧形玻璃
钛金铜包弧形
钢丝网板抹灰乳胶漆饰面
聚胶脂罗马饰线边
人像立柱见详图
10mm厚弧形玻璃
200mm高大理石踢脚
上下钛金板铜眉
100 mm 宽聚胺脂罗马饰线
180 mm 宽聚胺脂罗马饰线
乳胶漆饰面
5300×2900 巨幅油画
米色大理石贴面
内凹同色大理石帖面
投射灯
12mm厚钢化全玻璃门
高级仿水晶拉手
120mm宽聚胺脂罗马饰线
150mm高大理石踢脚
做法同左
铜质标志
定制装饰壁灯
铁饰花黑漆
内置白色日光灯 40W
8mm宽拓缝
铜质字牌背置浅蓝色霓虹灯
榉木夹板拼花贴面
榉木夹板门亚光聚脂漆饰面
柚木夹板亚光聚脂漆饰面
大花绿大理石嵌条
大堂立面图
门厅B立面图

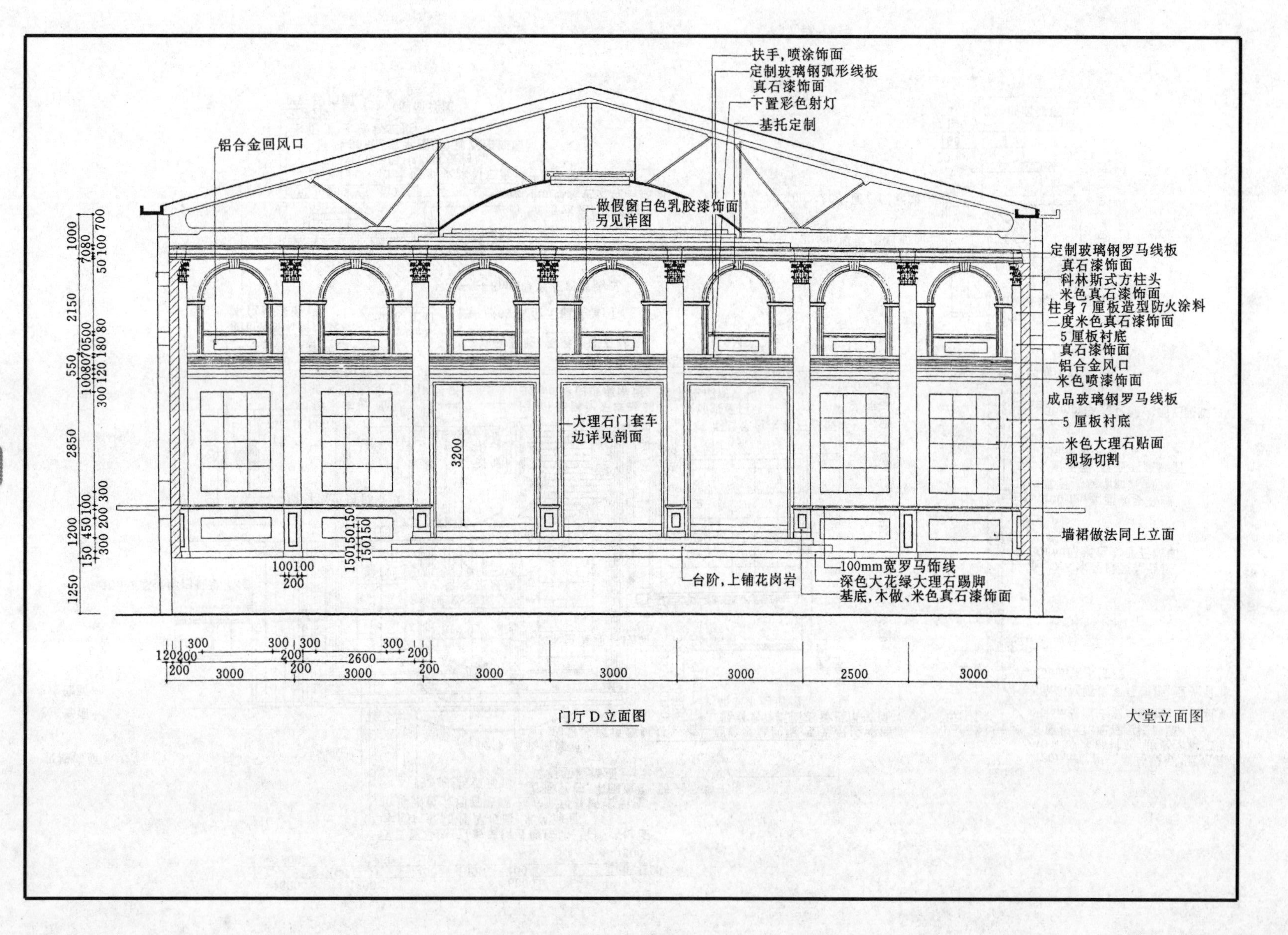
扶手，喷涂饰面
定制玻璃钢弧形线板
真石漆饰面
下置彩色射灯
基托定制
铝合金回风口
做假窗白色乳胶漆饰面
另见详图
定制玻璃钢罗马线板
真石漆饰面
科林斯式方柱头
米色真石漆饰面
柱身7厘板造型防火涂料
二度米色真石漆饰面
5厘板衬底
真石漆饰面
铝合金风口
米色喷漆饰面
成品玻璃钢罗马线板
大理石门套车
边详见剖面
5厘板衬底
米色大理石贴面
现场切割
墙裙做法同上立面
100mm宽罗马饰线
深色大花绿大理石踢脚
基底，木做、米色真石漆饰面
台阶，上铺花岗岩
3200
1000
7080
50 100 700
2150
550
100807050
300 120 180 80
2850
300
100
1200
150 450 100
300 200 300
1250
150150150
150150
100100
200
120200
300
3000
2600
2500

门厅D立面图

大堂立面图

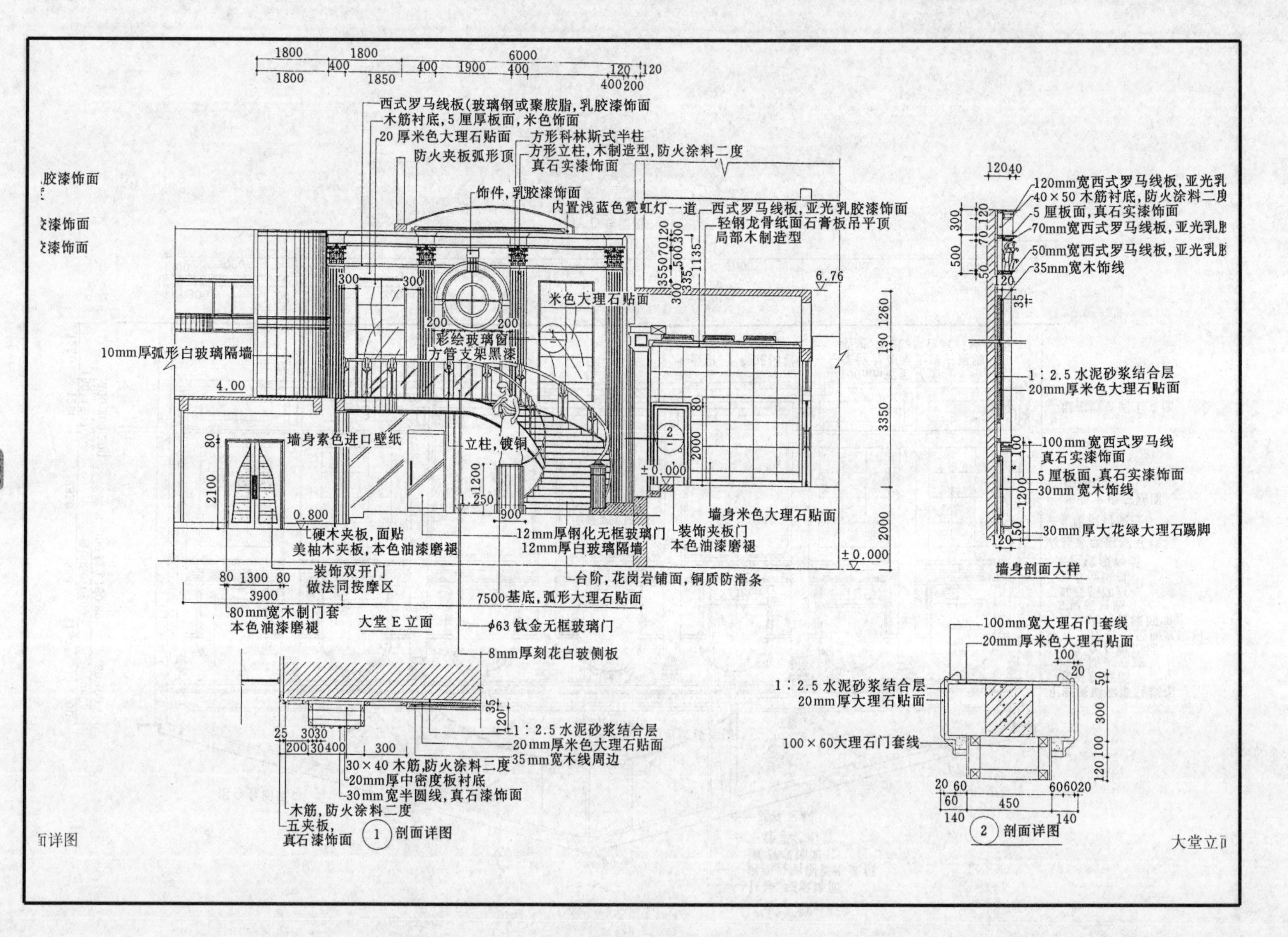
西式罗马线板(玻璃钢或聚胺脂,乳胶漆饰面
木筋衬底,5厘厚板面,米色饰面
20厚米色大理石贴面
方形科林斯式半柱
方形立柱,木制造型,防火涂料二度
真石实漆饰面
防火夹板弧形顶
饰件,乳胶漆饰面
内置浅蓝色霓虹灯一道
西式罗马线板,亚光乳胶漆饰面
轻钢龙骨纸面石膏板吊平顶
局部木制造型
米色大理石贴面
彩绘玻璃窗
方管支架黑漆
10mm厚弧形白玻璃隔墙
墙身素色进口壁纸
立柱,镀铜
墙身米色大理石贴面
硬木夹板,面贴
美柚木夹板,本色油漆磨褪
12mm厚钢化无框玻璃门
12mm厚白玻璃隔墙
装饰夹板门
本色油漆磨褪
装饰双开门
做法同按摩区
台阶,花岗岩铺面,铜质防滑条
7500基底,弧形大理石贴面
80mm宽木制门套
本色油漆磨褪
大堂 E 立面
ϕ63 钛金无框玻璃门
8mm厚刻花白玻侧板
1:2.5 水泥砂浆结合层
20mm厚米色大理石贴面
35mm宽木线周边
30×40 木筋,防火涂料二度
20mm厚中密度板衬底
30mm宽半圆线,真石漆饰面
木筋,防火涂料二度
五夹板,
真石漆饰面
1 剖面详图
120mm宽西式罗马线板,亚光乳
40×50 木筋衬底,防火涂料二度
5厘板面,真石实漆饰面
70mm宽西式罗马线板,亚光乳
50mm宽西式罗马线板,亚光乳
35mm宽木饰线
1:2.5 水泥砂浆结合层
20mm厚米色大理石贴面
100mm宽西式罗马线
真石实漆饰面
5厘板面,真石实漆饰面
30mm宽木饰线
30mm厚大花绿大理石踢脚
墙身剖面大样
100mm宽大理石门套线
20mm厚米色大理石贴面
1:2.5 水泥砂浆结合层
20mm厚大理石贴面
100×60大理石门套线
2 剖面详图
大堂立面
面详图

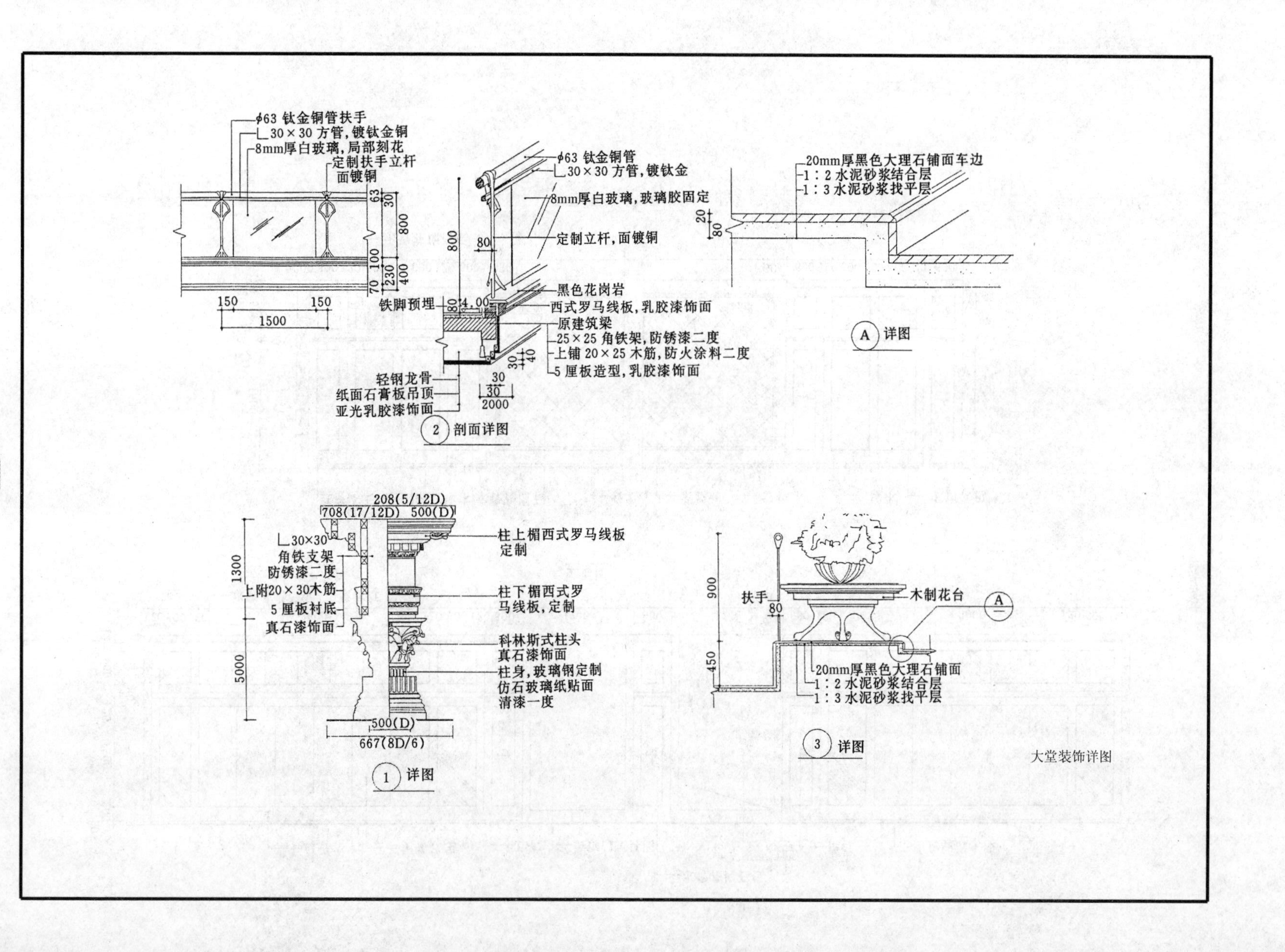
ϕ63 钛金铜管扶手
└30×30 方管，镀钛金铜
8mm厚白玻璃，局部刻花
定制扶手立杆
面镀铜
63
30
800
100
230
400
70
150
150
1500
ϕ63 钛金铜管
└30×30 方管，镀钛金
8mm厚白玻璃，玻璃胶固定
800
80
定制立杆，面镀铜
黑色花岗岩
铁脚预埋
4.00
西式罗马线板，乳胶漆饰面
原建筑梁
25×25 角铁架，防锈漆二度
上铺 20×25 木筋，防火涂料二度
5 厘板造型，乳胶漆饰面
40
30
轻钢龙骨
纸面石膏板吊顶
亚光乳胶漆饰面
30
30
2000
2 剖面详图
20mm厚黑色大理石铺面车边
1：2 水泥砂浆结合层
1：3 水泥砂浆找平层
20
80
A 详图
208(5/12D)
708(17/12D) 500(D)
└30×30
角铁支架
防锈漆二度
上附20×30木筋
5 厘板衬底
真石漆饰面
1300
5000
柱上楣西式罗马线板
定制
柱下楣西式罗
马线板，定制
科林斯式柱头
真石漆饰面
柱身，玻璃钢定制
仿石玻璃纸贴面
清漆一度
500(D)
667(8D/6)
1 详图
扶手
80
900
450
木制花台
A
20mm厚黑色大理石铺面
1：2 水泥砂浆结合层
1：3 水泥砂浆找平层
3 详图
大堂装饰详图

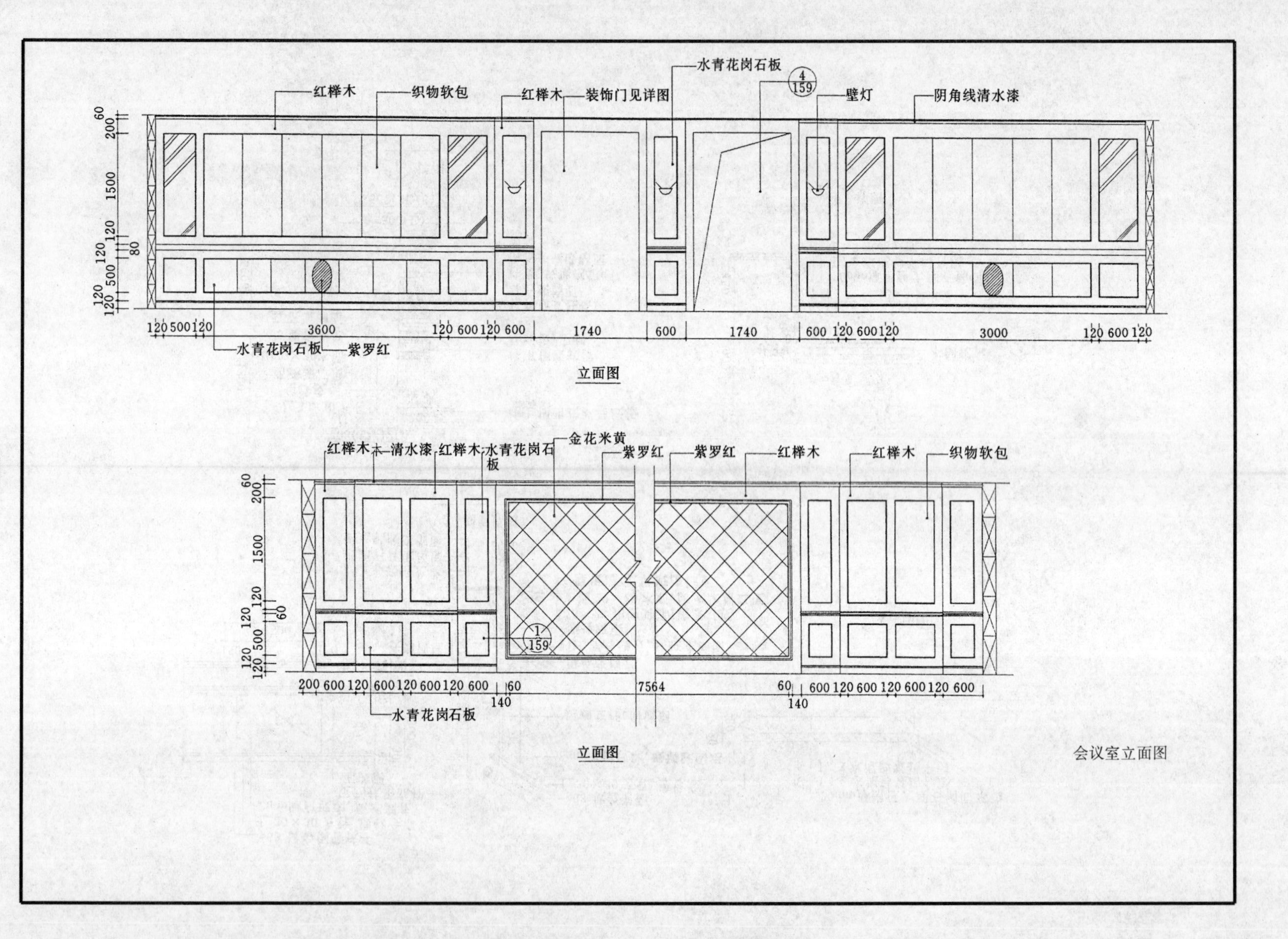
红榉木
织物软包
红榉木
装饰门见详图
水青花岗石板
4
159
壁灯
阴角线清水漆
60
200
1500
120
120
80
500
120
120
120 500 120
3600
120 600 120 600
1740
600
1740
600 120 600 120
3000
120 600 120
水青花岗石板
紫罗红
立面图
红榉木
清水漆
红榉木
水青花岗石板
金花米黄
紫罗红
紫罗红
红榉木
红榉木
织物软包
60
200
1500
120
120
60
500
120
120
1
159
200 600 120 600 120 600 120 600
60
140
7564
60
140
600 120 600 120 600 120 600
水青花岗石板
立面图

会议室立面图

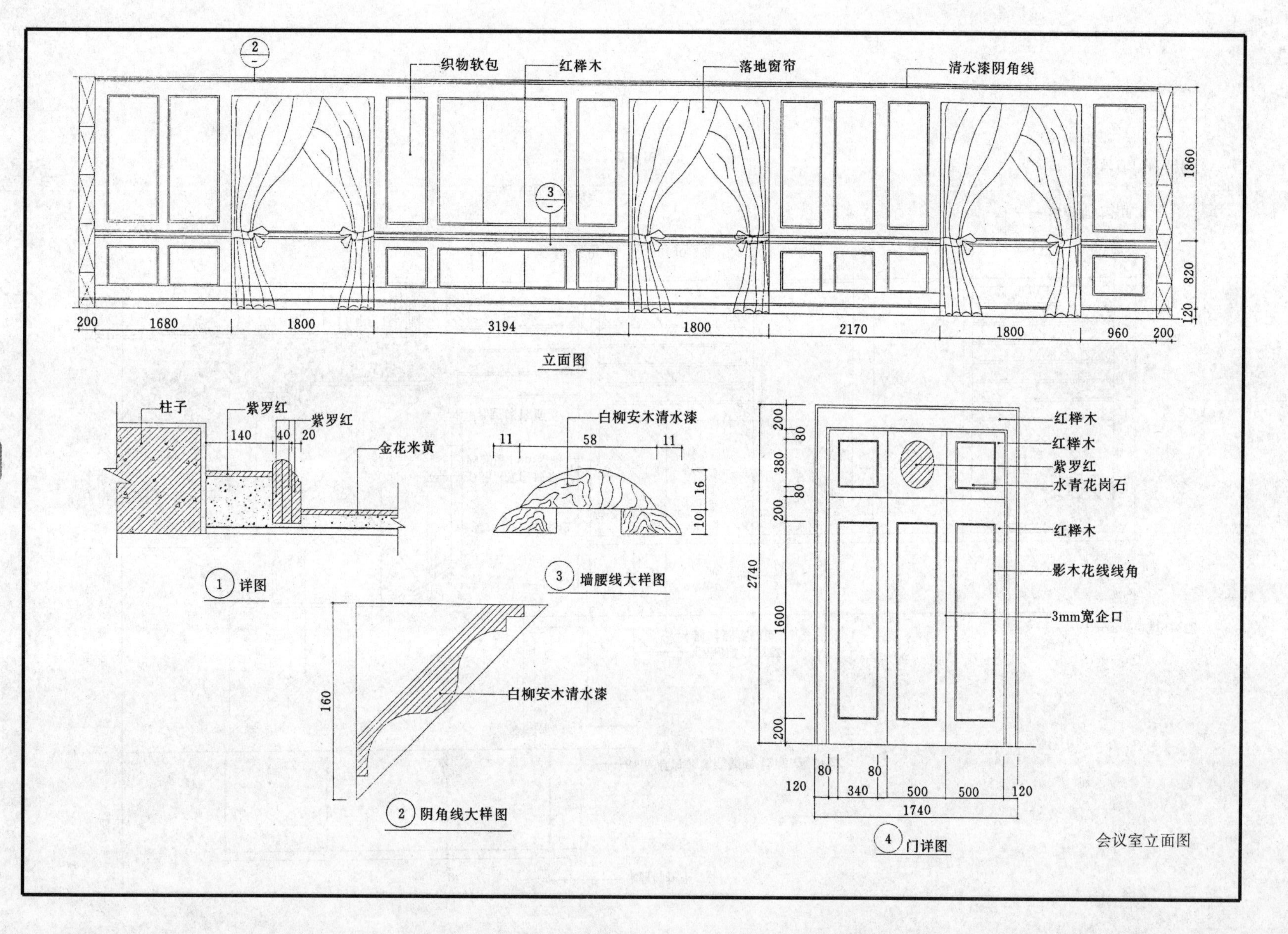
织物软包
红榉木
落地窗帘
清水漆阴角线
200
1680
1800
3194
1800
2170
1800
960
200
1860
820
120
立面图
柱子
紫罗红
紫罗红
140
40
20
金花米黄
1 详图
白柳安木清水漆
11
58
11
16
10
3 墙腰线大样图
160
白柳安木清水漆
2 阴角线大样图
红榉木
红榉木
紫罗红
水青花岗石
红榉木
影木花线线角
3mm宽企口
2740
200
80
380
80
200
1600
200
120
80
340
80
500
500
120
1740
4 门详图
会议室立面图

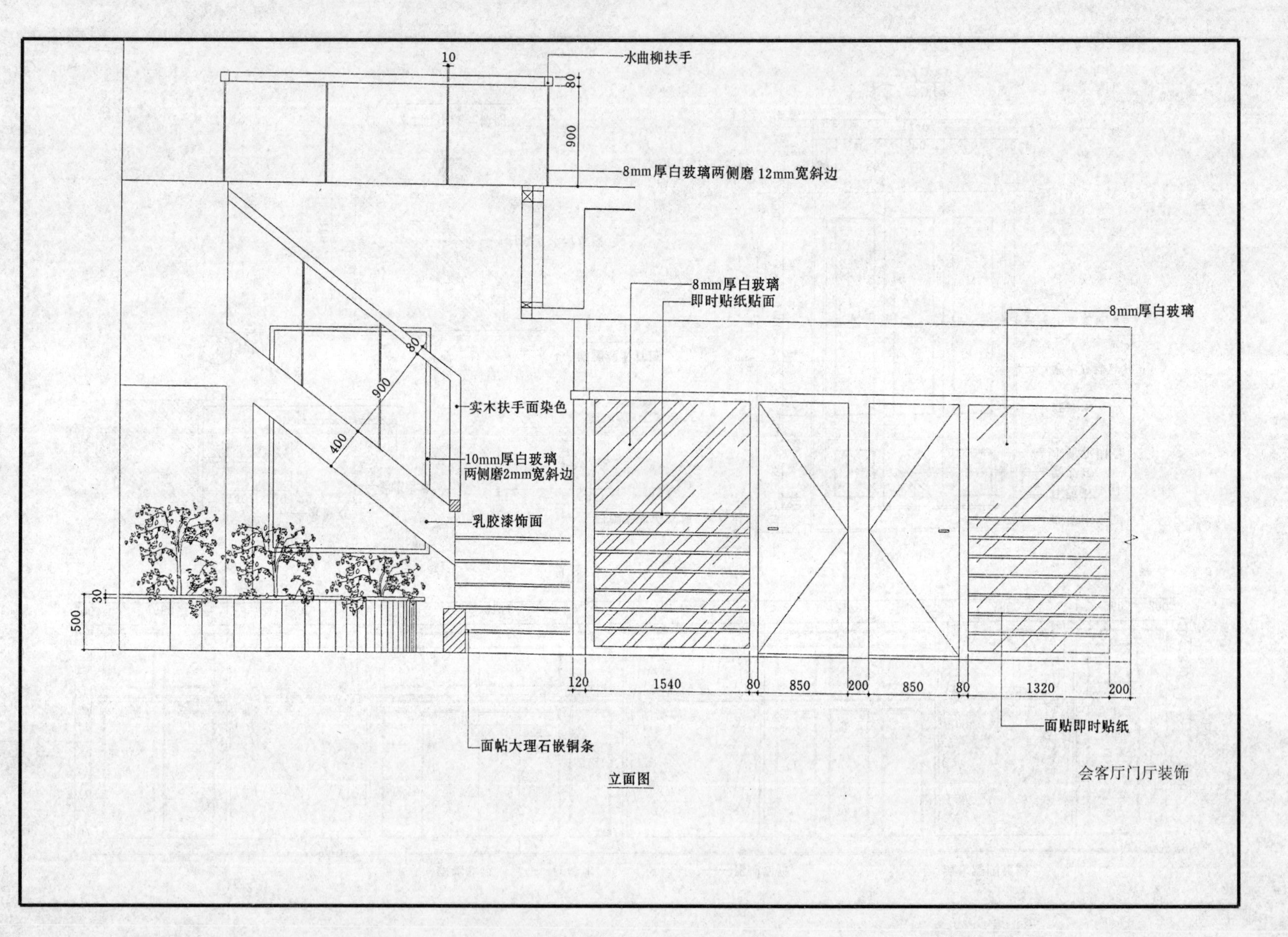
水曲柳扶手
10
80
900
8mm厚白玻璃两侧磨 12mm宽斜边
8mm厚白玻璃
即时贴纸贴面
8mm厚白玻璃
80
900
400
实木扶手面染色
10mm厚白玻璃
两侧磨2mm宽斜边
乳胶漆饰面
30
500
120
1540
80
850
200
850
80
1320
200
面贴即时贴纸
面帖大理石嵌铜条

立面图

会客厅门厅装饰

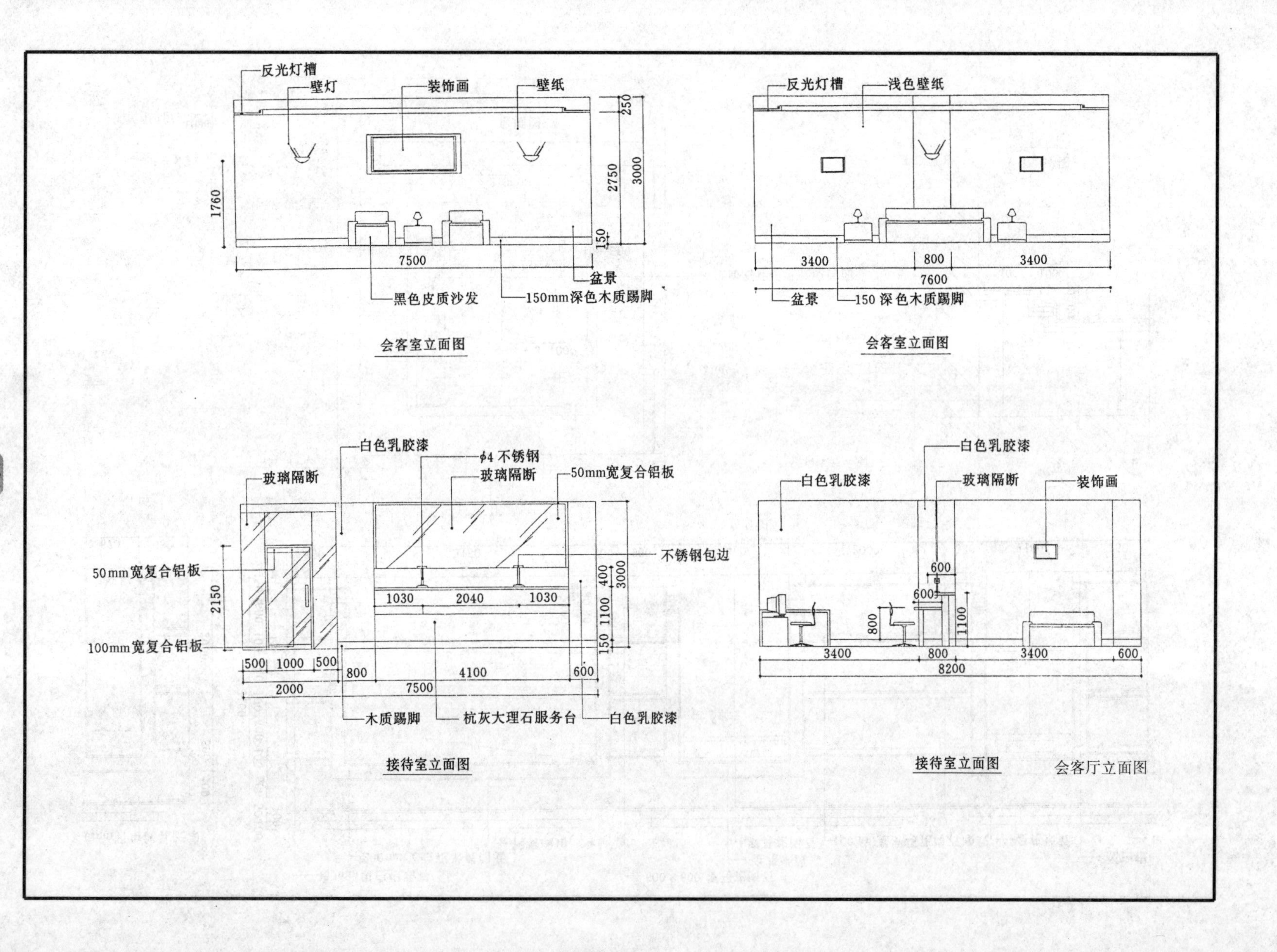

反光灯槽
壁灯
装饰画
壁纸
黑色皮质沙发
150mm深色木质踢脚
盆景
会客室立面图
反光灯槽
浅色壁纸
盆景
150 深色木质踢脚
会客室立面图
玻璃隔断
白色乳胶漆
φ4 不锈钢
玻璃隔断
50mm宽复合铝板
不锈钢包边
50mm宽复合铝板
100mm宽复合铝板
木质踢脚
杭灰大理石服务台
白色乳胶漆
接待室立面图
白色乳胶漆
白色乳胶漆
玻璃隔断
装饰画
接待室立面图
会客厅立面图

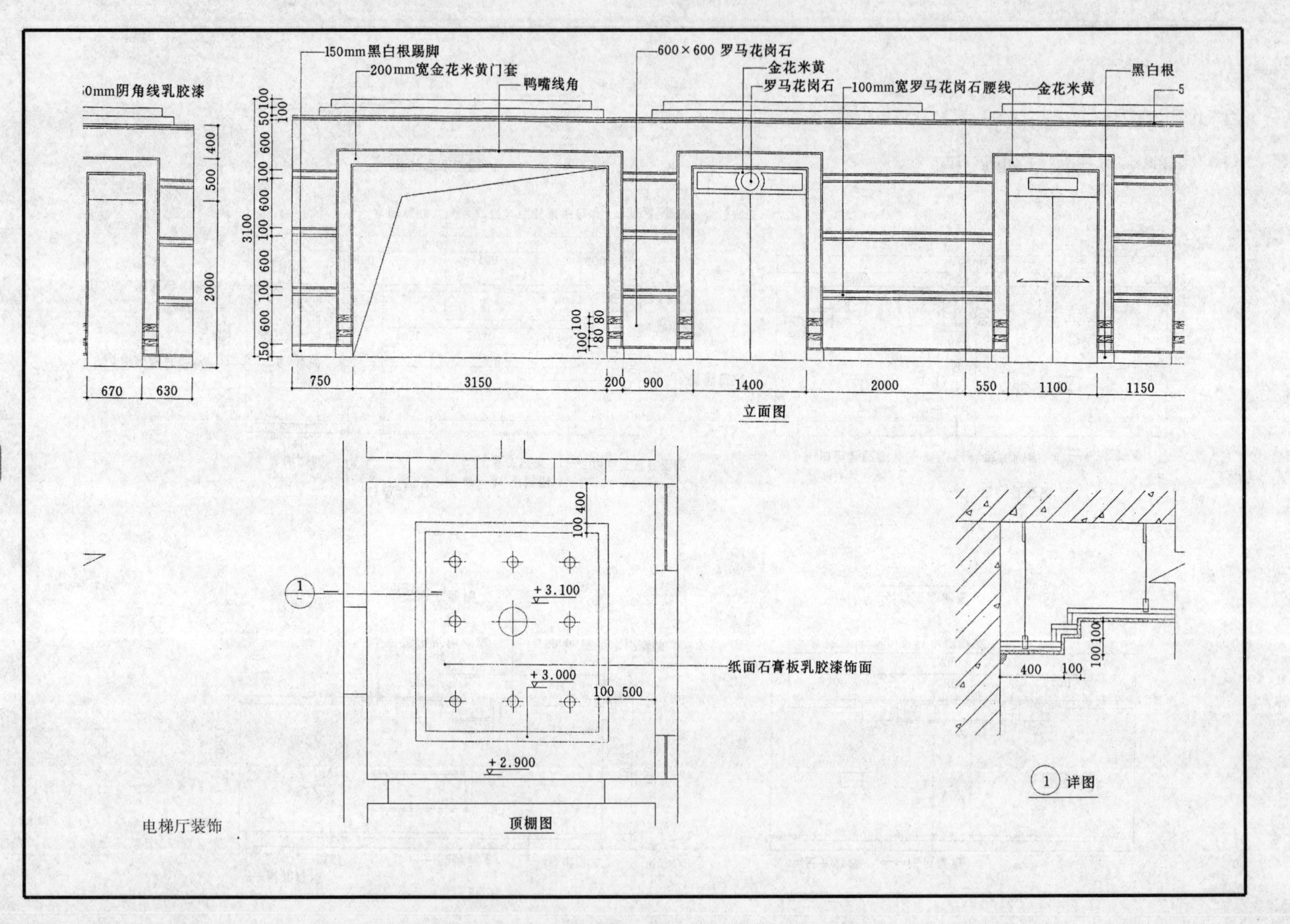

立面图

顶棚图

① 详图

电梯厅装饰

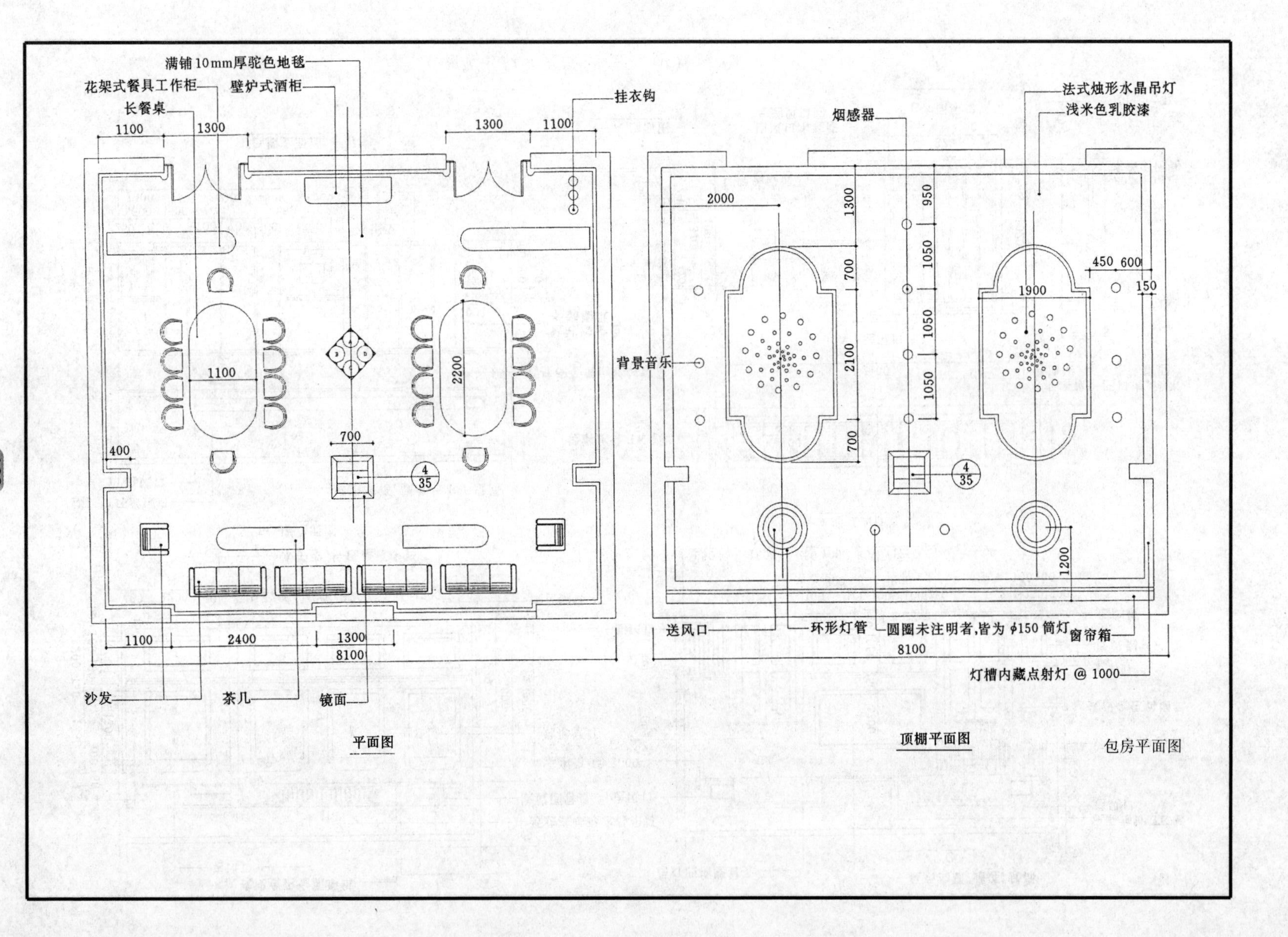

平面图

顶棚平面图

包房平面图

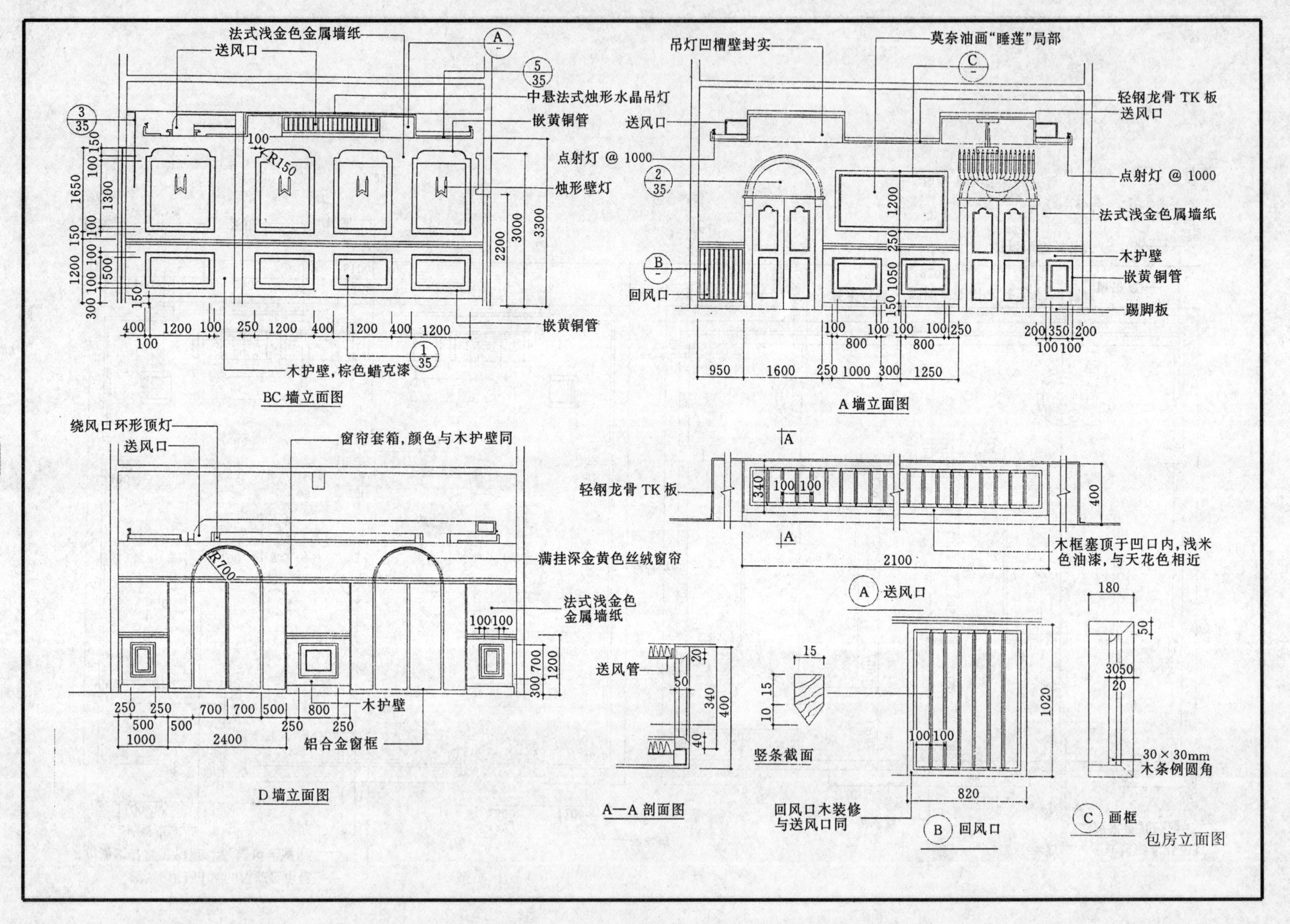
法式浅金色金属墙纸
送风口
中悬法式烛形水晶吊灯
嵌黄铜管
烛形壁灯
木护壁,棕色蜡克漆
BC 墙立面图
吊灯凹槽壁封实
莫奈油画“睡莲”局部
轻钢龙骨 TK 板
送风口
点射灯 @ 1000
法式浅金色属墙纸
木护壁
嵌黄铜管
踢脚板
回风口
A 墙立面图
绕风口环形顶灯
窗帘套箱,颜色与木护壁同
满挂深金黄色丝绒窗帘
法式浅金色金属墙纸
木护壁
铝合金窗框
D 墙立面图
轻钢龙骨 TK 板
木框塞顶于凹口内,浅米色油漆,与天花色相近
A 送风口
送风管
A—A 剖面图
竖条截面
回风口木装修与送风口同
B 回风口
30×30mm 木条例圆角
C 画框
包房立面图

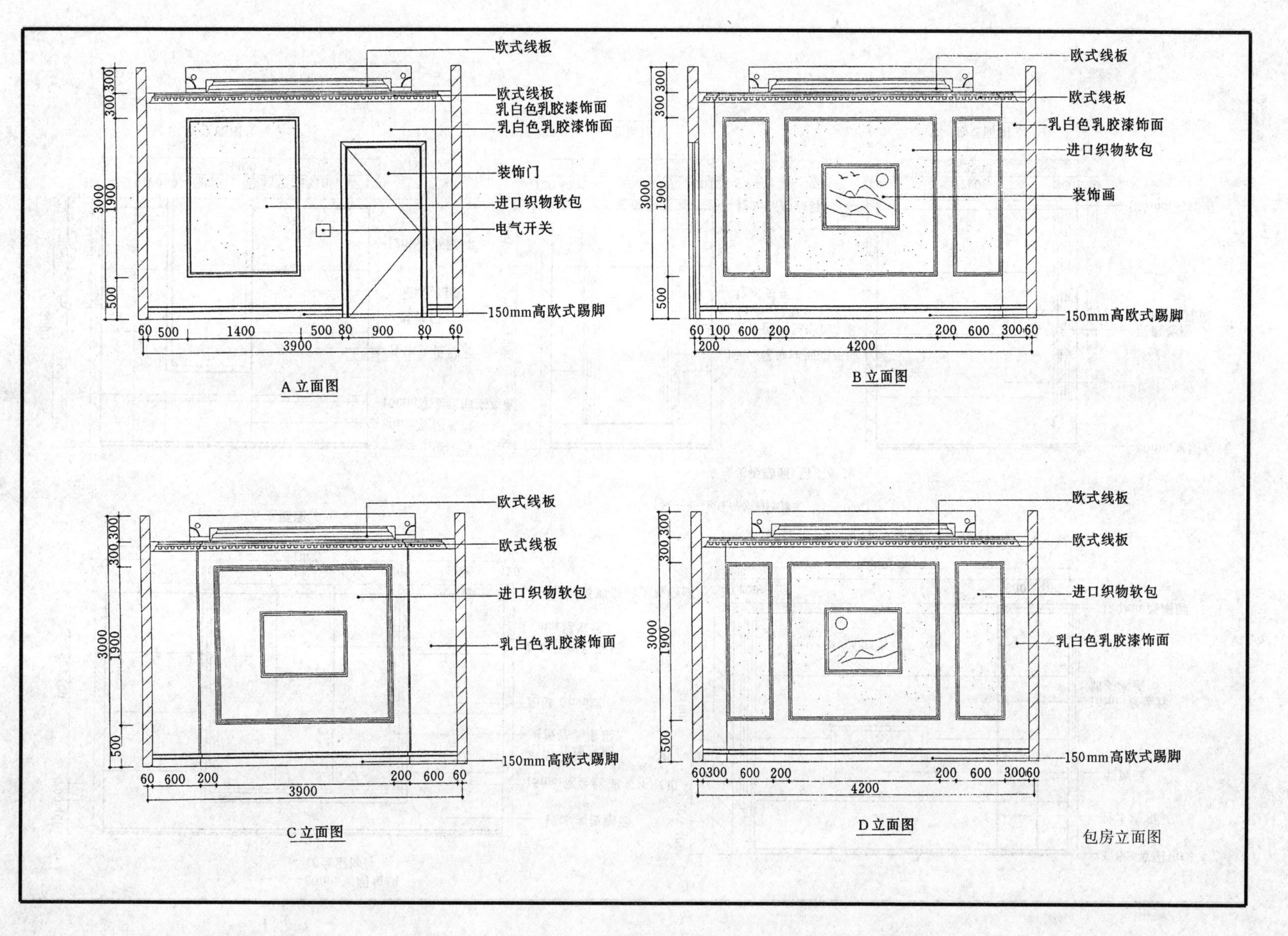
欧式线板
欧式线板
乳白色乳胶漆饰面
乳白色乳胶漆饰面
装饰门
进口织物软包
电气开关
150mm高欧式踢脚
A 立面图
欧式线板
欧式线板
乳白色乳胶漆饰面
进口织物软包
装饰画
150mm高欧式踢脚
B 立面图
欧式线板
欧式线板
进口织物软包
乳白色乳胶漆饰面
150mm高欧式踢脚
C 立面图
欧式线板
欧式线板
进口织物软包
乳白色乳胶漆饰面
150mm高欧式踢脚
D 立面图

包房立面图

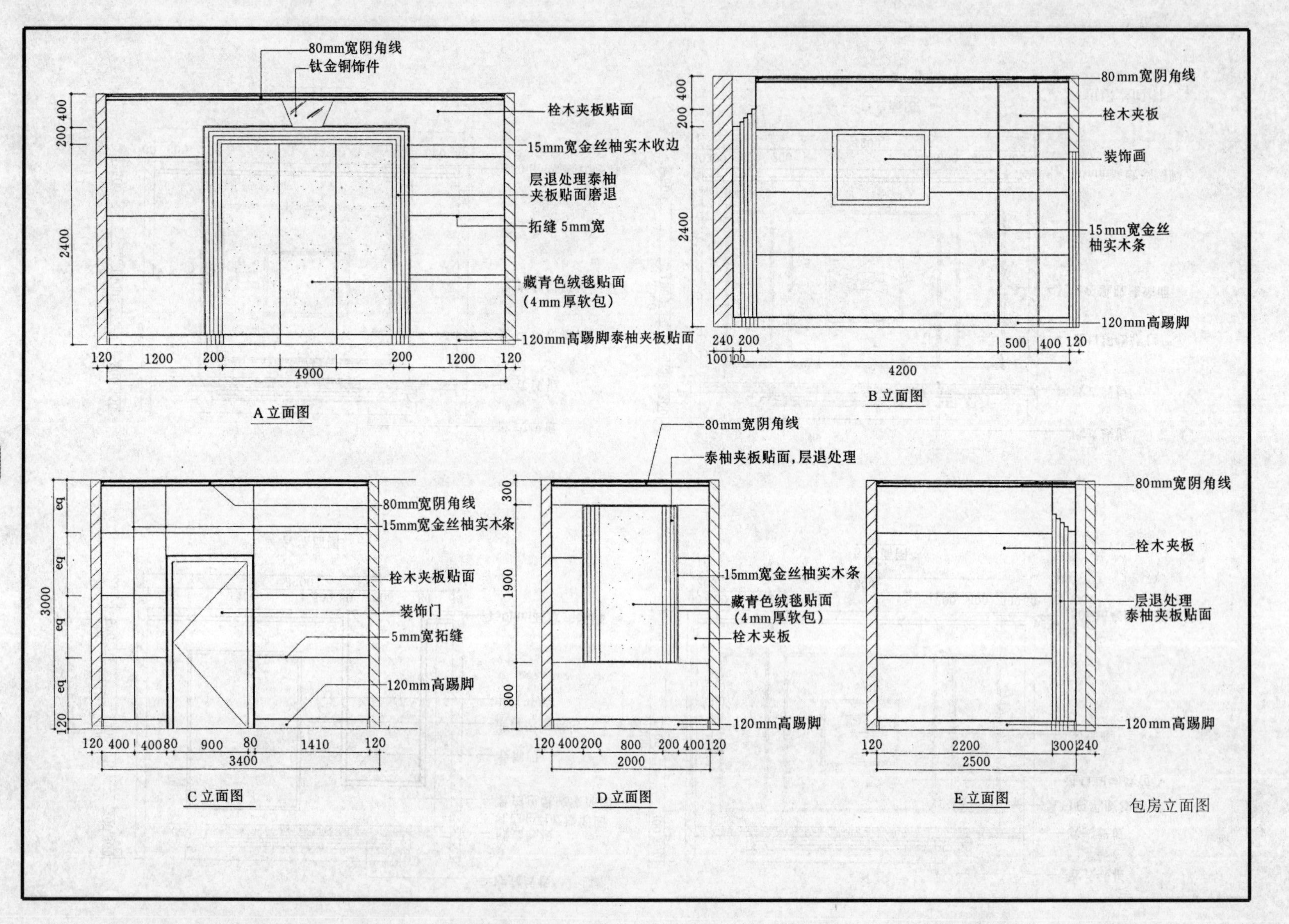
80mm宽阴角线
钛金铜饰件
栓木夹板贴面
15mm宽金丝柚实木收边
层退处理泰柚
夹板贴面磨退
拓缝 5mm宽
藏青色绒毯贴面
(4mm厚软包)
120mm高踢脚泰柚夹板贴面
A立面图
80mm宽阴角线
栓木夹板
装饰画
15mm宽金丝
柚实木条
120mm高踢脚
B立面图
80mm宽阴角线
15mm宽金丝柚实木条
栓木夹板贴面
装饰门
5mm宽拓缝
120mm高踢脚
C立面图
80mm宽阴角线
泰柚夹板贴面,层退处理
15mm宽金丝柚实木条
藏青色绒毯贴面
(4mm厚软包)
栓木夹板
120mm高踢脚
D立面图
80mm宽阴角线
栓木夹板
层退处理
泰柚夹板贴面
120mm高踢脚
E立面图
包房立面图

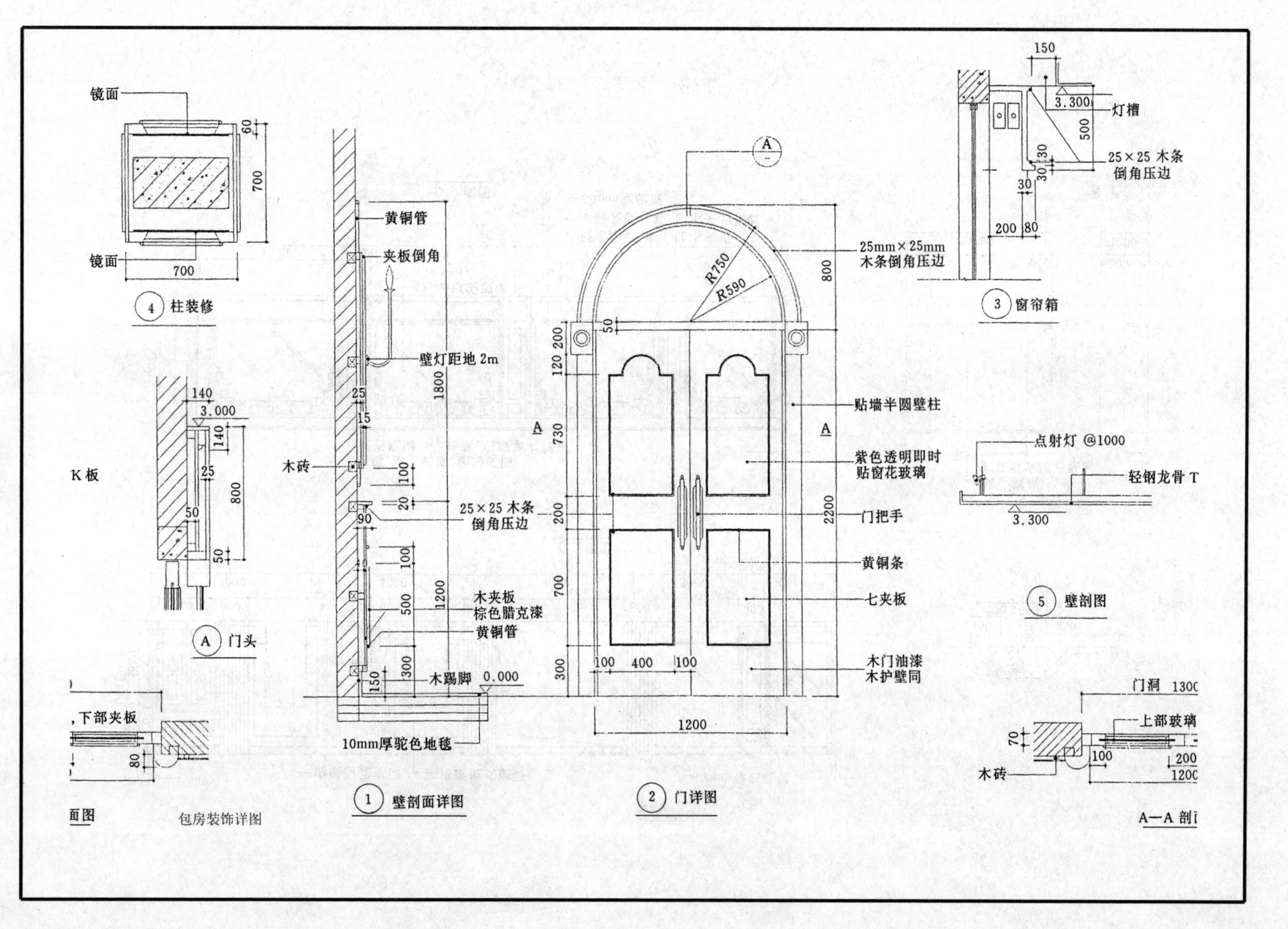
镜面
镜面
700
700
60
4 柱装修
黄铜管
夹板倒角
壁灯距地 2m
木砖
25×25 木条
倒角压边
木夹板
棕色腊克漆
黄铜管
木踢脚
0.000
10mm厚驼色地毯
1800
1200
1 壁剖面详图
140
3.000
800
A 门头
K 板
，下部夹板
面图
A
R750
R590
25mm×25mm
木条倒角压边
800
贴墙半圆壁柱
紫色透明即时
贴窗花玻璃
门把手
黄铜条
七夹板
木门油漆
木护壁同
2200
1200
2 门详图
150
3.300
灯槽
500
25×25 木条
倒角压边
3 窗帘箱
点射灯 @1000
轻钢龙骨 T
3.300
5 壁剖图
门洞
上部玻璃
木砖
A—A 剖
包房装饰详图

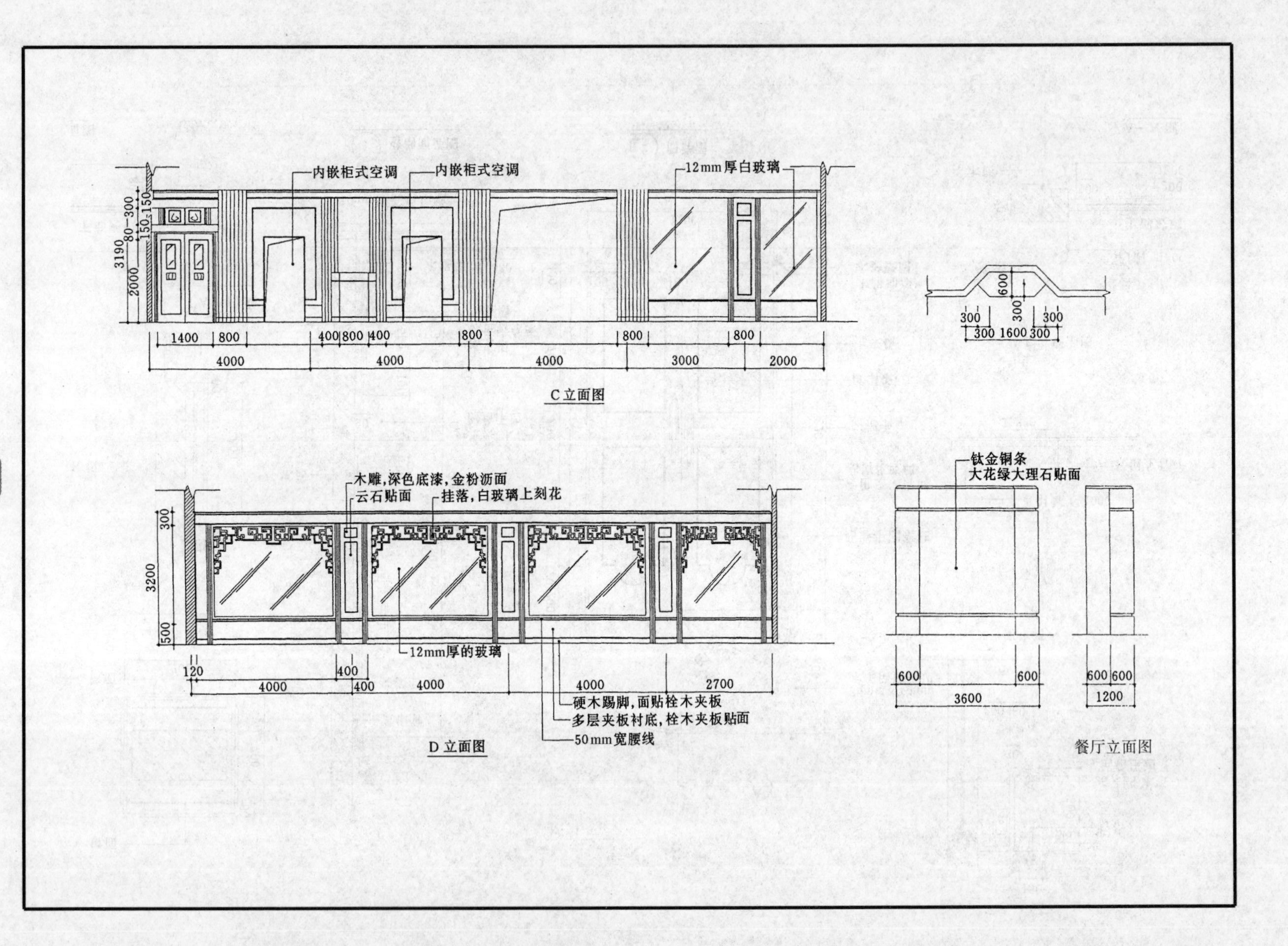
12mm厚白玻璃
内嵌柜式空调
内嵌柜式空调
C立面图
木雕,深色底漆,金粉沥面
云石贴面
挂落,白玻璃上刻花
12mm厚的玻璃
硬木踢脚,面贴栓木夹板
多层夹板衬底,栓木夹板贴面
50mm宽腰线
D立面图
钛金铜条
大花绿大理石贴面
餐厅立面图

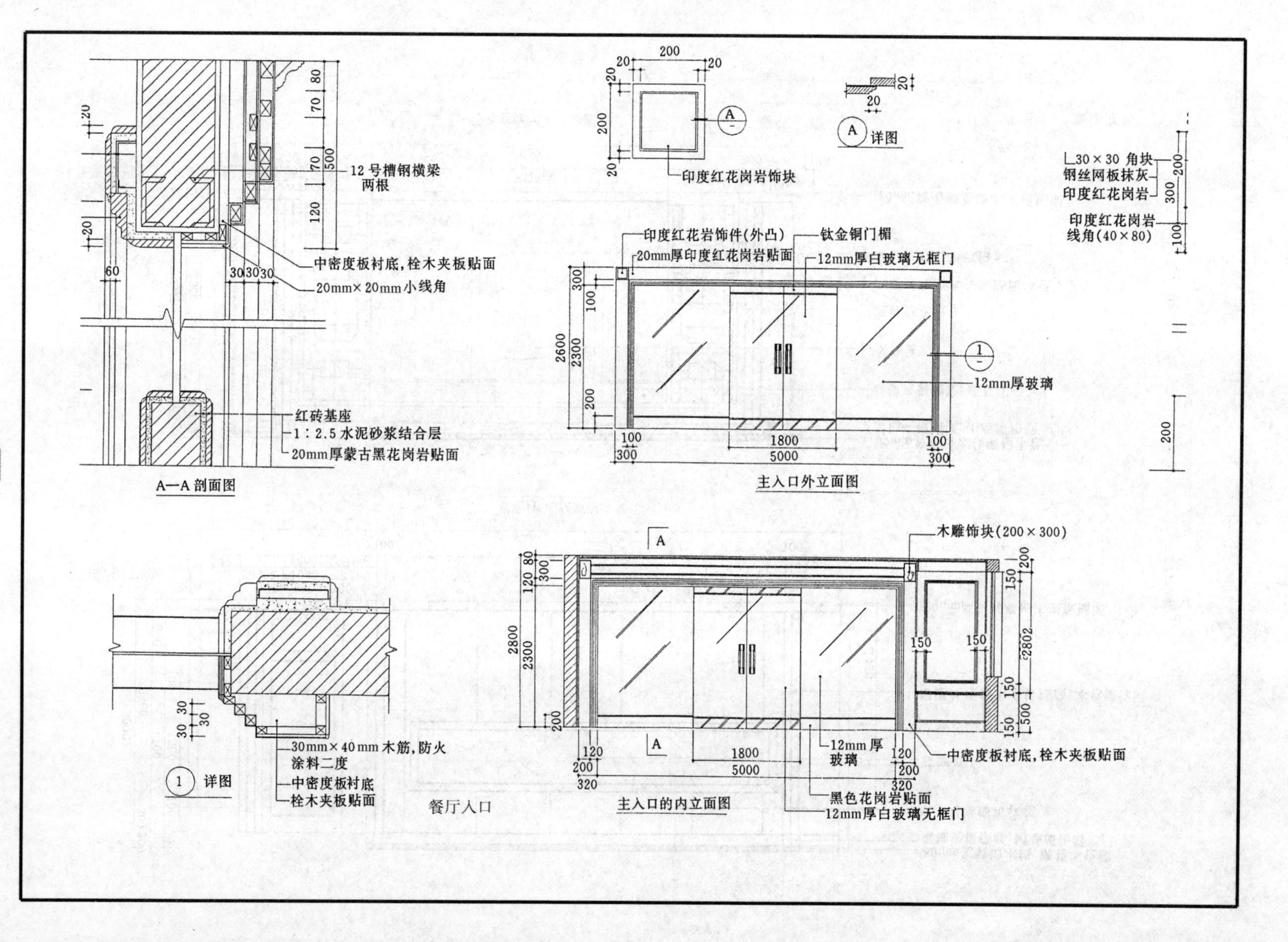
12 号槽钢横梁
两根
中密度板衬底，栓木夹板贴面
20mm×20mm 小线角
红砖基座
1：2.5 水泥砂浆结合层
20mm厚蒙古黑花岗岩贴面
A—A 剖面图
印度红花岗岩饰块
A 详图
30×30 角块
钢丝网板抹灰
印度红花岗岩
印度红花岗岩
线角(40×80)
印度红花岩饰件(外凸)
20mm厚印度红花岗岩贴面
钛金铜门楣
12mm厚白玻璃无框门
12mm厚玻璃
主入口外立面图
木雕饰块(200×300)
30mm×40mm 木筋，防火
涂料二度
中密度板衬底
栓木夹板贴面
1 详图
餐厅入口
12mm 厚
玻璃
中密度板衬底，栓木夹板贴面
黑色花岗岩贴面
12mm厚白玻璃无框门
主入口的内立面图

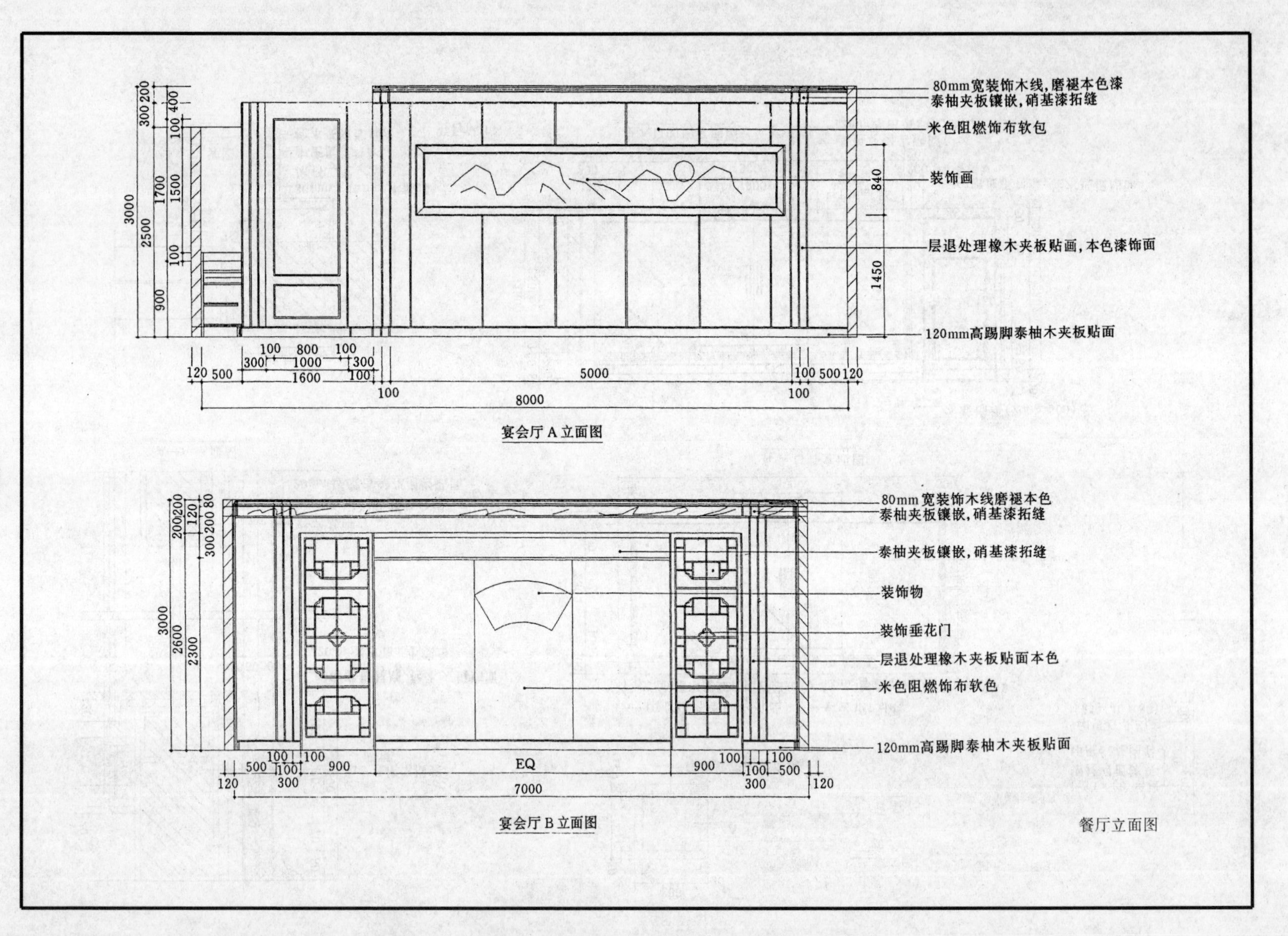
80mm宽装饰木线，磨褪本色漆
泰柚夹板镶嵌，硝基漆拓缝
米色阻燃饰布软包
装饰画
层退处理橡木夹板贴画，本色漆饰面
120mm高踢脚泰柚木夹板贴面
宴会厅A立面图
80mm宽装饰木线磨褪本色
泰柚夹板镶嵌，硝基漆拓缝
泰柚夹板镶嵌，硝基漆拓缝
装饰物
装饰垂花门
层退处理橡木夹板贴面本色
米色阻燃饰布软色
120mm高踢脚泰柚木夹板贴面
EQ
宴会厅B立面图
餐厅立面图

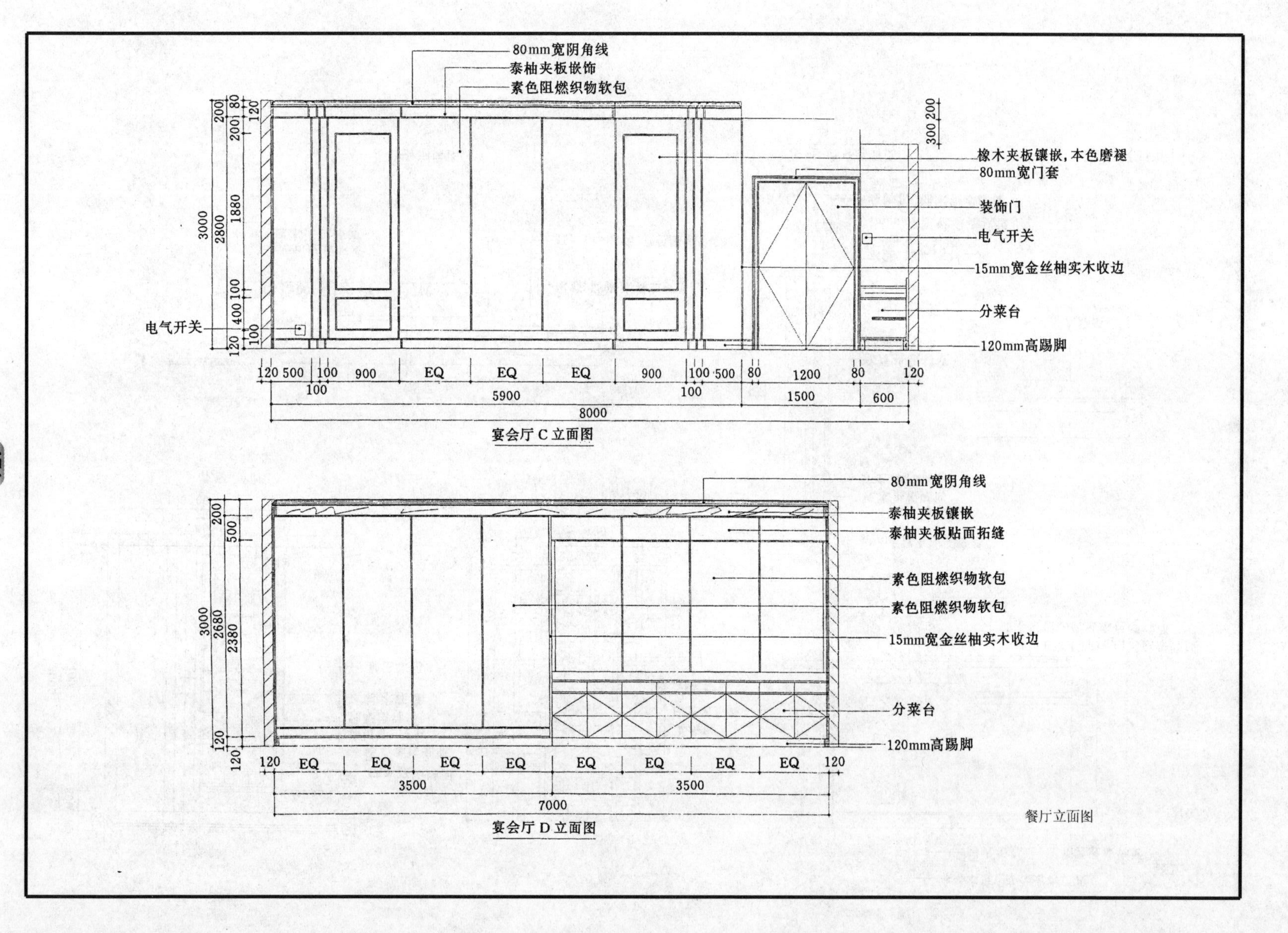
80mm宽阴角线
泰柚夹板嵌饰
素色阻燃织物软包
橡木夹板镶嵌，本色磨褪
80mm宽门套
装饰门
电气开关
15mm宽金丝柚实木收边
分菜台
120mm高踢脚
电气开关
宴会厅 C 立面图
80mm宽阴角线
泰柚夹板镶嵌
泰柚夹板贴面拓缝
素色阻燃织物软包
素色阻燃织物软包
15mm宽金丝柚实木收边
分菜台
120mm高踢脚
宴会厅 D 立面图

餐厅立面图

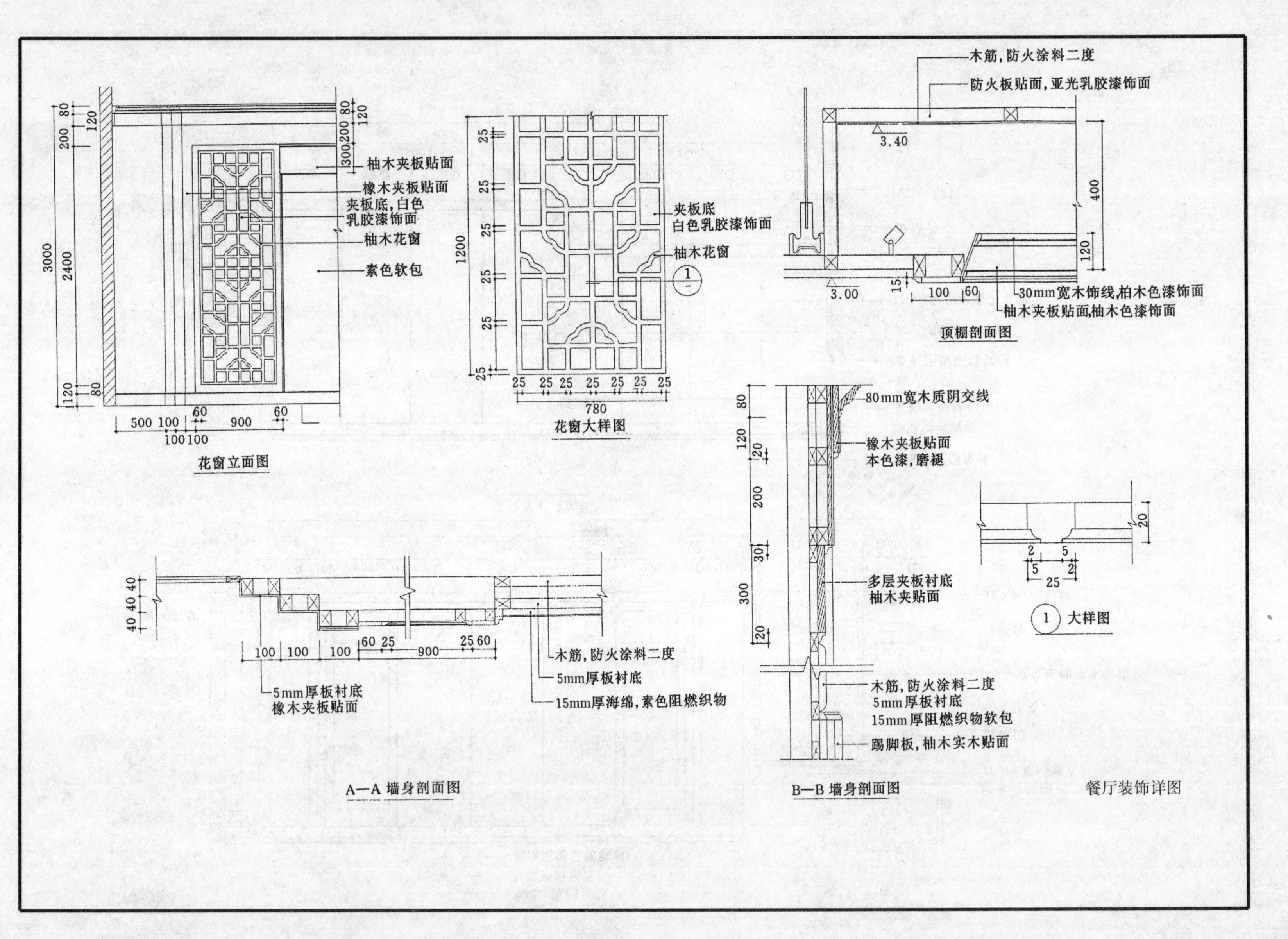
柚木夹板贴面
橡木夹板贴面
夹板底,白色
乳胶漆饰面
柚木花窗
素色软包
花窗立面图
夹板底
白色乳胶漆饰面
柚木花窗
花窗大样图
木筋,防火涂料二度
防火板贴面,亚光乳胶漆饰面
3.40
3.00
30mm宽木饰线,柏木色漆饰面
柚木夹板贴面,柚木色漆饰面
顶棚剖面图
80mm宽木质阴交线
橡木夹板贴面
本色漆,磨褪
多层夹板衬底
柚木夹贴面
木筋,防火涂料二度
5mm厚板衬底
15mm厚阻燃织物软包
踢脚板,柚木实木贴面
B—B 墙身剖面图
大样图
5mm厚板衬底
橡木夹板贴面
木筋,防火涂料二度
5mm厚板衬底
15mm厚海绵,素色阻燃织物
A—A 墙身剖面图
餐厅装饰详图

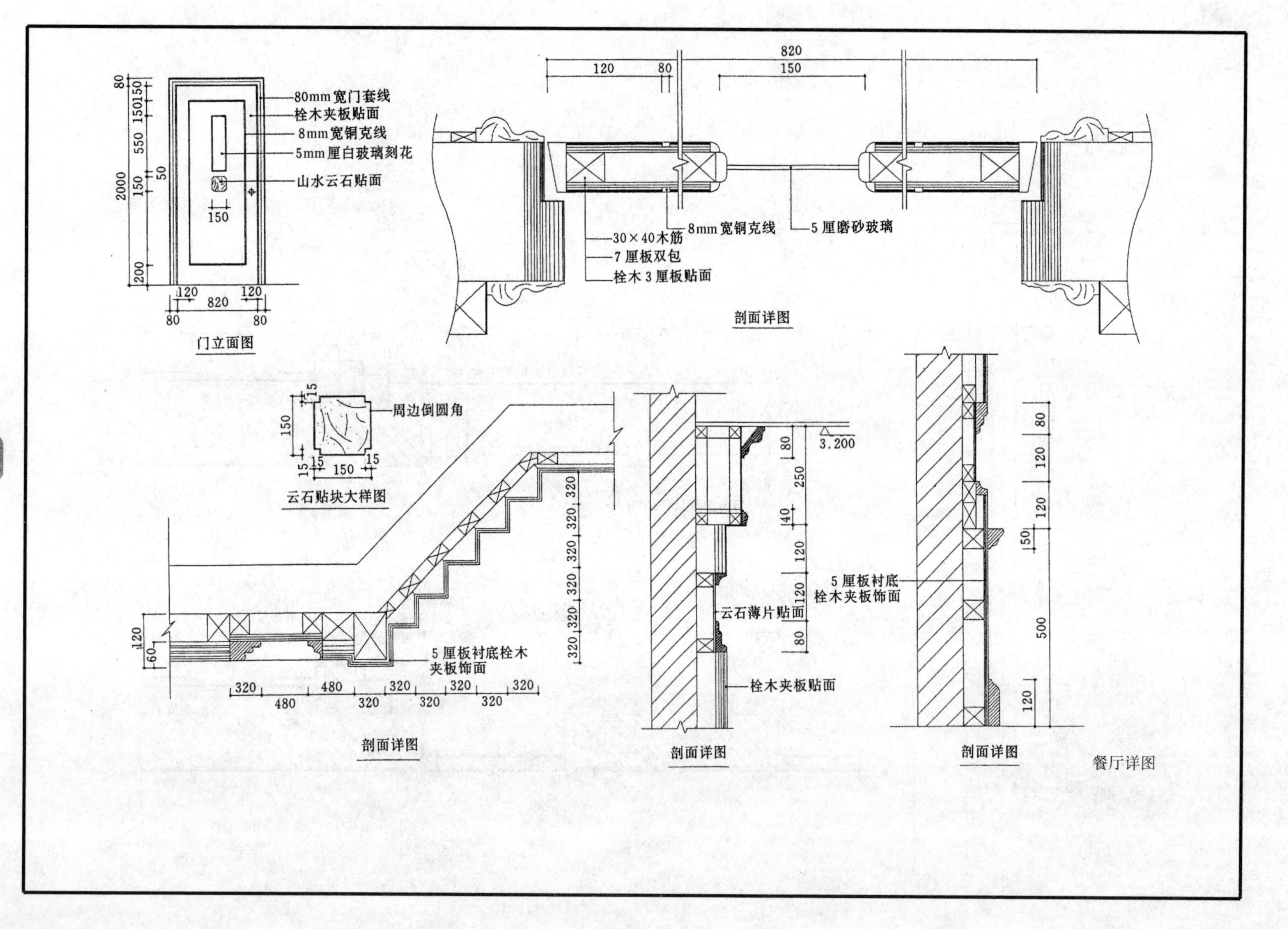
80mm宽门套线
栓木夹板贴面
8mm宽铜克线
5mm厘白玻璃刻花
山水云石贴面
门立面图
30×40木筋
7厘板双包
栓木3厘板贴面
8mm宽铜克线
5厘磨砂玻璃
剖面详图
周边倒圆角
云石贴块大样图
5厘板衬底栓木
夹板饰面
剖面详图
3.200
云石薄片贴面
栓木夹板贴面
剖面详图
5厘板衬底
栓木夹板饰面
剖面详图
餐厅详图

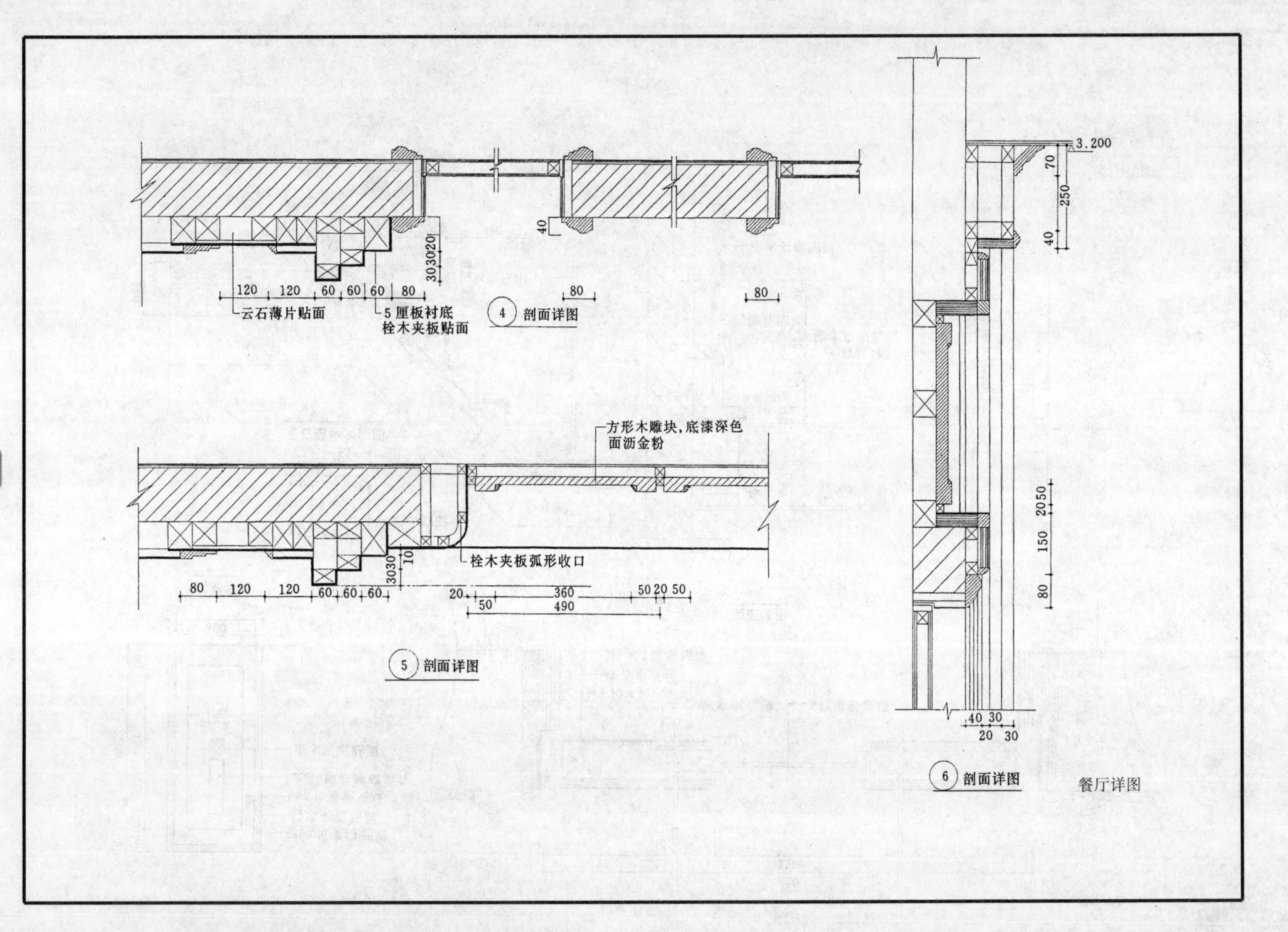

④ 剖面详图

⑤ 剖面详图

⑥ 剖面详图

餐厅详图

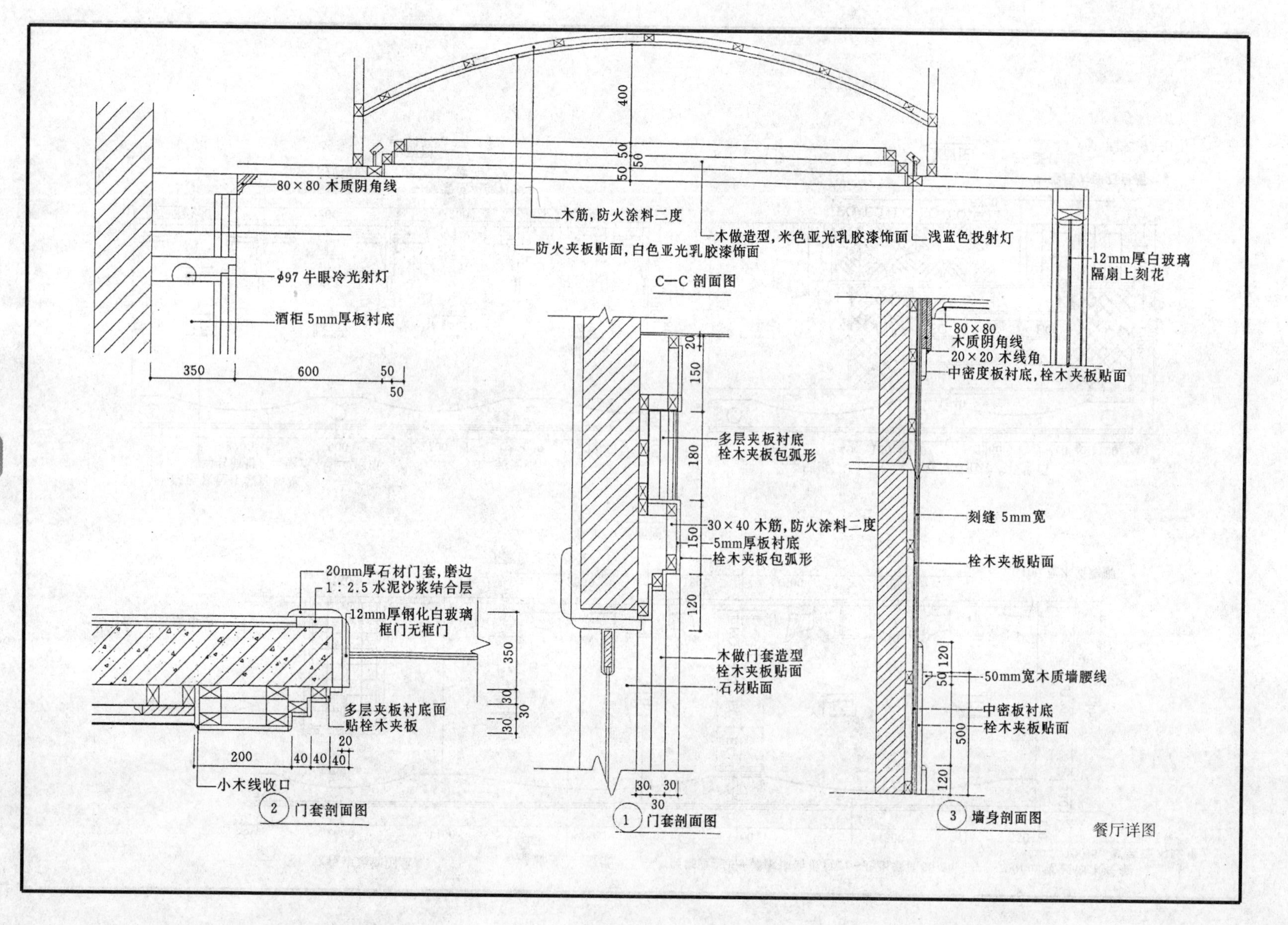

400
50
50
50
80×80 木质阴角线
木筋，防火涂料二度
木做造型，米色亚光乳胶漆饰面
浅蓝色投射灯
防火夹板贴面，白色亚光乳胶漆饰面
12mm厚白玻璃
隔扇上刻花
ϕ97 牛眼冷光射灯
酒柜 5mm厚板衬底
350
600
50
50
C—C 剖面图
80×80
木质阴角线
20×20 木线角
中密度板衬底，栓木夹板贴面
20
150
多层夹板衬底
栓木夹板包弧形
180
30×40 木筋，防火涂料二度
5mm厚板衬底
栓木夹板包弧形
150
120
刻缝 5mm宽
栓木夹板贴面
20mm厚石材门套，磨边
1：2.5 水泥沙浆结合层
12mm厚钢化白玻璃
框门无框门
350
30
30
30
多层夹板衬底面
贴栓木夹板
200
40
40
40
20
小木线收口
木做门套造型
栓木夹板贴面
石材贴面
30
30
30
120
50
50mm宽木质墙腰线
中密板衬底
栓木夹板贴面
500
120
2 门套剖面图
1 门套剖面图
3 墙身剖面图

餐厅详图

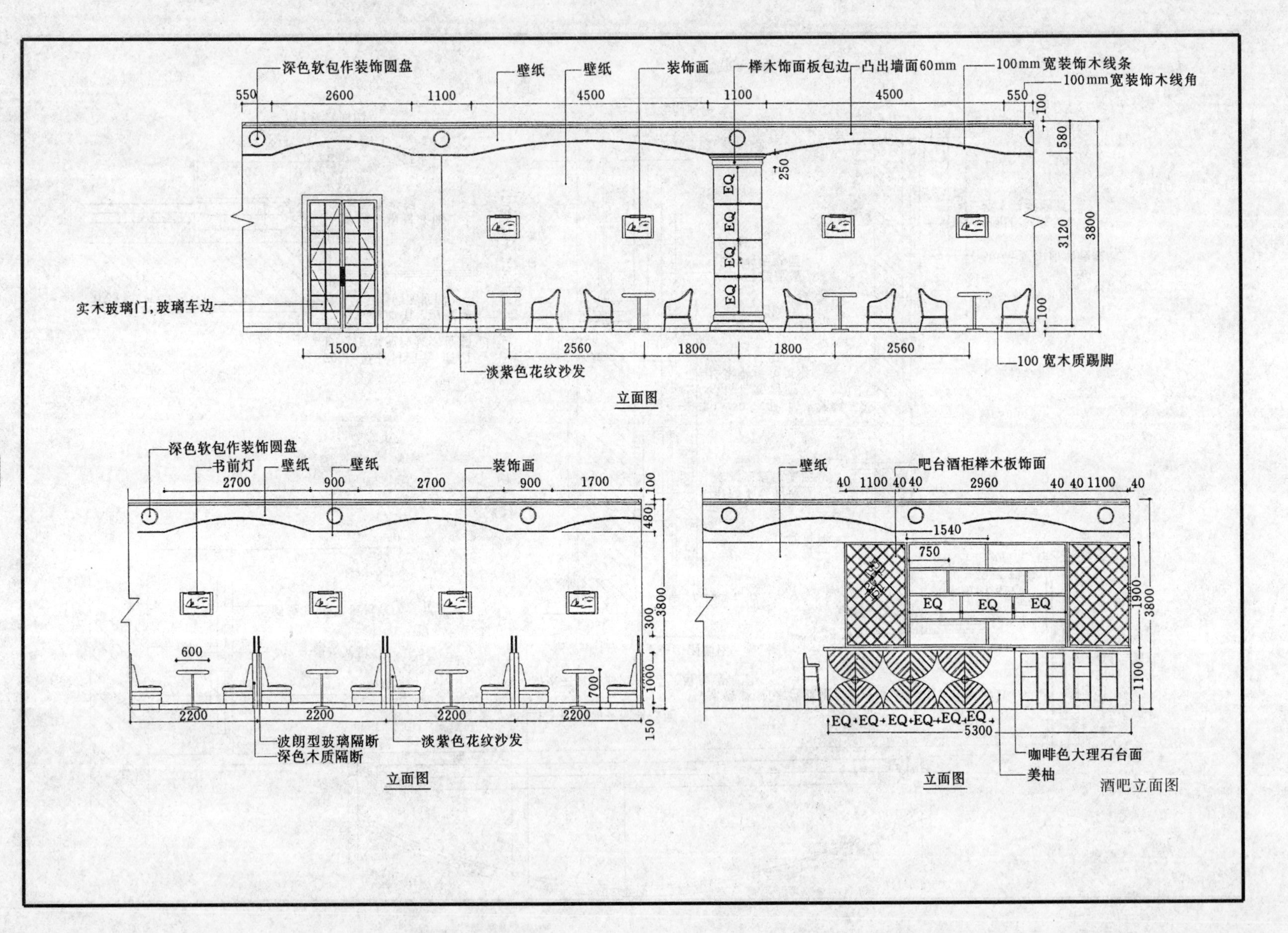
深色软包作装饰圆盘
壁纸
壁纸
装饰画
榉木饰面板包边
凸出墙面60mm
100mm宽装饰木线条
100mm宽装饰木线角
实木玻璃门，玻璃车边
淡紫色花纹沙发
100宽木质踢脚
立面图
深色软包作装饰圆盘
书前灯
壁纸
壁纸
装饰画
波朗型玻璃隔断
深色木质隔断
淡紫色花纹沙发
立面图
壁纸
吧台酒柜榉木板饰面
咖啡色大理石台面
美柚
立面图

酒吧立面图

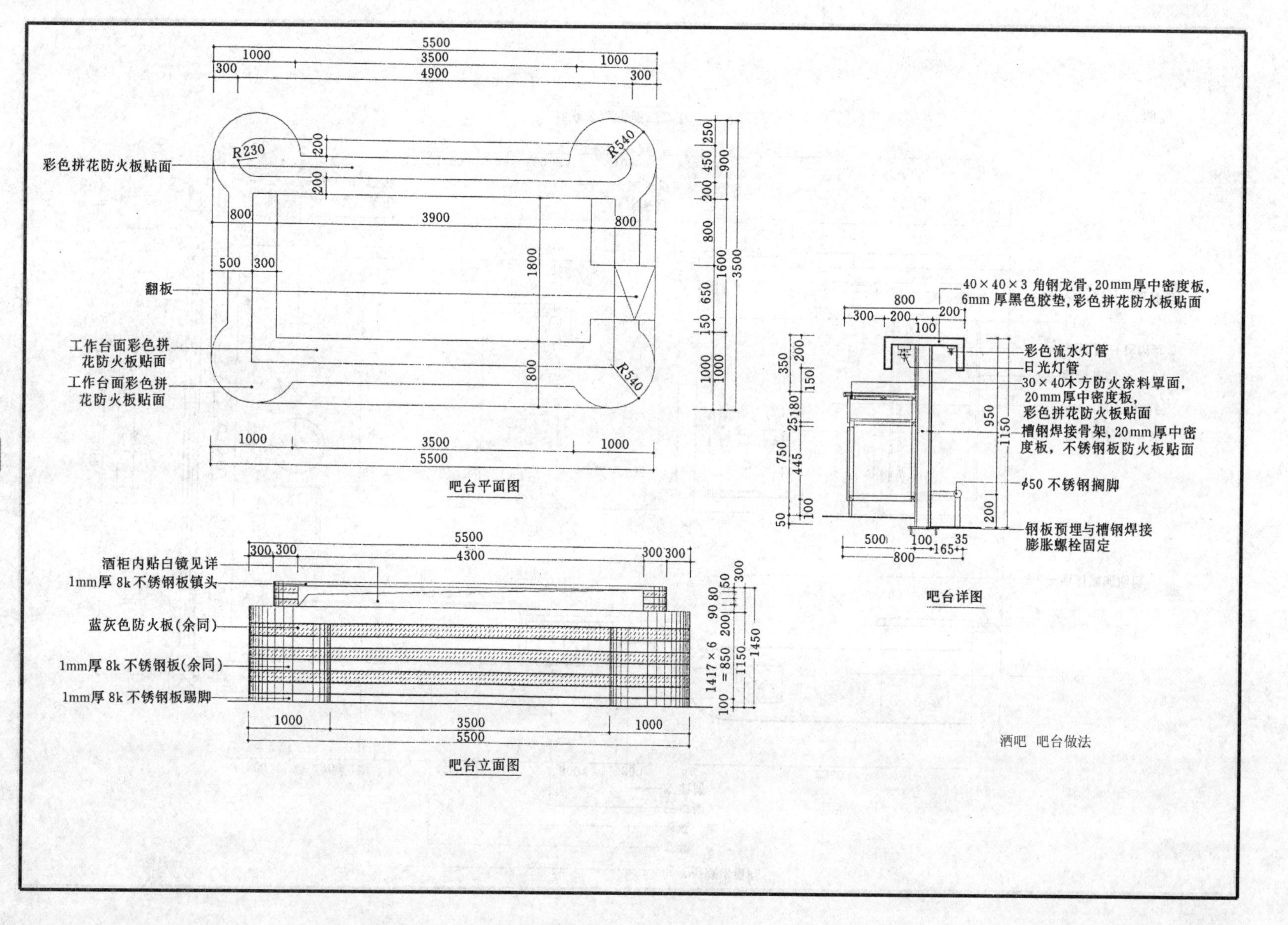
彩色拼花防火板贴面
翻板
工作台面彩色拼花防火板贴面
工作台面彩色拼花防火板贴面
R230
R540
吧台平面图
酒柜内贴白镜见详
1mm厚 8k 不锈钢板镇头
蓝灰色防火板(余同)
1mm厚 8k 不锈钢板(余同)
1mm厚 8k 不锈钢板踢脚
1417 × 6 = 850
吧台立面图
40 × 40 × 3 角钢龙骨,20mm厚中密度板,6mm 厚黑色胶垫,彩色拼花防水板贴面
彩色流水灯管
日光灯管
30 × 40木方防火涂料罩面,20mm厚中密度板,彩色拼花防火板贴面
槽钢焊接骨架,20mm厚中密度板,不锈钢板防火板贴面
φ50 不锈钢搁脚
钢板预埋与槽钢焊接膨胀螺栓固定
吧台详图

酒吧　吧台做法

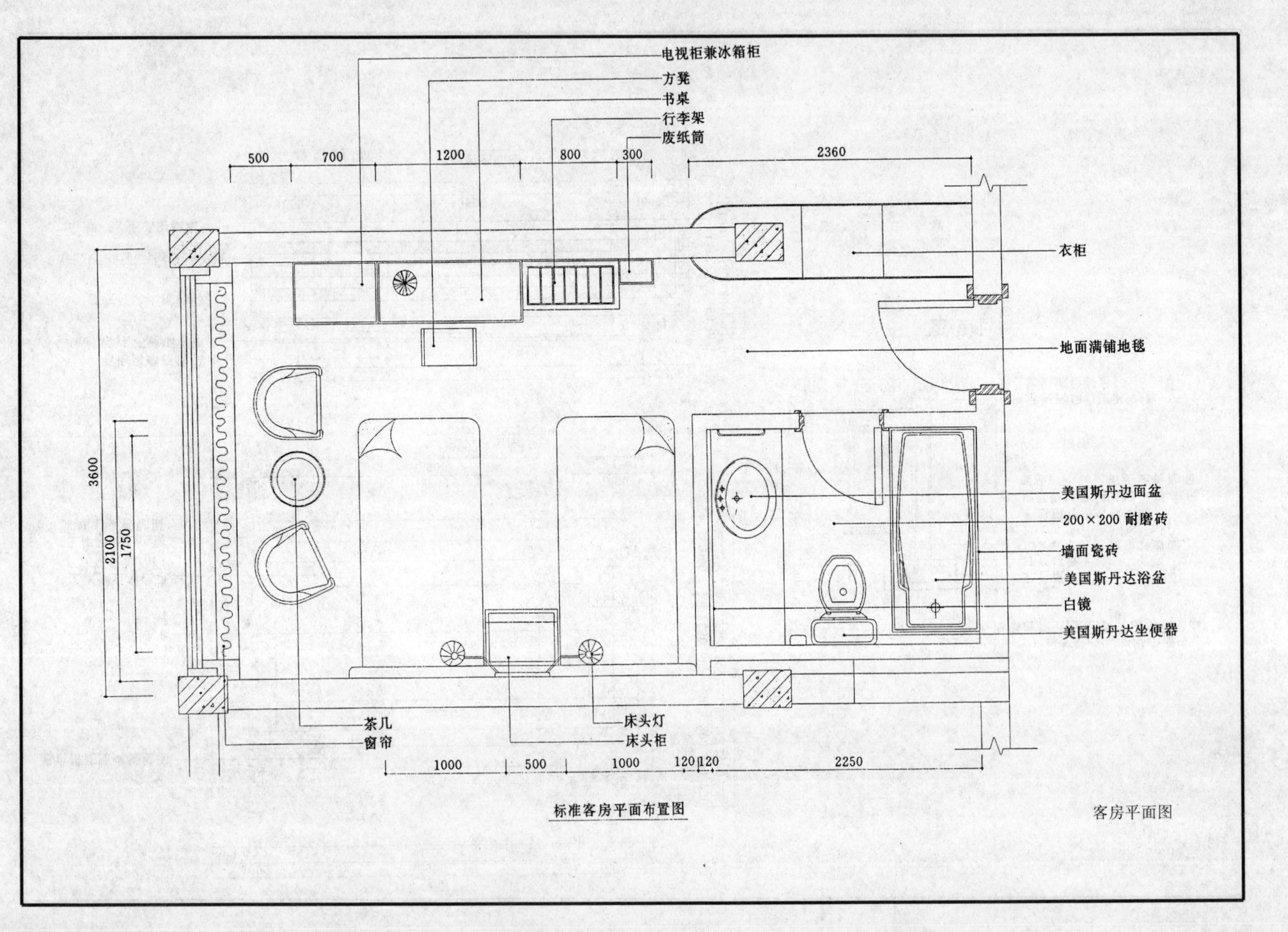

标准客房平面布置图

客房平面图

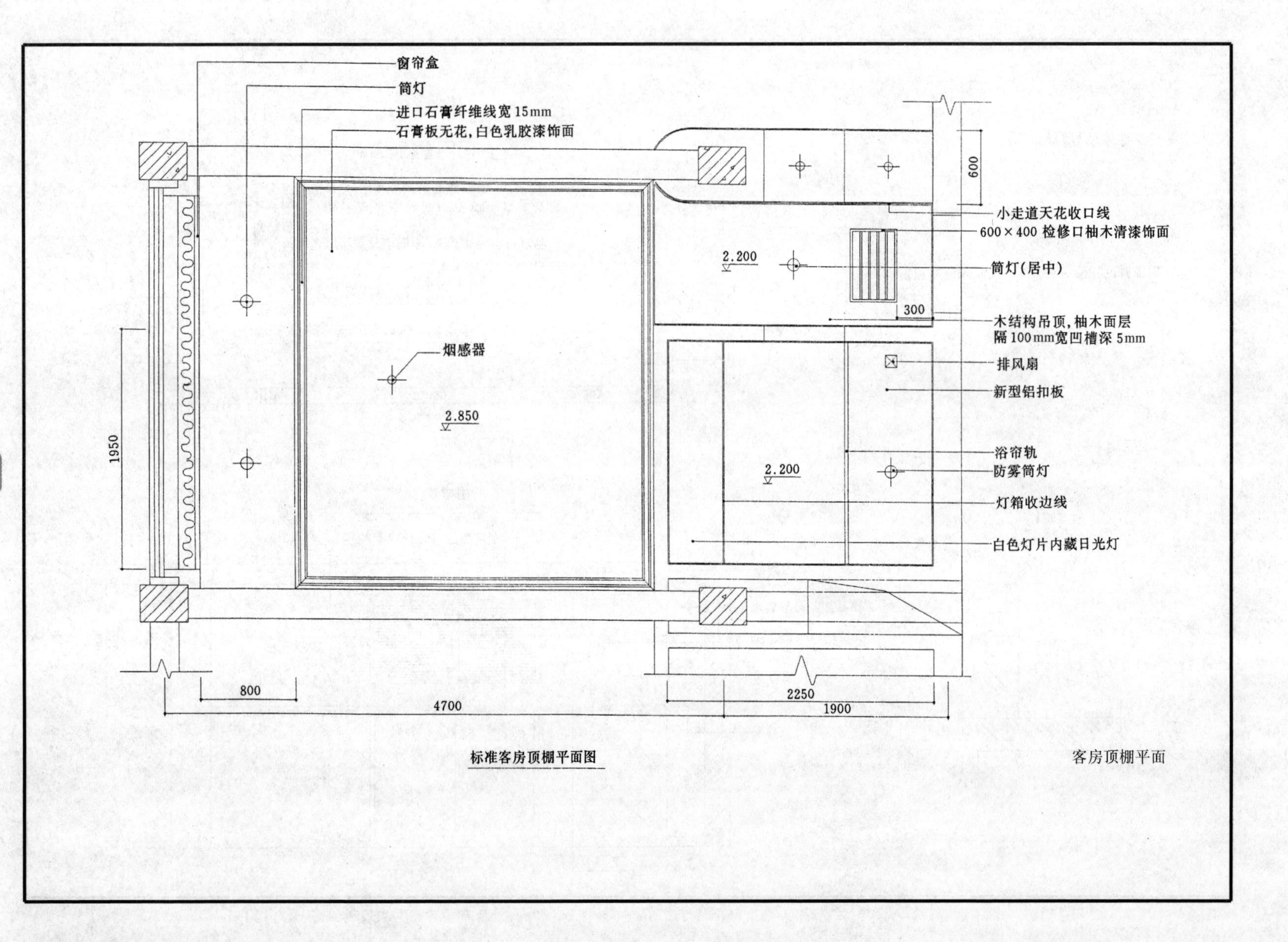
窗帘盒
筒灯
进口石膏纤维线宽 15mm
石膏板无花，白色乳胶漆饰面
烟感器
2.850
1950
800
4700
600
小走道天花收口线
600×400 检修口柚木清漆饰面
2.200
筒灯（居中）
300
木结构吊顶，柚木面层
隔 100mm 宽凹槽深 5mm
排风扇
新型铝扣板
浴帘轨
防雾筒灯
2.200
灯箱收边线
白色灯片内藏日光灯
2250
1900

标准客房顶棚平面图

客房顶棚平面

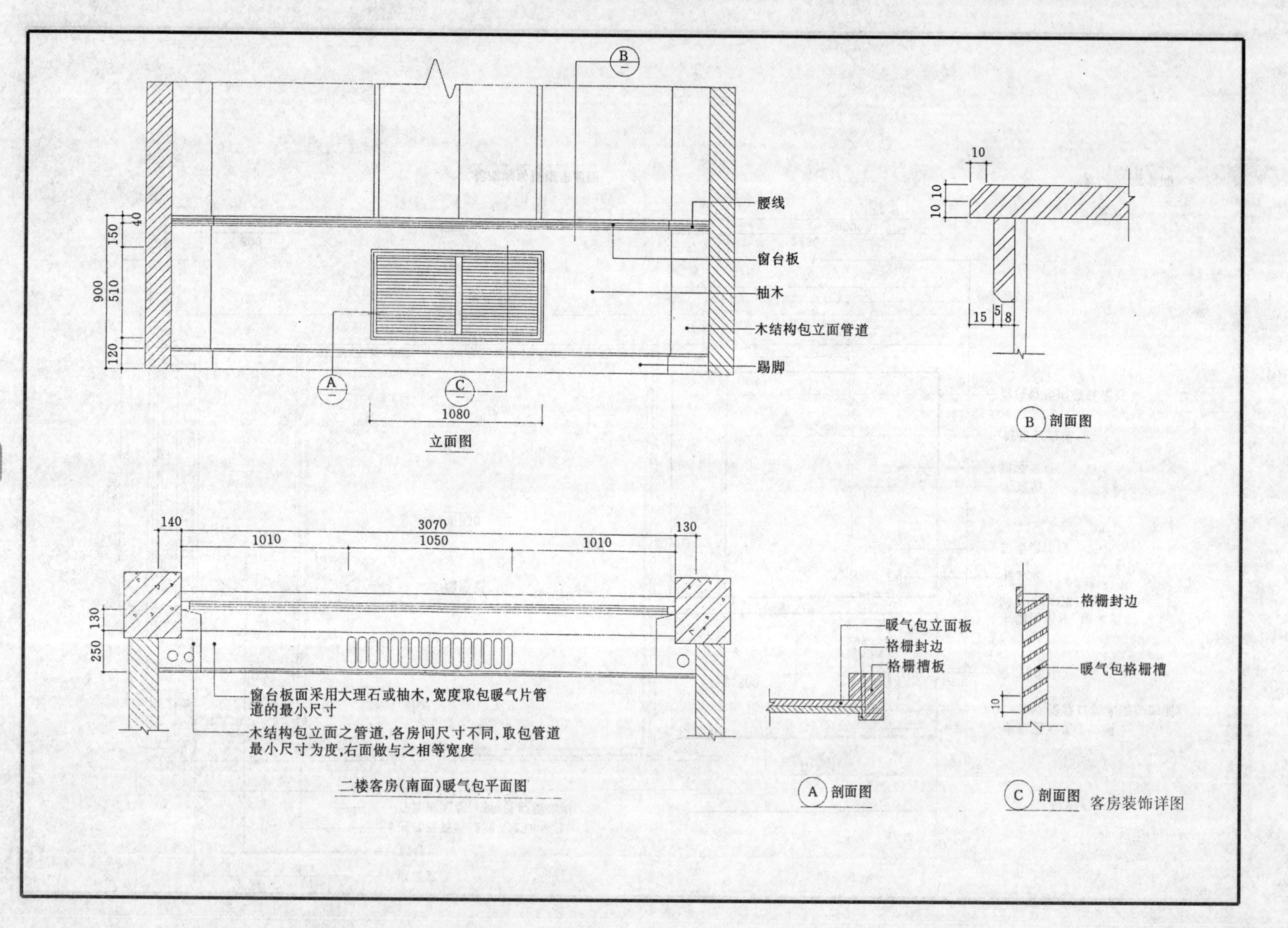
B
腰线
窗台板
柚木
木结构包立面管道
踢脚
40
150
900
510
120
A
C
1080
立面图
10
10 10
15 5 8
B 剖面图
140
3070
130
1010
1050
1010
130
250
窗台板面采用大理石或柚木,宽度取包暖气片管道的最小尺寸
木结构包立面之管道,各房间尺寸不同,取包管道最小尺寸为度,右面做与之相等宽度
二楼客房(南面)暖气包平面图
暖气包立面板
格栅封边
格栅槽板
A 剖面图
格栅封边
暖气包格栅槽
10
C 剖面图

客房装饰详图

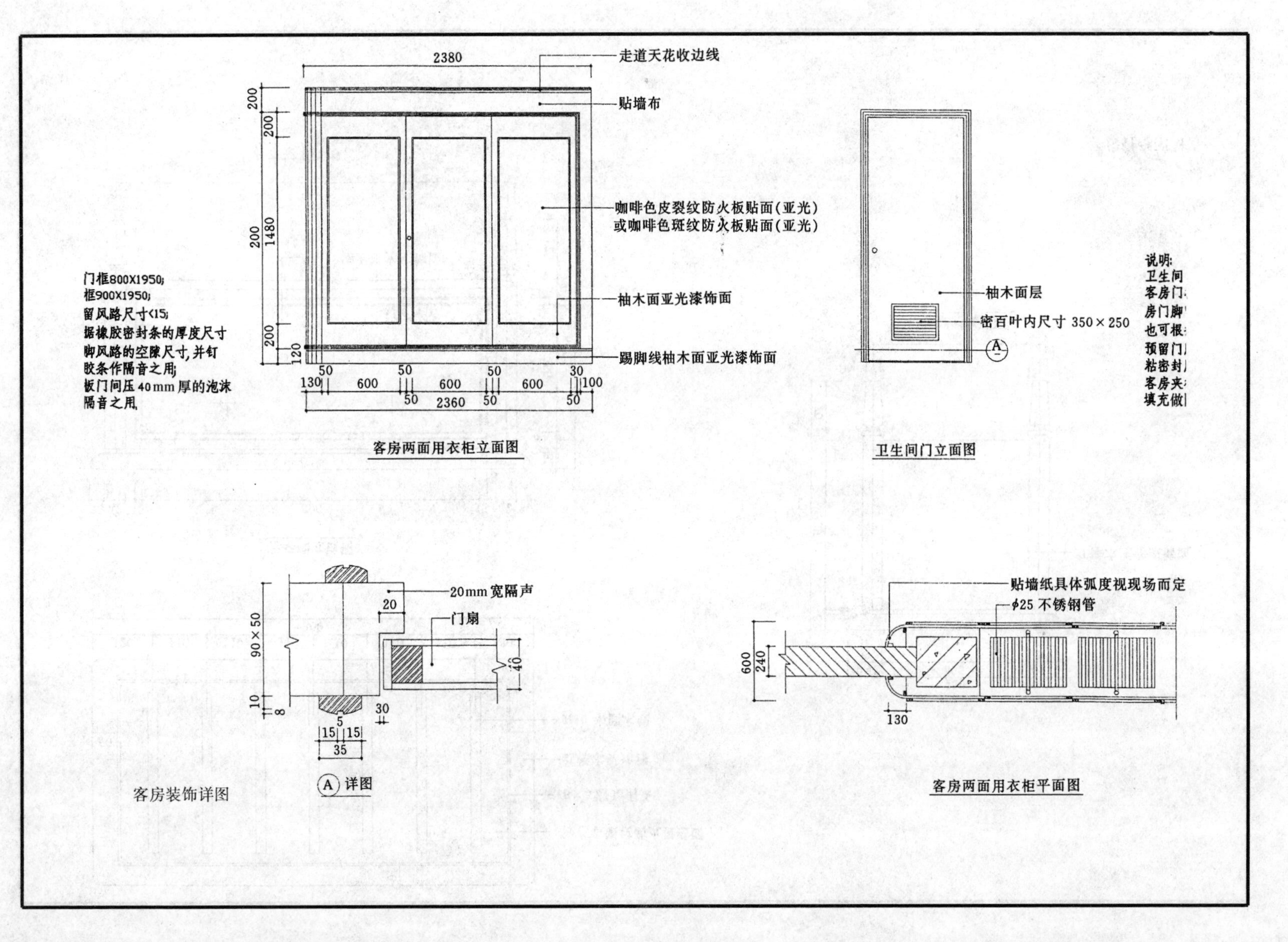

客房两面用衣柜立面图

卫生间门立面图

Ⓐ 详图

客房两面用衣柜平面图

客房装饰详图

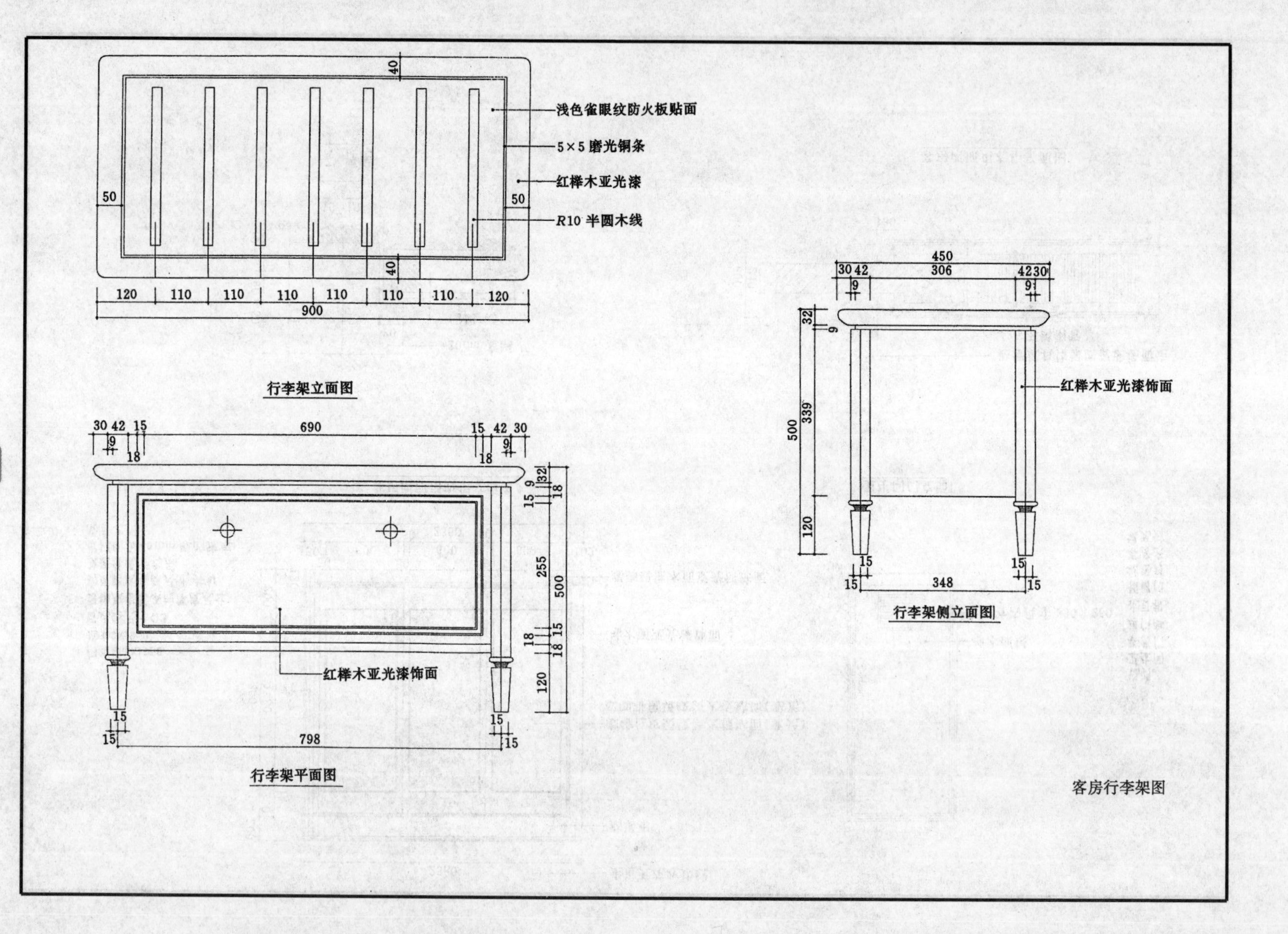
浅色雀眼纹防火板贴面
5×5 磨光铜条
红榉木亚光漆
R10 半圆木线
120
110
900
40
50
行李架立面图
690
30 42 15 9 18
红榉木亚光漆饰面
798
15
500
255
120
32
行李架平面图
450
306
339
348
红榉木亚光漆饰面
行李架侧立面图

客房行李架图

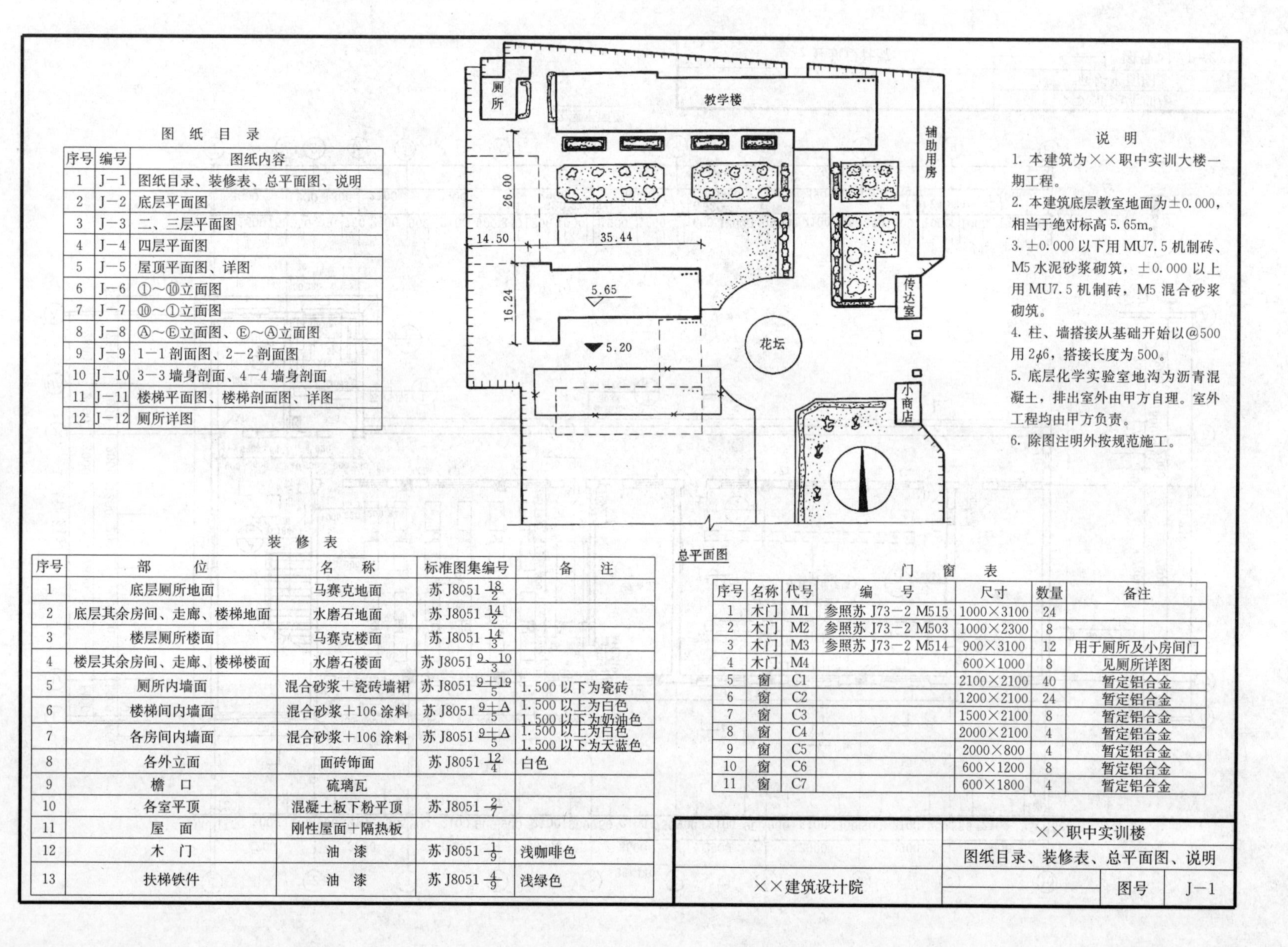

图 纸 目 录

序号	编号	图纸内容
1	J—1	图纸目录、装修表、总平面图、说明
2	J—2	底层平面图
3	J—3	二、三层平面图
4	J—4	四层平面图
5	J—5	屋顶平面图、详图
6	J—6	①～⑩立面图
7	J—7	⑩～①立面图
8	J—8	Ⓐ～Ⓔ立面图、Ⓔ～Ⓐ立面图
9	J—9	1—1 剖面图、2—2 剖面图
10	J—10	3—3 墙身剖面、4—4 墙身剖面
11	J—11	楼梯平面图、楼梯剖面图、详图
12	J—12	厕所详图

说 明

1. 本建筑为××职中实训大楼一期工程。
2. 本建筑底层教室地面为±0.000，相当于绝对标高 5.65m。
3. ±0.000 以下用 MU7.5 机制砖、M5 水泥砂浆砌筑，±0.000 以上用 MU7.5 机制砖，M5 混合砂浆砌筑。
4. 柱、墙搭接从基础开始以@500 用 2ϕ6，搭接长度为 500。
5. 底层化学实验室地沟为沥青混凝土，排出室外由甲方自理。室外工程均由甲方负责。
6. 除图注明外按规范施工。

装 修 表

序号	部 位	名 称	标准图集编号	备 注
1	底层厕所地面	马赛克地面	苏 J8051 $\frac{18}{2}$	
2	底层其余房间、走廊、楼梯地面	水磨石地面	苏 J8051 $\frac{14}{2}$	
3	楼层厕所楼面	马赛克楼面	苏 J8051 $\frac{14}{3}$	
4	楼层其余房间、走廊、楼梯楼面	水磨石楼面	苏 J8051 $\frac{9、10}{3}$	
5	厕所内墙面	混合砂浆＋瓷砖墙裙	苏 J8051 $\frac{9+19}{5}$	1.500 以下为瓷砖
6	楼梯间内墙面	混合砂浆＋106 涂料	苏 J8051 $\frac{9+\Delta}{5}$	1.500 以上为白色 1.500 以下为奶油色
7	各房间内墙面	混合砂浆＋106 涂料	苏 J8051 $\frac{9+\Delta}{5}$	1.500 以上为白色 1.500 以下为天蓝色
8	各外立面	面砖饰面	苏 J8051 $\frac{12}{4}$	白色
9	檐 口	硫璃瓦		
10	各室平顶	混凝土板下粉平顶	苏 J8051 $\frac{2}{7}$	
11	屋 面	刚性屋面＋隔热板		
12	木 门	油 漆	苏 J8051 $\frac{1}{9}$	浅咖啡色
13	扶梯铁件	油 漆	苏 J8051 $\frac{4}{9}$	浅绿色

门 窗 表

序号	名称	代号	编 号	尺寸	数量	备注
1	木门	M1	参照苏 J73—2 M515	1000×3100	24	
2	木门	M2	参照苏 J73—2 M503	1000×2300	8	
3	木门	M3	参照苏 J73—2 M514	900×3100	12	用于厕所及小房间门
4	木门	M4		600×1000	8	见厕所详图
5	窗	C1		2100×2100	40	暂定铝合金
6	窗	C2		1200×2100	24	暂定铝合金
7	窗	C3		1500×2100	8	暂定铝合金
8	窗	C4		2000×2100	4	暂定铝合金
9	窗	C5		2000×800	4	暂定铝合金
10	窗	C6		600×1200	8	暂定铝合金
11	窗	C7		600×1800	4	暂定铝合金

××建筑设计院	××职中实训楼		
	图纸目录、装修表、总平面图、说明		
		图号	J—1

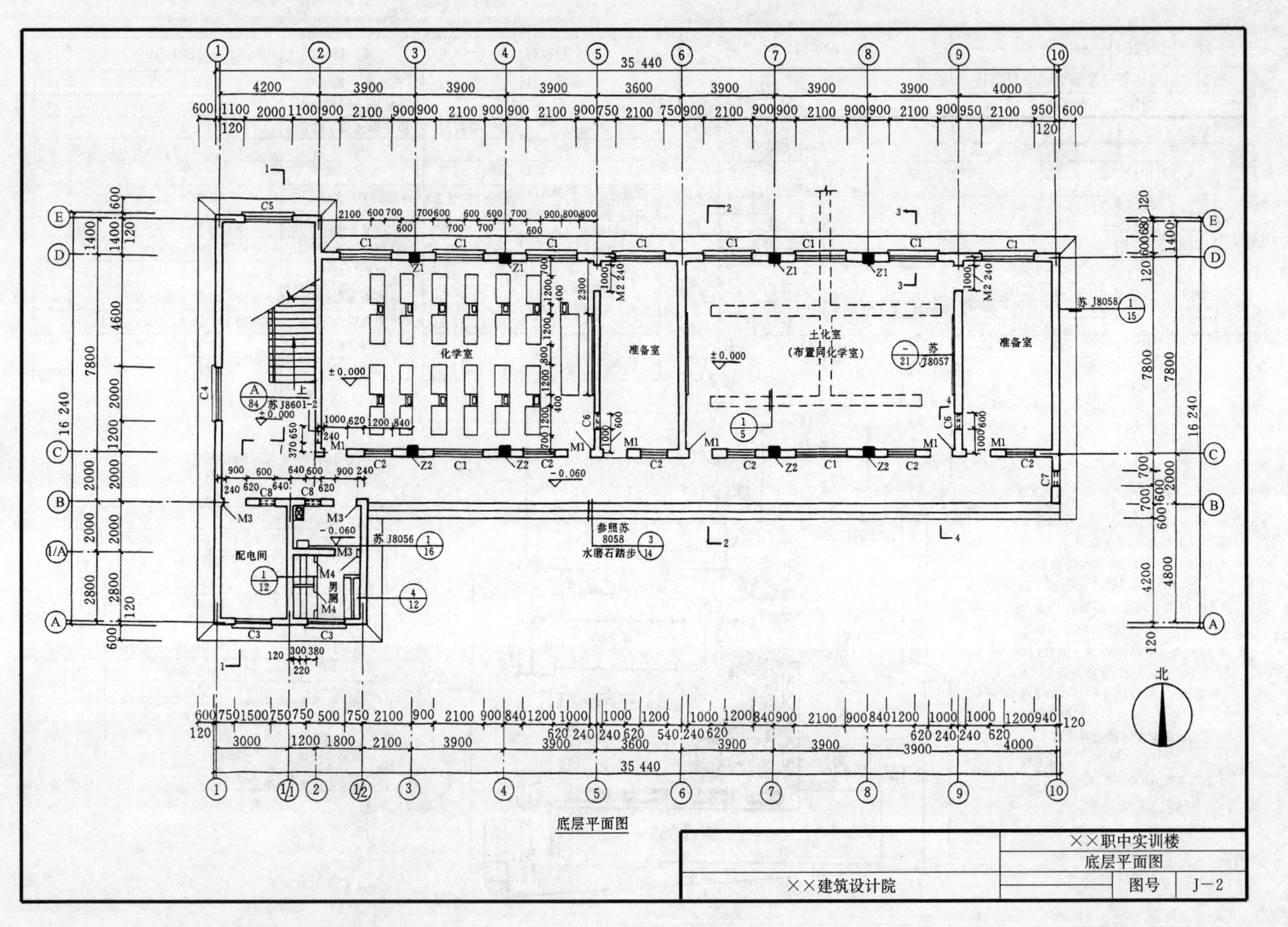
化学室
准备室
土化室
（布置同化学室）
准备室
配电间
男厕
参照苏 8058
水磨石踏步
北
35 440
16 240
底层平面图
××职中实训楼
底层平面图
××建筑设计院
图号
J—2

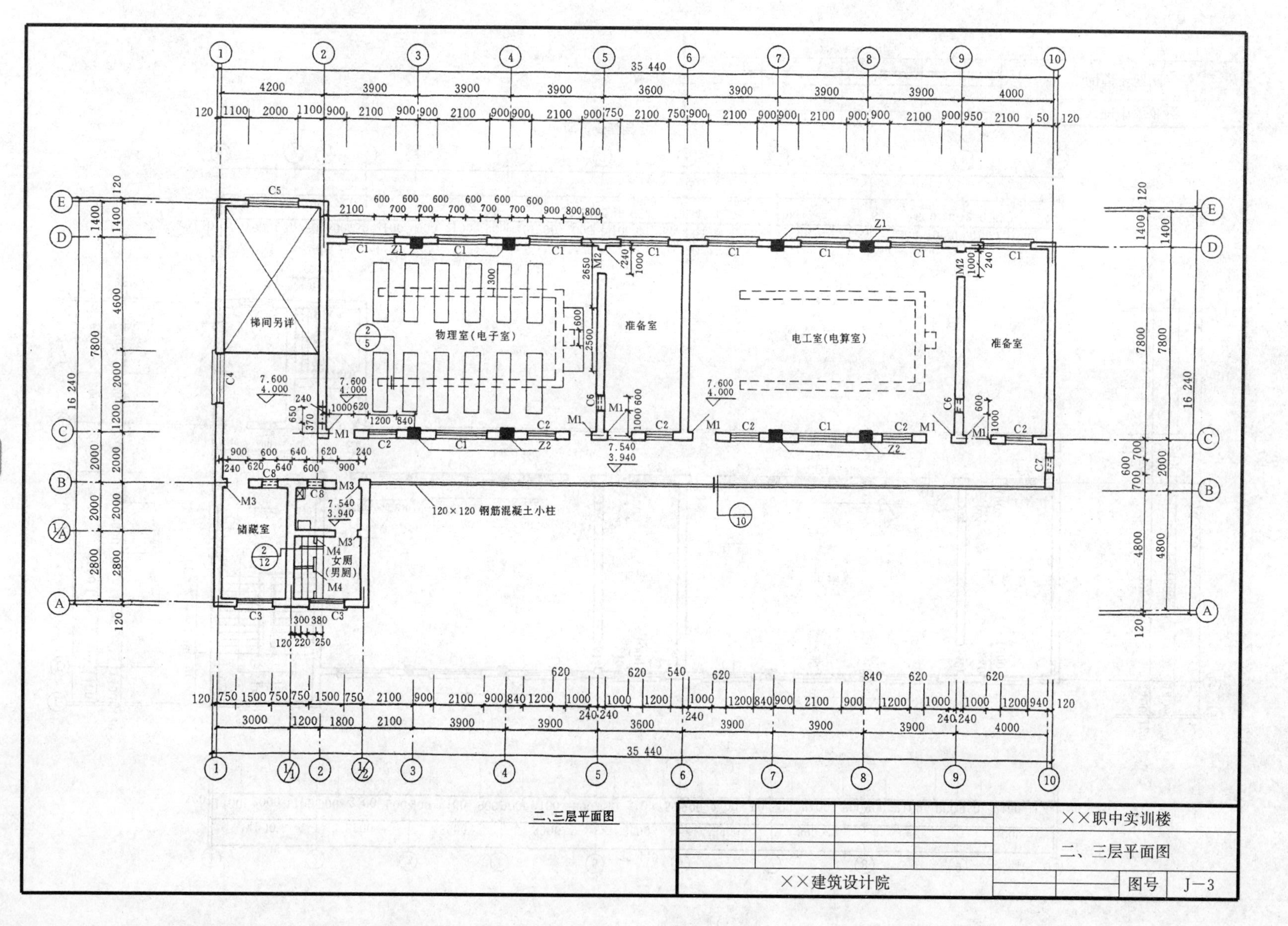

梯间另详
物理室(电子室)
准备室
电工室(电算室)
准备室
储藏室
女厕
(男厕)
120×120 钢筋混凝土小柱
35 440
16 240
二、三层平面图
××职中实训楼
二、三层平面图
××建筑设计院
图号
J—3

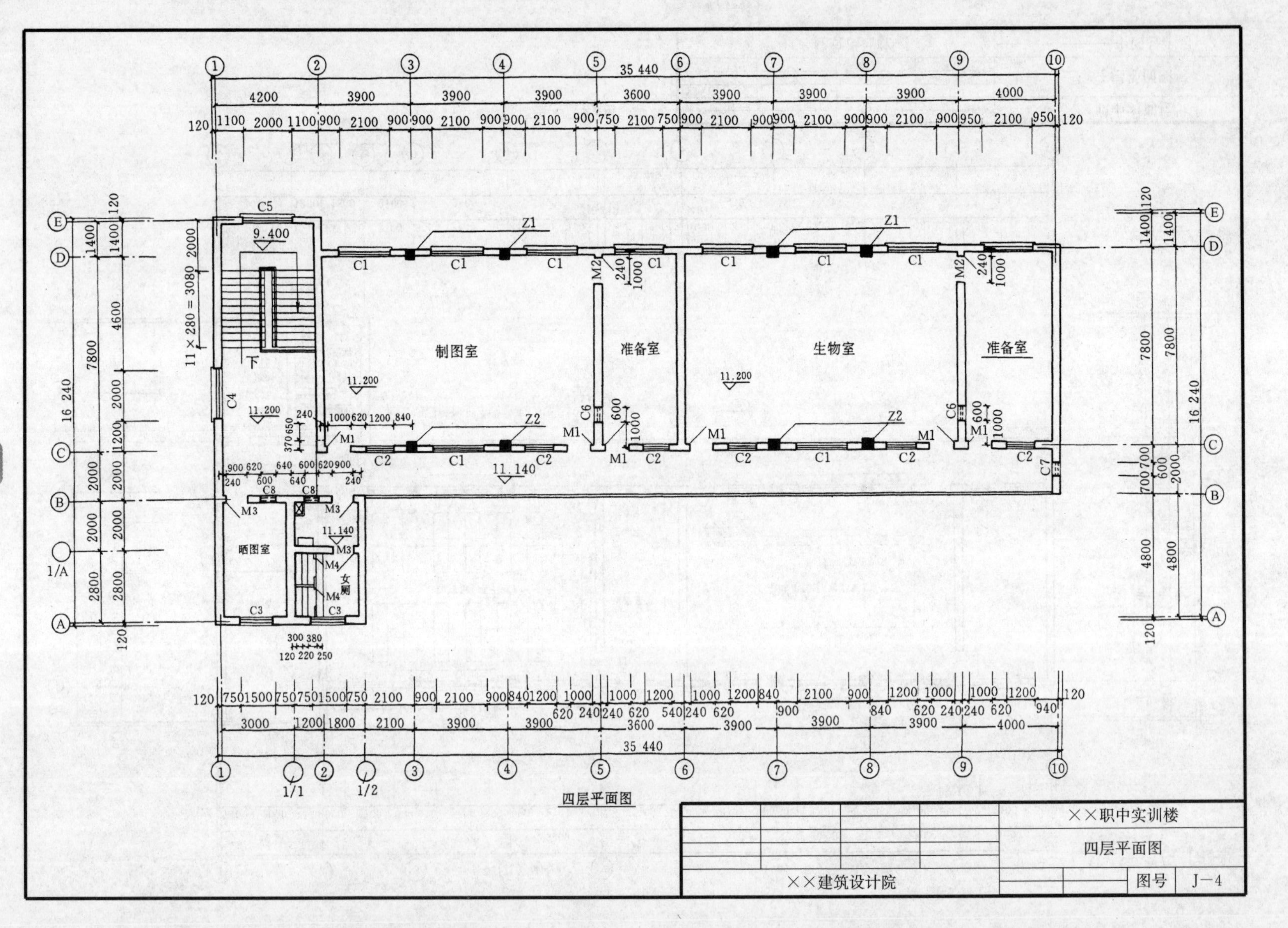
制图室
准备室
生物室
准备室
晒图室
女厕
9.400
11.200
11.200
11.200
11.140
11.140
下
11×280=3080
35 440
16 240
四层平面图
××职中实训楼
四层平面图
××建筑设计院
图号
J—4

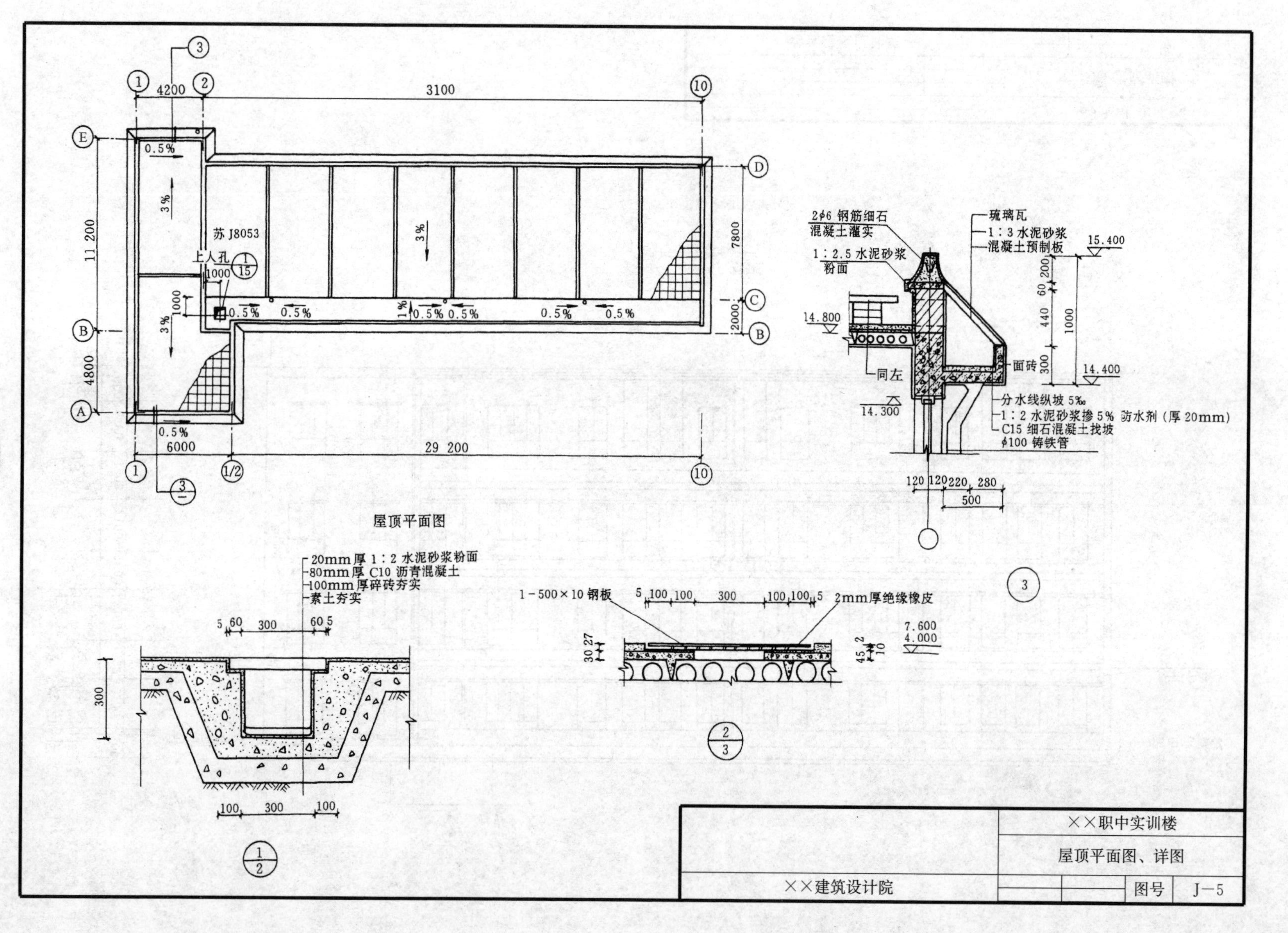
屋顶平面图
苏 J8053
上人孔
0.5%
3%
1%
4200
3100
11 200
4800
7800
2000
6000
29 200
1000
2ϕ6 钢筋细石
混凝土灌实
1：2.5 水泥砂浆
粉面
琉璃瓦
1：3 水泥砂浆
混凝土预制板
15.400
14.800
14.400
14.300
同左
面砖
分水线纵坡 5‰
1：2 水泥砂浆掺 5% 防水剂（厚 20mm）
C15 细石混凝土找坡
ϕ100 铸铁管
120 120 220 280
500
20mm厚 1：2 水泥砂浆粉面
80mm厚 C10 沥青混凝土
100mm厚碎砖夯实
素土夯实
1－500×10 钢板
2mm厚绝缘橡皮
7.600
4.000
××职中实训楼
屋顶平面图、详图
××建筑设计院
图号 J—5

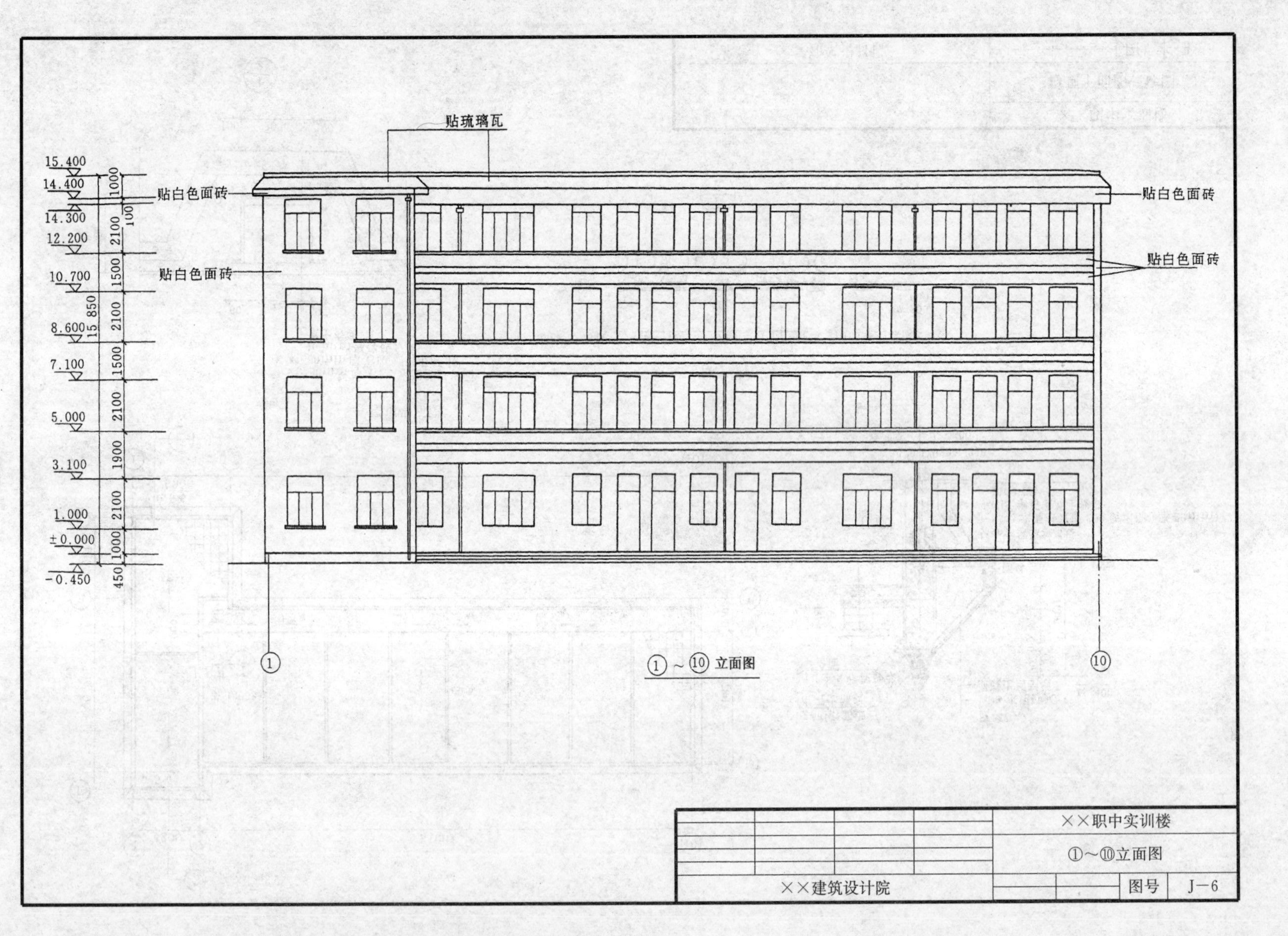
贴琉璃瓦
贴白色面砖
贴白色面砖
贴白色面砖
贴白色面砖
15.400
14.400
14.300
12.200
10.700
8.600
7.100
5.000
3.100
1.000
±0.000
-0.450
1000
100
2100
1500
2100
1500
2100
1900
2100
1000
450
15 850
①
⑩
①～⑩立面图
××职中实训楼
①～⑩立面图
××建筑设计院
图号
J—6

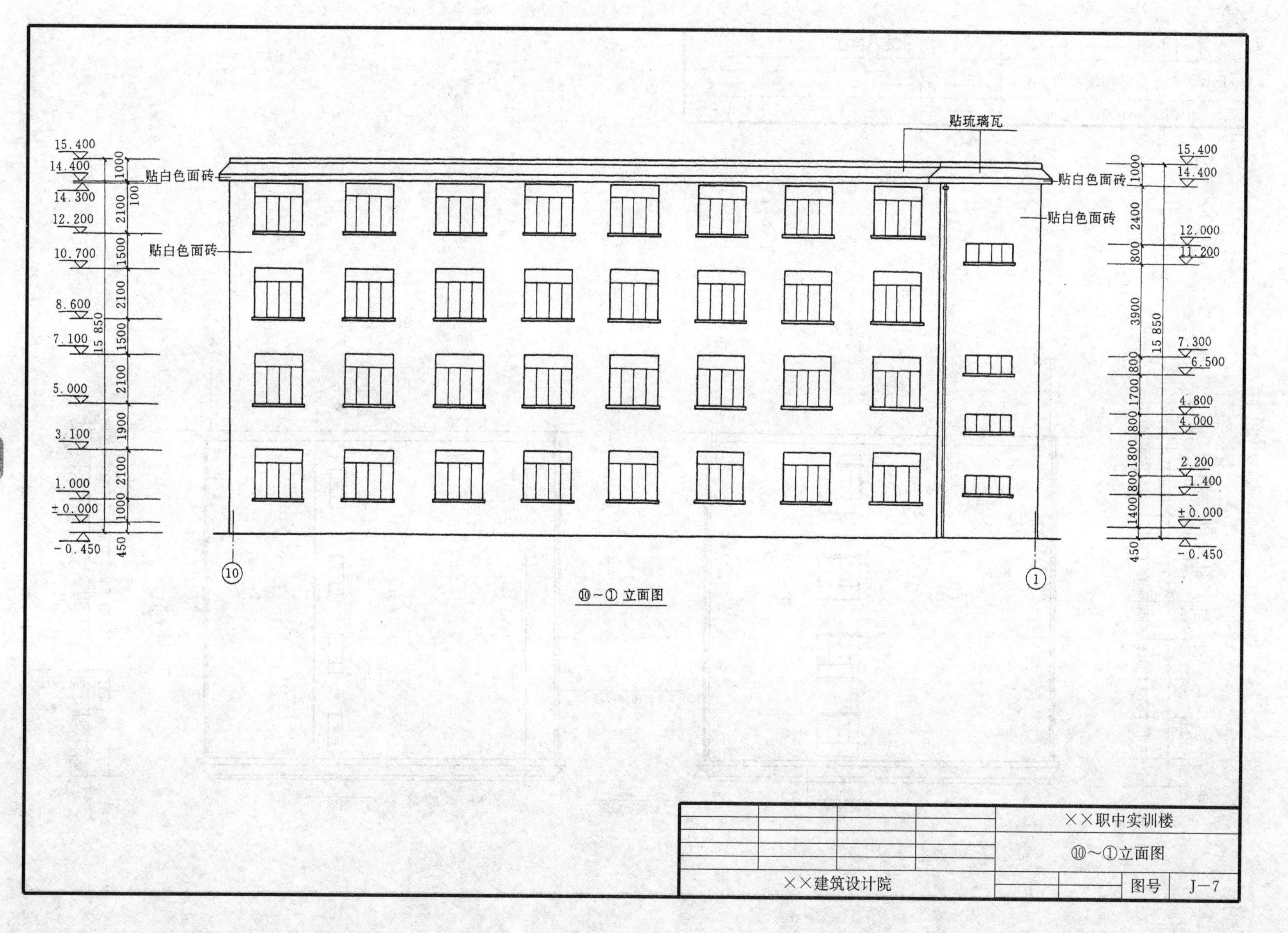
15.400
14.400
14.300
12.200
10.700
8.600
7.100
5.000
3.100
1.000
±0.000
-0.450
1000
100
2100
1500
2100
1500
2100
1900
2100
1000
450
15 850
贴白色面砖
贴白色面砖
贴琉璃瓦
贴白色面砖
贴白色面砖
15.400
14.400
12.000
11.200
7.300
6.500
4.800
4.000
2.200
1.400
±0.000
-0.450
1000
2400
800
3900
800
1700
800
1800
800
1400
450
15 850
⑩
①
⑩～① 立面图
××职中实训楼
⑩～①立面图
××建筑设计院
图号
J—7

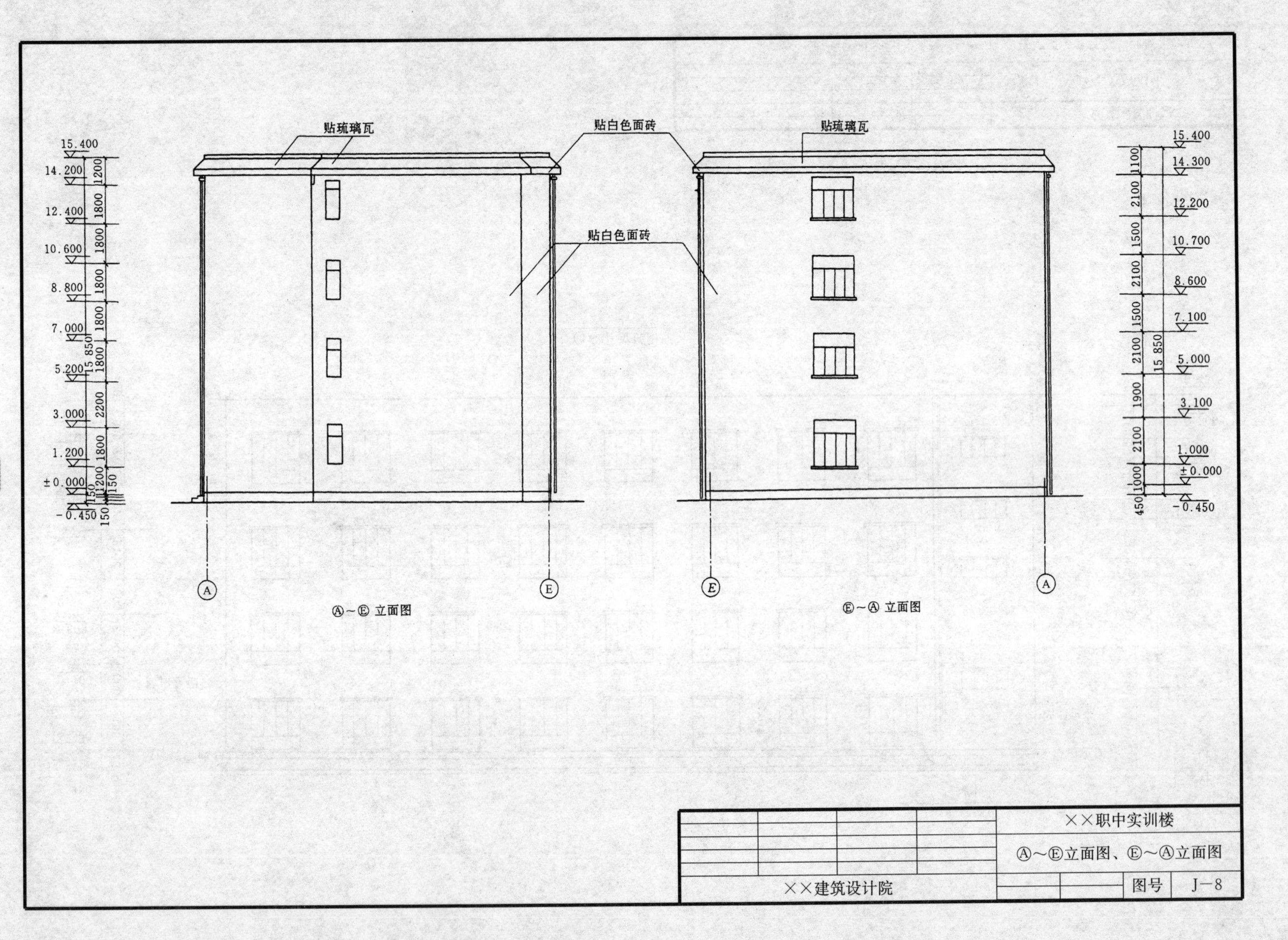
贴琉璃瓦
贴白色面砖
贴琉璃瓦
贴白色面砖
15.400
14.200
12.400
10.600
8.800
7.000
5.200
3.000
1.200
±0.000
-0.450
1200
1800
1800
1800
1800
1800
2200
1800
1200
150
150
15 850
Ⓐ~Ⓔ 立面图
Ⓔ~Ⓐ 立面图
15.400
14.300
12.200
10.700
8.600
7.100
5.000
3.100
1.000
±0.000
-0.450
1100
2100
1500
2100
1500
2100
1900
2100
1000
450
15 850
××职中实训楼
Ⓐ~Ⓔ立面图、Ⓔ~Ⓐ立面图
图号 J-8
××建筑设计院

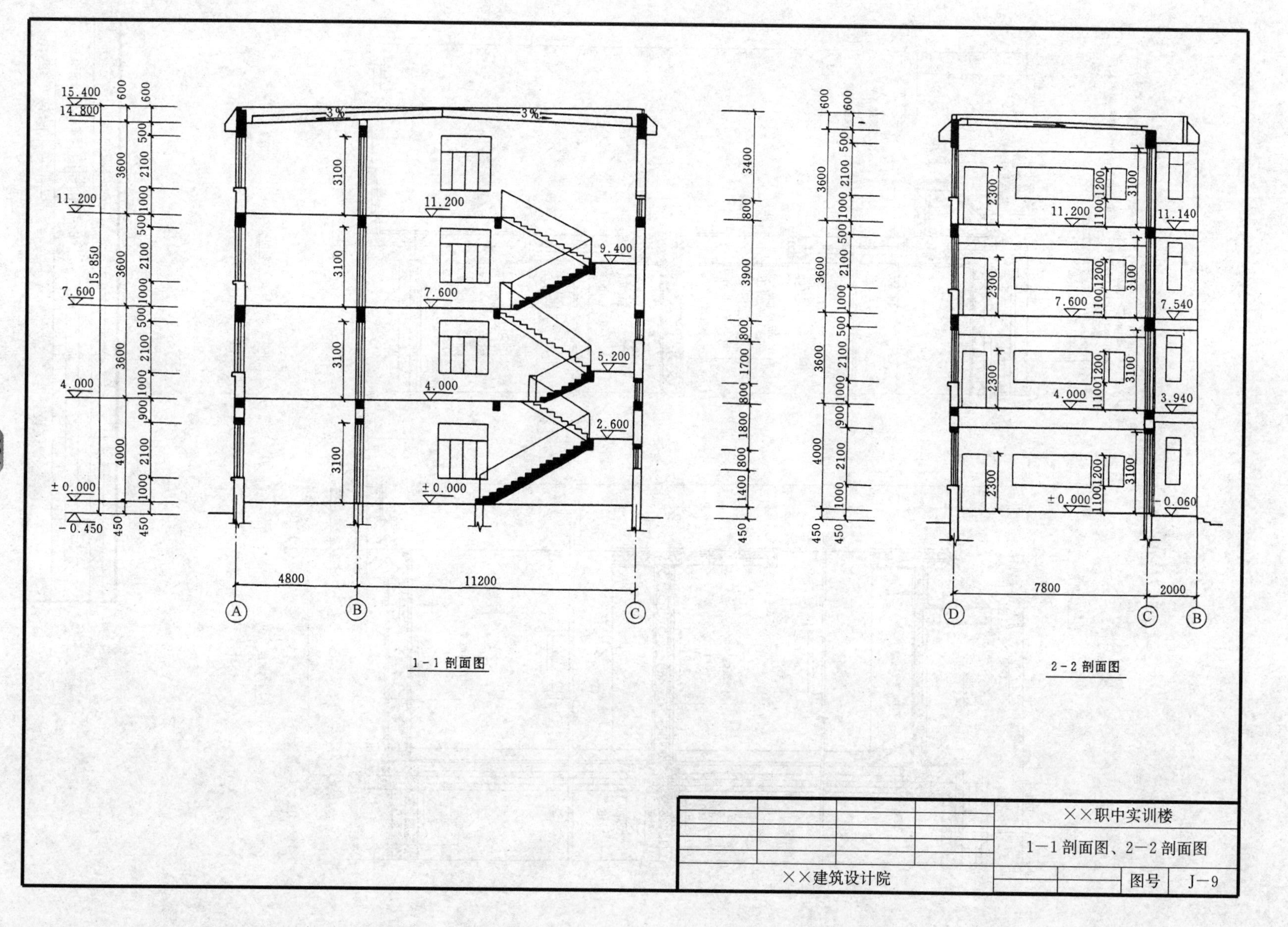
1-1 剖面图
2-2 剖面图
××职中实训楼
1-1 剖面图、2-2 剖面图
图号
J-9
××建筑设计院

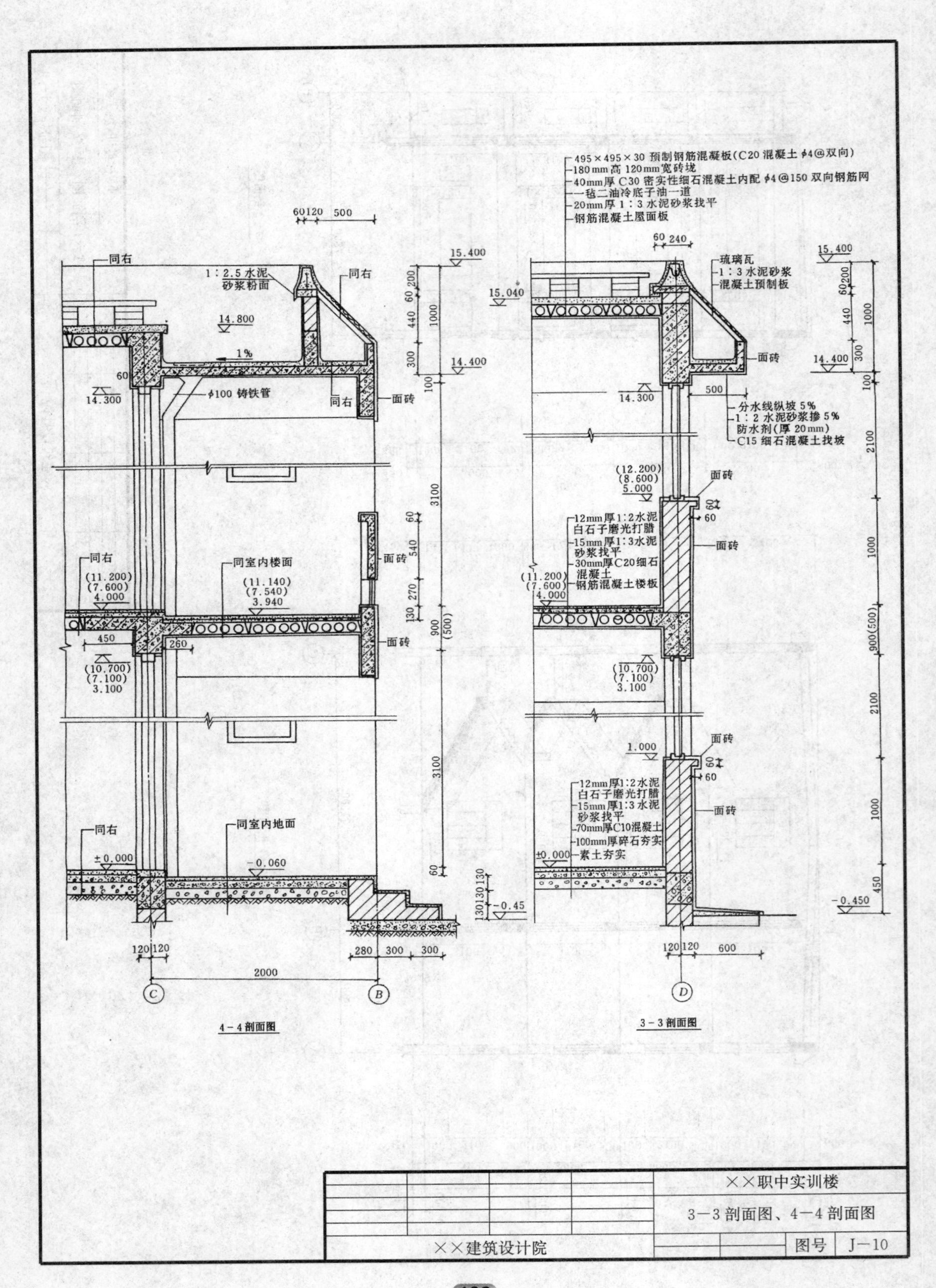
495×495×30 预制钢筋混凝板(C20 混凝土 ϕ4@双向)
180mm高 120mm宽砖垅
40mm厚 C30 密实性细石混凝土内配 ϕ4@150 双向钢筋网
一毡二油冷底子油一道
20mm厚 1∶3 水泥砂浆找平
钢筋混凝土屋面板
同右
1∶2.5 水泥砂浆粉面
14.800
1%
ϕ100 铸铁管
14.300
面砖
同室内楼面
(11.200)
(7.600)
4.000
(11.140)
(7.540)
3.940
(10.700)
(7.100)
3.100
同室内地面
±0.000
-0.060
琉璃瓦
1∶3 水泥砂浆
混凝土预制板
15.400
15.040
14.400
分水线纵坡 5%
1∶2 水泥砂浆掺 5% 防水剂(厚 20mm)
C15 细石混凝土找坡
(12.200)
(8.600)
5.000
12mm厚1∶2水泥白石子磨光打腊
15mm厚1∶3水泥砂浆找平
30mm厚C20细石混凝土
钢筋混凝土楼板
1.000
70mm厚C10混凝土
100mm厚碎石夯实
素土夯实
-0.45
-0.450
2000
4-4 剖面图
3-3 剖面图

				××职中实训楼		
				3—3 剖面图、4—4 剖面图		
××建筑设计院					图号	J—10

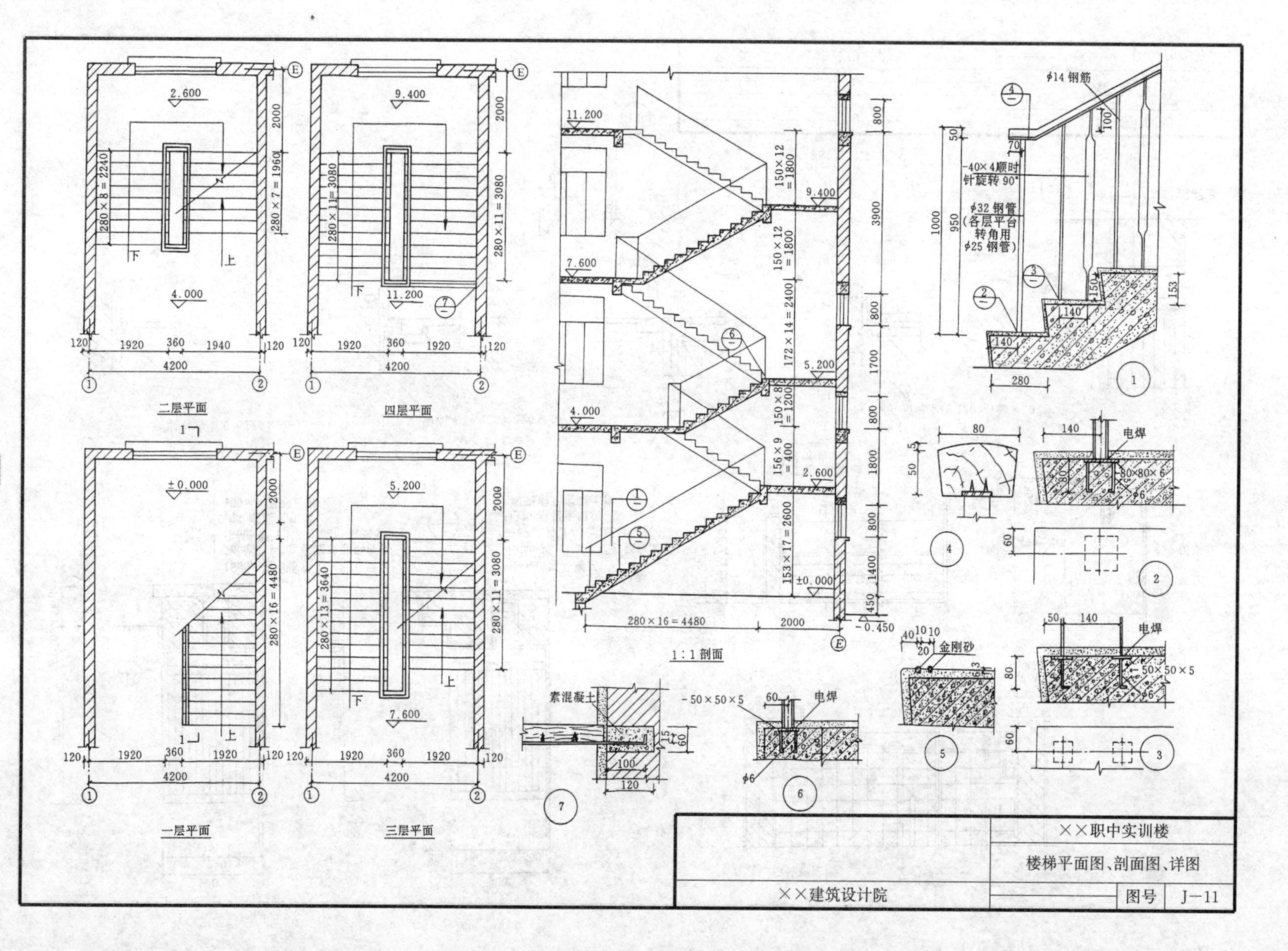
二层平面
四层平面
一层平面
三层平面
1:1 剖面
2.600
4.000
9.400
11.200
±0.000
5.200
7.600
280×8=2240
280×7=1960
280×11=3080
280×16=4480
280×13=3640
150×12=1800
172×14=2400
150×8=1200
156×9=1400
153×17=2600
-0.450
φ14 钢筋
-40×4顺时针旋转 90°
φ32 钢管(各层平台转角用 φ25 钢管)
电焊
-80×80×6
φ6
-50×50×5
金刚砂
素混凝土
××职中实训楼
楼梯平面图、剖面图、详图
××建筑设计院
图号 J—11

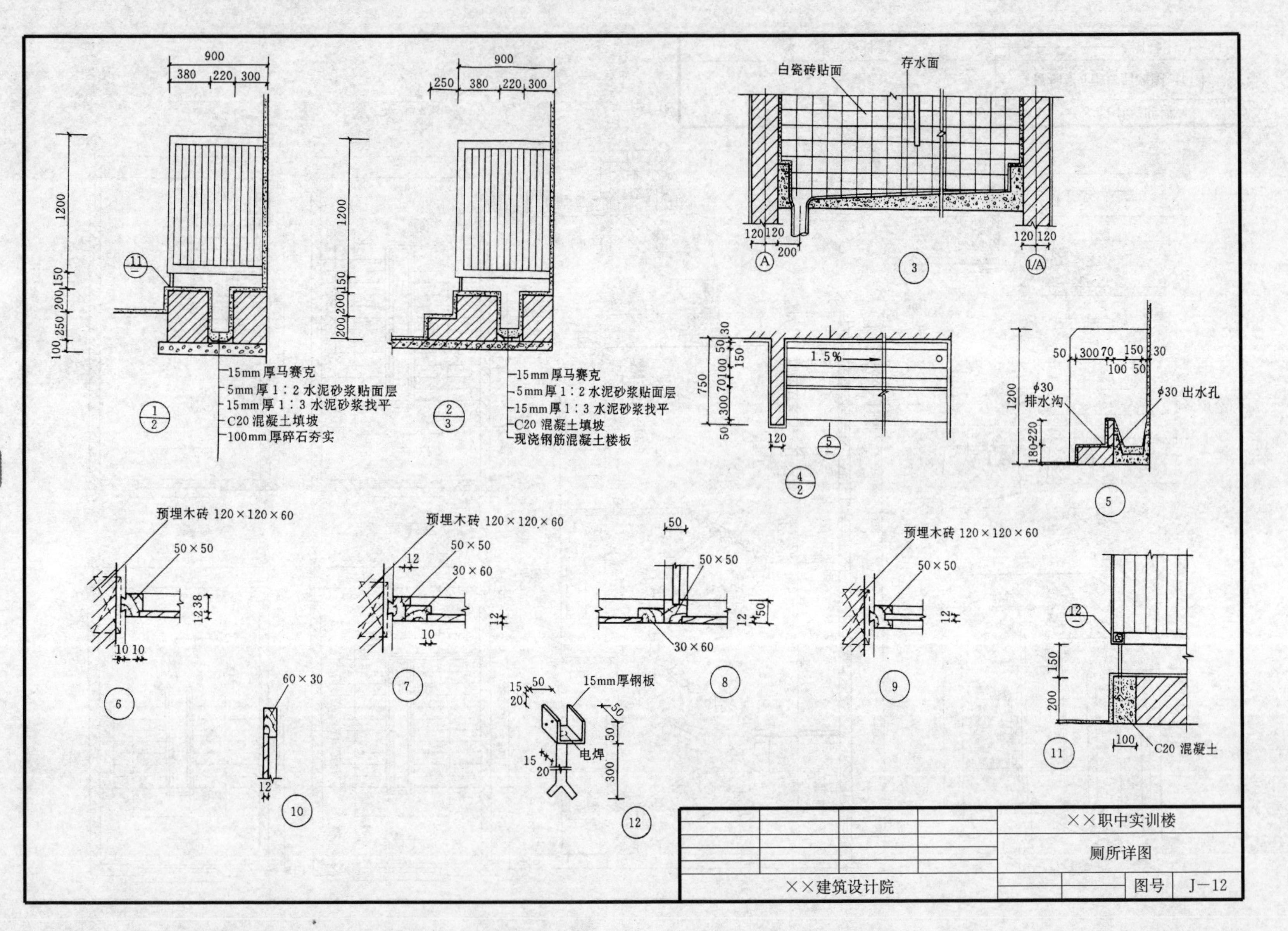
900
380 220 300
1200
150 200 250 100
15mm厚马赛克
5mm厚1：2水泥砂浆贴面层
15mm厚1：3水泥砂浆找平
C20混凝土填坡
100mm厚碎石夯实
900
250 380 220 300
1200
150 200 200
15mm厚马赛克
5mm厚1：2水泥砂浆贴面层
15mm厚1：3水泥砂浆找平
C20混凝土填坡
现浇钢筋混凝土楼板
白瓷砖贴面
存水面
120 120
200
120 120
1.5%
750
30 50 100 70 300 50
150
120
1200
50 300 70 150 30
100 50
φ30
排水沟
φ30 出水孔
180~220
预埋木砖 120×120×60
50×50
12 38
10 10
预埋木砖 120×120×60
50×50
30×60
12
10
50
50×50
30×60
12
预埋木砖 120×120×60
50×50
12
60×30
12
15mm厚钢板
电焊
15 50
20
15
20
50
50
300
150
200
100
C20 混凝土
××职中实训楼
厕所详图
××建筑设计院
图号 J—12

参考文献

[1] 吴润华，高远．建筑制图与识图．武汉：武汉工业大学出版社，1994.
[2] 张明正．建筑结构施工图与放样．北京：中国建筑工业出版社，1998.
[3] 熊培基．建筑装饰识图与放样．北京：中国建筑工业出版社，2000.
[4] 尤逸南，等．室内装饰设计施工图集 2. 北京：中国建筑工业出版社，1997.
[5] 孙沛平．怎样看建筑施工图．第 3 版．北京：中国建筑工业出版社，1999.
[6] 倪福兴．建筑识图与房屋构造．北京：中国建筑工业出版社，1997.